寒旱区混凝土硫酸盐侵蚀与防治

李双喜　姜春萌　吴　亮　主　编
贺传卿　赵　勇　陈　龙　张润清　副主编

中国建筑工业出版社

图书在版编目（CIP）数据

寒旱区混凝土硫酸盐侵蚀与防治/李双喜，姜春萌，
吴亮主编；贺传卿等副主编．--北京：中国建筑工业
出版社，2024.7. -- ISBN 978-7-112-30105-8

Ⅰ.TU37

中国国家版本馆 CIP 数据核字第 2024YR3127 号

　　本书针对寒旱区混凝土的硫酸盐侵蚀问题，从宏观性能演化、微细观结构特征、侵蚀
劣化机理、工程防治与提升措施等方面进行了详细阐述与分析。本书系统论述了硅酸盐水
泥高性能混凝土、高抗硫酸盐水泥混凝土、硫铝酸盐水泥混凝土、硅酸盐—硫铝酸盐复合
体系水泥混凝土的抗硫酸盐侵蚀性能，提出了一种硅酸盐—硫铝酸盐—矿物掺合料三元体
系水泥制备抗硫酸盐混凝土的新技术，研发了抗硫酸盐侵蚀添加剂和大掺量磨细矿渣混凝
土激发稳定剂，形成了适用于新疆地区的抗硫酸盐侵蚀混凝土制备技术，并在多个工程中
成功运用。

　　本书内容丰富，实践性强，可供工程建设、设计、施工、监理、检测、科研和其他行
业土木工程技术人员使用，也可供高等院校和中等专业学校相关专业师生参考。

　　责任编辑：徐仲莉　王砾瑶
　　责任校对：赵　力

寒旱区混凝土硫酸盐侵蚀与防治
李双喜　姜春萌　吴　亮　主　编
贺传卿　赵　勇　陈　龙　张润清　副主编

*

中国建筑工业出版社出版、发行（北京海淀三里河路 9 号）
各地新华书店、建筑书店经销
北京龙达新润科技有限公司制版
建工社（河北）印刷有限公司印刷

*

开本：787 毫米×1092 毫米　1/16　印张：15　字数：371 千字
2024 年 8 月第一版　　2024 年 8 月第一次印刷
定价：**68.00** 元
ISBN 978-7-112-30105-8
（43109）

目录

第1章 ▪▪▪

绪论

1.1 研究背景及意义

进入 21 世纪,水泥混凝土仍然是各类建筑工程中应用最广、使用量最大的建筑材料。据统计,我国已建混凝土结构将有 50% 以上进入老化阶段,也就是说将有 23.4 亿 m^2 的建筑面临耐久性问题。随着经济发展速度加快,尤其是国家不断加大基础建设投入,新建结构的规模必将更加巨大。中国工程院有关专家通过大量调查研究指出,我国现今建筑工程的平均寿命不到 30 年,除了大拆大建、工程结构和建筑物耐久性设计标准过低等因素外,在材料选择和使用中重视强度而忽略环境作用下材料耐久性要求的问题日益突出。

新疆地区气候干旱少雨,土壤盐碱化十分严重。据统计,新疆地区盐渍土面积 15.83 万 km^2,占全区总面积的 9.5%。在部分地区混凝土结构建设中,混凝土耐久性问题已经超越混凝土强度成为限制混凝土可持续发展的重要问题。2010 年 5 月中央新疆工作座谈会胜利召开,国家对新疆地区经济、政策扶植力度不断加大,新疆地区基础建设进入蓬勃发展时期。2011 年 6 月乌鲁木齐市人民政府办公厅批准的《关于推广使用高性能混凝土的实施意见》更是明确指出了根据新疆地区冻融、硫酸盐侵蚀、碱骨料等对混凝土结构破坏严重的环境特点,有针对性地进行混凝土耐久性研究的必要性。

新疆地区侵蚀环境主要为硫酸盐侵蚀环境,其主要特点是:侵蚀介质浓度高,依据《混凝土结构耐久性设计标准》GB/T 50476—2019 "环境水对混凝土腐蚀"中关于侵蚀破坏强度判定标准的相关规定,环境水、土壤中侵蚀性离子多达到强硫酸盐侵蚀,中等镁盐侵蚀或强镁盐侵蚀;侵蚀介质分布范围广,从阿勒泰向南到喀什的广大地区中都检测到侵蚀性离子的存在,纵贯新疆全境;存在硫酸盐、镁盐共同作用下双重侵蚀破坏问题且硫酸盐离子浓度明显大于镁离子浓度。具体规定及调查数据见表 1-1、表 1-2。

水、土中硫酸盐、镁盐环境作用等级 表 1-1

环境作用等级	水中 SO_4^{2-} (mg/L)	土壤中 SO_4^{2-} (mg/L)	水中 Mg^{2+} (mg/L)
中度	200~1000	300~1500	300~1000
严重	1000~4000	1500~6000	1000~3000
非常严重	4000~10000	6000~15000	≥3000

1

新疆部分地区侵蚀性离子浓度　　　　　　　　表 1-2

地区	检测地点	类别	SO_4^{2-}（mg/L）	Mg^{2+}（mg/L）
阿勒泰	181 团牧场三队	土壤	39074	4235
塔城	和布克赛尔县 148 团	土壤	19369	2807
克拉玛依	红光社	土壤	14323	—
伊犁	新源县前进公社	土壤	83932	8190
乌鲁木齐	乌管局 104 团十连	土壤	8493	991
石河子	石河子总农场农科所	土壤	12636	1368
吐鲁番	恰特塔拉乡	土壤	169104	—
哈密	南湖戈壁洪积扇	土壤	20830	—
库尔勒	博湖县 25 团	土壤	20981	1622
阿克苏	11 团八连	土壤	5436	—
巴州	博斯腾湖东泵站工程	地下水	12728	1378
喀什	巴楚县阿拉格尔乡	地下水	19536	2115
喀什	叶城县柯克亚普萨防洪工程	地下水	3074	445.5
喀什	岳普湖县卡纳渠工程	地下水	89100	15200

　　长期以来，对处于硫酸根离子侵蚀环境中的混凝土结构，工程技术人员往往习惯采用抗硫酸盐水泥配制的混凝土来抵抗硫酸根离子的侵蚀。抗硫酸盐水泥是专门用于抵抗硫酸根离子侵蚀的特种水泥。1996 年公布的《抗硫酸盐硅酸盐水泥》GB 748—1996 将抗硫酸盐硅酸盐水泥按其抗硫酸盐侵蚀性能分为中抗硫酸盐硅酸盐水泥和高抗硫酸盐硅酸盐水泥两类，并在附录 A 中对"抗硫酸盐水泥适用的范围和抗硫酸盐浓度"作出如下提示：

　　A.1　抗硫酸盐硅酸盐水泥，主要用于受硫酸盐侵蚀的海港、水利、地下、隧道、引水、道路和桥梁基础等工程。

　　A.2　中抗硫酸盐硅酸盐水泥，一般用于硫酸根离子浓度不超过 2500mg/L 的纯硫酸盐的腐蚀。

　　A.3　高抗硫酸盐硅酸盐水泥，一般用于硫酸根离子浓度不超过 8000mg/L 的纯硫酸盐的腐蚀。

　　A.4　在实际环境中的抗硫酸盐侵蚀性能可按《抗硫酸盐硅酸盐水泥》GB 748—1996进行试验。

　　但是，该规范并未对用抗硫酸盐硅酸盐水泥配制混凝土的水灰比（或水胶比）、是否掺入掺合料及其掺量等提出要求或作出限定。该标准公布实施以来，在一些工程技术人员的思想上形成误区，简单地认为"中抗硫酸盐水泥一定能够抵抗 SO_4^{2-} 浓度为 2500mg/L的纯硫酸根离子的腐蚀；而高抗硫酸盐水泥一定能够抵抗 SO_4^{2-} 浓度为 8000mg/L 的纯硫酸根离子的腐蚀"。而且很少有人以《水泥抗硫酸盐侵蚀试验方法》GB/T 749—2008 检验两类抗硫酸盐水泥在实际环境中的真正抗蚀能力。

　　实际上，抗硫酸盐水泥混凝土抵抗硫酸盐侵蚀的能力有一定的局限性。2002 年 9 月，新疆农业大学水利与土木工程学院建材实验室在进行新疆某重点水利工程混凝土抗硫酸盐侵蚀专题研究中，测试新疆天山水泥有限责任公司（以下简称新疆天山水泥厂）和新疆屯河水泥有限责任公司（以下简称新疆屯河水泥厂）生产的高抗硫酸盐水泥（525 号）混凝土的抗硫酸盐侵蚀性能发现，两个厂的高抗硫酸盐水泥在 SO_4^{2-} 浓度为 8000mg/L 硫酸盐环境水中侵蚀 6 个月就被破坏了，其抗蚀能力抵抗不了 SO_4^{2-} 浓度为 8000mg/L 硫酸盐的侵蚀。2010 年以来，新疆农业大学水利与土木工程学院硕士研究生周阳等人对水灰比 0.40、标准养护 3d 的高抗硫酸盐水泥试件进行抗硫酸盐侵蚀试验，结果发现，试件在 SO_4^{2-} 浓度为 8000mg/L 硫酸盐环境水中侵蚀 6 个月也同样遭受破坏。

经过 9 年的应用实践和经验总结，2005 年水泥行业对原标准《抗硫酸盐硅酸盐水泥》GB 748—1996 进行了修订，新标准《抗硫酸盐硅酸盐水泥》GB 748—2005 取消了原标准《抗硫酸盐硅酸盐水泥》GB 748—1996 中附录 A（即取消了"中抗硫酸盐硅酸盐水泥，一般用于硫酸根离子浓度不超过 2500mg/L 的纯硫酸盐的腐蚀；高抗硫酸盐硅酸盐水泥，一般用于硫酸根离子浓度不超过 8000mg/L 的纯硫酸盐的腐蚀"的内容），新标准实际上强调了：抗硫酸盐水泥的抗硫酸盐侵蚀性能必须按《水泥抗硫酸盐侵蚀试验方法》GB/T 749—2008，通过试验进行测定。

由于受原标准《抗硫酸盐硅酸盐水泥》GB 748—1996 的影响较深，新标准《抗硫酸盐硅酸盐水泥》GB 748—2005 公布实施以来，并没有引起相关工程技术人员的足够重视，对新标准所强调必须通过试验来确定抗硫酸盐水泥的实际抗侵蚀性能也缺乏理解。因此，目前在一些实际工程中会发现，部分工程技术人员并不采用试验验证的方法，仍然采用受原标准《抗硫酸盐硅酸盐水泥》GB 748—1996 影响而形成的习惯来处理混凝土抗硫酸盐侵蚀问题。但这种简单的处理方式，会给混凝土工程留下一定的安全隐患。

已有工程实践表明，抗硫酸盐水泥混凝土在实际环境中抵抗硫酸盐侵蚀的能力，除了受到抗硫酸盐水泥本身的抗侵蚀能力影响外，水灰（胶）比大小、是否掺入掺合料以及掺合料的掺量、侵蚀时间长短等因素也会对抗硫酸盐水泥混凝土的抗侵蚀性能产生影响。因此，通过试验开展对抗硫酸盐水泥混凝土抗侵蚀性能的研究，对于揭示抗硫酸盐水泥混凝土实际长期抵抗硫酸盐侵蚀的性能及其影响因素、提高工程技术人员对抗硫酸盐水泥混凝土的认识、为有硫酸盐侵蚀环境的混凝土结构设计提供参考依据，均具有重要的现实意义。

1.2 研究现状与发展趋势

1.2.1 硫酸盐侵蚀机理

混凝土的硫酸盐侵蚀是指在硫酸盐参与的条件下，随着时间的推移，混凝土材料不断老化和结构性能不断劣化，出现损伤或破坏的过程。混凝土的硫酸盐侵蚀破坏是一个非可逆过程，它不是直接由荷载引起的，是一个十分复杂的物理化学过程。混凝土的硫酸盐侵蚀必须同时满足两个条件：有硫酸盐的参与和造成损伤，二者缺一不可。根据硫酸根离子的来源，可将混凝土的硫酸盐侵蚀分为内部硫酸盐侵蚀（Internal sulfate attack，ISA）和外部硫酸盐侵蚀（External sulfate attack，ESA）。

内部硫酸盐侵蚀是指由于来自混凝土内部的硫酸盐侵蚀（如胶凝材料、粗细集料、水及外加剂等引入的硫酸盐）而导致损伤和破坏的过程。最典型的如"延迟钙矾石"（Delayed ettringite formation，DEF）的生成，通常认为，混凝土浇筑后经过高温养护（70℃或更高温度），在硫酸根离子及水分充足的条件下，才有可能发生 DEF。由于 DEF 是在混凝土硬化后发生的，它所产生的膨胀不断累积，最终导致混凝土的开裂及损伤。另外，在工程实际当中，即使混凝土构件浇筑成型后不经过高温养护也可能发生 DEF，例如大体积混凝土，由于大体积混凝土浇筑后散热不及时，结构内部温度升高（有时甚至超过100℃）而发生 DEF，如图 1-1 所示。

图 1-1　DEF 导致的混凝土开裂

外部硫酸盐侵蚀是指混凝土由于受到来自外部环境（如大气、土壤和水等）的硫酸盐侵蚀而造成损伤及破坏的过程。这类硫酸盐侵蚀在实际工程中比较常见，例如前文所述，当混凝土处于含有硫酸盐的水或土壤中时，环境中的硫酸根离子侵入混凝土中发生的侵蚀，均属于外部硫酸盐侵蚀。外部硫酸盐侵蚀是一个非常复杂的物理化学过程，其中包含离子的传输、物相转化及膨胀破坏等多个步骤。根据是否有新的化学物质的生成，可将外部硫酸盐侵蚀分为物理结晶型硫酸盐侵蚀（Physical sulfate attack 或 Sulfate salt weathering）和化学反应型硫酸盐侵蚀（Chemical sulfate attack）。需要指出的是，在没有特殊说明的情况下，本书中所涉及的硫酸盐侵蚀均指外部硫酸盐侵蚀。

1.2.1.1　物理结晶型硫酸盐侵蚀

根据美国混凝土学会委员会关于盐的物理侵蚀的定义，这里给出物理结晶型硫酸盐侵蚀的定义，它是指由于混凝土表面水分蒸发导致硫酸盐结晶，进而造成混凝土膨胀破坏的过程。由于整个侵蚀过程中没有化学反应的参与，因此称为物理结晶型硫酸盐侵蚀。

当混凝土结构与含有硫酸盐的土壤或水接触时，侵蚀介质中的硫酸盐便在毛细作用下向上迁移，在一定高度处形成过饱和溶液，从而结晶析出引起膨胀破坏，形成物理结晶型硫酸盐侵蚀，其过程示意图如图 1-2 所示。物理结晶型硫酸盐侵蚀多发生在温湿交替频繁的半埋混凝土的上半部。从现有研究资料来看，比较典型的物理结晶型硫酸盐侵蚀有硫酸钠结晶、硫酸镁结晶、硫酸钾结晶以及硫酸钙结晶等，其中以前两者最为常见。

硫酸钠的结晶过程如式（1-1）所示：

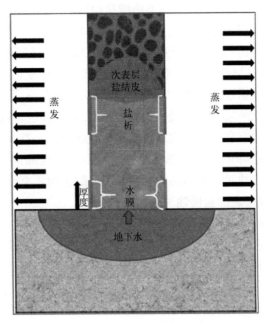

图 1-2 物理结晶型硫酸盐侵蚀过程示意图

$$2Na^+ + SO_4^{2-}(液态) \longleftrightarrow Na_2SO_4(固态) \xrightarrow{+10H_2O} Na_2SO_4 \cdot 10H_2O(结晶态) \quad (1\text{-}1)$$

硫酸钠从液态到固态再到结晶态，体积膨胀率可达 311%。在工程实际中，通过毛细作用扩散进入混凝土孔隙中硫酸钠的状态，会根据环境温度和干湿条件的不同不断转换，转换过程中大多伴随着石膏和钙矾石结晶侵蚀一起发生。随着时间的推移，混凝土内的微裂缝不断扩展和累积，最终造成破坏，表现为混凝土表面的开裂和剥落。

混凝土中硫酸镁的结晶过程如式(1-2)所示：

$$Mg^{2+} + SO_4^{2-}(液态) \longleftrightarrow MgSO_4(固态) \xrightarrow{+H_2O} MgSO_4 \cdot H_2O(结晶态)$$
$$\xrightarrow{+5H_2O} MgSO_4 \cdot 6H_2O(结晶态) \xrightarrow[48.1℃]{+H_2O} MgSO_4 \cdot 7H_2O(结晶态) \quad (1\text{-}2)$$

硫酸镁从液态到固态再到结晶态，体积总膨胀率为 11%。从式(1-2)中可以看出，七水硫酸镁失去一个结晶水的条件是 48.1℃且是干燥状态，在地球上仅有一些特定地区的气温能达到这个温度，因此硫酸镁的相态变化在自然条件下是非可逆的。虽然硫酸镁从液态到最终结晶态的体积总膨胀率不是很大，但随着时间的推移和七水硫酸镁晶体的累积，也可造成一定的膨胀破坏。另外，和硫酸钠不同的是，硫酸镁结晶侵蚀大多伴随着混凝土胶凝材料溶蚀的发生，其原因是：一方面，Mg^{2+} 可与 OH^- 结合形成 $Mg(OH)_2$ 沉淀，造成混凝土碱性的降低和 Ca^{2+} 的溶出；另一方面，Mg^{2+} 也可直接与混凝土内的 C-S-H 凝胶反应生成没有胶结能力的 M-S-H，这两个方面的结果都会导致混凝土强度的损失。从上述分析可以看出，硫酸镁的物理结晶侵蚀多数情况下伴随着化学侵蚀的发生，因此与硫酸钠结晶相比，硫酸镁结晶侵蚀所造成的危害更大。

从上文中可以得知，物理结晶型硫酸盐侵蚀主要是在毛细作用下发生的，而毛细作用与混凝土渗透性有着密切的关系。很多学者在这方面已经开展了工作，然而所得结果并不一致。例如，Hime 研究发现，物理结晶型硫酸盐侵蚀的破坏程度随着渗透性的降低而增大，因此水胶比越小的混凝土越容易受到物理侵蚀。Benavente 等研究发现，细毛孔的存在使得岩石更容易发生盐的物理侵蚀性破坏。他们的理论分析多是基于 Laplace 和 Washburn 方程（即毛细作用力与毛细管半径成反比）而得到，而实际混凝土中的毛细孔径是否与水胶比之间有线性关系还有待进一步研究，例如，Yoshida 等的研究结果与其正好相反，他们发现随着水胶比的增大，混凝土由于物理结晶型硫酸盐侵蚀而表面剥落的程度越大，因此适当降低水胶比有利于抵抗物理结晶型硫酸盐侵蚀。其实，从长远角度来看，水胶比较大的混凝土显然会降低混凝土的耐久性，更不利于提高混凝土抗硫酸盐侵蚀的能力，因此关于混凝土密实性对物理结晶型硫酸盐侵蚀的影响还有待进一步研究。

1.2.1.2　化学反应型硫酸盐侵蚀

化学反应型硫酸盐侵蚀是指混凝土在受硫酸盐侵蚀的过程中，有化学反应的参与，或者有新的物质的生成，进而造成混凝土的开裂或强度的降低，根据生成侵蚀产物的不同，可分为钙矾石结晶、石膏结晶、硫酸镁溶蚀—结晶和碳硫硅酸钙型硫酸盐侵蚀。

（1）钙矾石结晶

钙矾石结晶一直以来都被人们认为是混凝土受硫酸盐侵蚀破坏的最主要的产物。钙矾石的化学分子式为 $3CaO \cdot Al_2O_3 \cdot 3CaSO_4 \cdot 32H_2O$，在混凝土内以针状或棒状晶体存在。关于钙矾石的形成过程，主要有两种描述方式：多相反应和离子反应。在一些参考文献和教科书中，通常把钙矾石的形成过程描述为多相反应，即由扩散进入混凝土的硫酸根离子与氢氧化钙结合生成石膏，石膏进一步与混凝土内的铝相（单硫型水化硫铝酸钙-AFm，水化硫铝酸钙）发生固相反应生成钙矾石，其经典的反应方程式如式(1-3)～式(1-6)所示：

$$SO_4^{2-} + Ca^{2+}[Ca(OH)_2 \text{ 或 } C\text{-}S\text{-}H] + 2H_2O \longrightarrow CaSO_4 \cdot 2H_2O \tag{1-3}$$

$$3CaSO_4 \cdot 2H_2O + 3CaO \cdot Al_2O_3 + 26H_2O \longrightarrow 3CaO \cdot Al_2O_3 \cdot 3CaSO_4 \cdot 32H_2O \tag{1-4}$$

$$3CaSO_4 \cdot 2H_2O + 4CaO \cdot Al_2O_3 \cdot 13H_2O + 14H_2O \longrightarrow$$
$$3CaO \cdot Al_2O_3 \cdot 3CaSO_4 \cdot 32H_2O + Ca(OH)_2 \tag{1-5}$$

$$2CaSO_4 \cdot 2H_2O + 3CaO \cdot Al_2O_3 \cdot CaSO_4 \cdot 12H_2O + 14H_2O \longrightarrow$$
$$3CaO \cdot Al_2O_3 \cdot 3CaSO_4 \cdot 32H_2O \tag{1-6}$$

以上反应生成钙矾石的过程均会引起体积膨胀，且不同的反应物所造成的膨胀量也不同，这一点可根据反应前后所涉及物质的密度、摩尔质量、摩尔体积以及化学计量数等参数计算，例如式(1-4)～式(1-6) 所引起的体积膨胀率分别为 1.30、0.43 和 0.53。

实际上，对于混凝土的外部硫酸盐侵蚀，其发生条件一定是环境中含有充足的水分，因此对于全浸泡混凝土或半浸泡混凝土的水下部分，其混凝土孔隙中通常含有充足的孔溶液，当孔溶液中的硫酸根离子达到一定浓度时，就有可能发生钙矾石的结晶，如式(1-7)所示：

$$6Ca^{2+} + 4OH^- + 3SO_4^{2-} + 2AlO_2^- + 30H_2O \Longrightarrow 3CaO \cdot Al_2O_3 \cdot 3CaSO_4 \cdot 32H_2O \tag{1-7}$$

即钙矾石形成的离子反应方程式，采用离子反应方程表征，能够很好地解释硫酸根离子浓度、环境 pH 值变化、水泥中铝含量等对硫酸盐侵蚀混凝土过程的影响。例如高抗硫酸盐侵蚀水泥的生产，是采用降低水泥中氧化铝的含量达到的，由于混凝土孔溶液中 AlO_2^- 浓度与胶凝材料中氧化铝的含量有直接关系，降低水泥中氧化铝的含量，就间接降低了混凝土孔溶液中的 AlO_2^- 浓度，进而减少钙矾石的生成，达到抵抗硫酸盐侵蚀的目的。再比如，从式(1-7) 中可以看出，钙矾石的生成需要一定的碱度，碳化后的混凝土孔溶液中 OH^- 浓度降低，导致钙矾石的分解。即便如此，这也不能代表钙矾石的形成就一定由离子反应生成，而应该综合考虑钙矾石形成的条件和位置，具体情况具体分析。

（2）石膏结晶

在硫酸盐侵蚀过程中，石膏结晶膨胀也是导致混凝土破坏机理之一。通过扩散进入混凝土的硫酸根离子，与混凝土孔溶液中的钙离子反应生成硫酸钙水溶液，在干湿循环的情况下结晶生成石膏，其过程方程式如式(1-8) 所示：

$$Ca^{2+} + SO_4^{2-} \rightarrow CaSO_4 \xrightarrow{+2H_2O} CaSO_4 \cdot 2H_2O \tag{1-8}$$

研究表明，石膏结晶后的体积是原固体体积的 1.2 倍。根据 Bellmann 等的研究，石膏结晶的生成与环境的硫酸根离子浓度和 pH 值有关，如图 1-3 所示。从图 1-3 中可以看出，随着 pH 值的升高，生成石膏所需的最低硫酸根离子浓度增大。另外，碳化后的混凝土受硫酸盐侵蚀的主要侵蚀产物为石膏，其原因是碳化作用降低了混凝土的 pH 值，一方面有利于石膏的生成，另一方面降低了钙矾石的稳定性，使得钙矾石分解成石膏和单硫型水化硫铝酸钙（AFm）。

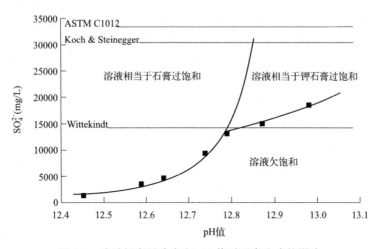

图 1-3 硫酸根离子浓度和 pH 值对石膏生成的影响

（3）硫酸镁溶蚀—结晶

当混凝土所处环境中同时存在硫酸根离子和镁离子时，便有可能发生硫酸镁溶蚀—结晶侵蚀。当硫酸镁进入混凝土内部后，便可与混凝土内的氢氧化钙反应生成石膏和氢氧化镁沉淀，其化学反应过程如式(1-9) 所示：

$$MgSO_4 + Ca(OH)_2 + 2H_2O \longrightarrow CaSO_4 \cdot 2H_2O + Mg(OH)_2 \tag{1-9}$$

与普通硫酸盐侵蚀不同的是，硫酸镁侵蚀通常包含硫酸根离子和镁离子两种侵蚀源，因此式(1-9) 的反应也包含两层侵蚀，一是石膏的生成引起混凝土体积膨胀或开裂破坏，二是难溶的氢氧化镁生成降低混凝土孔溶液的碱度，造成 C-S-H 及 C-A-H 凝胶中钙离子的溶出，降低混凝土强度。如果受侵蚀混凝土处于静态的水环境中，氢氧化镁在混凝土表面的孔隙中沉淀，堵塞孔隙，可以减缓硫酸盐的进一步扩散和侵蚀。而如果混凝土结构处于流动的水环境中，生成的氢氧化镁和溶出的钙离子将不断流失，便可造成混凝土的溶蚀破坏，从而增大了混凝土的孔隙，使得硫酸盐更容易扩散进去形成石膏结晶破坏，造成恶性循环。此外，镁离子还可直接与混凝土内的 C-S-H 凝胶反应生成没有黏结能力的 M-S-H，使得混凝土基体变得松散无力，强度大大降低。

图 1-4　碳硫硅酸钙晶体结构

（4）碳硫硅酸钙型硫酸盐侵蚀（TSA）

在适当的温度和湿度条件下，如果受硫酸盐侵蚀的混凝土所用骨料含有石灰质材料，如白云石、石灰石等，或混凝土在受硫酸盐侵蚀的过程中同时遭受碳化作用，就有可能发生碳硫硅酸钙型硫酸盐侵蚀（TSA）。碳硫硅酸钙的晶体结构与钙矾石相似，均属针棒状结构，如图 1-4 所示。

碳硫硅酸钙的分子结构式为 $Ca_6[Si(OH)_6]_2 \cdot [(SO_4)_2 \cdot (CO_3)_2] \cdot 24H_2O$，而钙矾石的分子结构式为 $Ca_6[Al(OH)_6]_2 \cdot [(SO_4)_3 \cdot (H_2O)_2] \cdot 24H_2O$。从分子结构式来看，它们也有很大的相似之处。因此，有一种说法是碳硫硅酸钙是由钙矾石中的 Al-O-H 键被 C-S-H 凝胶中的 Si-O-H 取代，$SO_4^{2-} + H_2O$ 被 $CO_3^{2-} + SO_4^{2-}$ 取代而形成的。在这个过程中，被置换出来的 Al-O-H 继续与硫酸根离子反应生成钙矾石，钙矾石继续发生上述取代反应使生成碳硫硅酸钙的反应得以不断进行下去。另外，还有一种说法是，当混凝土孔溶液中的 Ca^{2+}、SO_4^{2-}、SiO_3^{2-}、CO_3^{2-}（或 HCO_3^-）等离子浓度达到一定值时，碳硫硅酸钙也有可能由离子反应生成，其反应方程式如式（1-10）所示：

$$3Ca^{2+} + SiO_3^{2-} + SO_4^{2-} + CO_3^{2-} + 15H_2O \longrightarrow CaSiO_3 \cdot CaSO_4 \cdot CaCO_3 \cdot 15H_2O$$

$$(1-10)$$

这一反应能够进行下去的条件是碳硫硅酸钙是非常稳定的，且溶解度很低，特别是在低温条件下，碳硫硅酸钙几乎是不溶的，而混凝土中的 C-S-H 凝胶的溶解度比碳硫硅酸钙的溶解度高。因此当孔溶液中存在充足的硫酸根离子和碳酸根离子时，这个反应就能够持续进行。

无论是哪种反应机理，碳硫硅酸钙的生成均会消耗混凝土中的 C-S-H 凝胶，使其变成松软无力且没有胶凝能力的砂石混合物，造成混凝土强度的严重损失，并且还会伴随一定程度的开裂和剥落现象。根据 Crammond 等的研究，碳硫硅酸钙型硫酸盐侵蚀的劣化过程可分为四个阶段：

第一阶段，侵蚀迹象不明显，只在骨料周围出现伴有少量钙矾石和碳硫硅酸钙的裂缝。

第二阶段，混凝土表面出现伴有白色碳硫硅酸钙的细小裂缝和少量钙矾石或石膏，骨料周围可见大量白色碳硫硅酸钙，骨料周围的裂缝中有时会出现少量的碳酸钙沉淀。

第三阶段，骨料周围裂缝变宽，硬化的水泥浆体量明显减少，在粗骨料周围的裂缝中可见有大量的白色碳硫硅酸钙，有时可能伴随少量碳酸钙沉淀，在硬化的水泥浆体的裂缝中可发现少量的钙矾石或石膏。

第四阶段，硬化的水泥浆体完全转化为松软且无胶结能力的碳硫硅酸钙，混凝土表面出现开裂和剥落现象。

由此可见，碳硫硅酸钙型硫酸盐侵蚀对混凝土结构有很大的破坏作用，应该加以重视。

1.2.2 硫酸盐侵蚀影响因素

影响混凝土硫酸盐侵蚀的因素主要有两个方面：材料因素和外部环境因素。

1.2.2.1 影响硫酸盐侵蚀的材料因素

材料因素主要有水泥的矿物成分、水胶比、矿物掺合料等。

（1）水泥的矿物成分

硫酸盐侵蚀其实是 SO_4^{2-} 与水泥石中的化学成分发生化学作用的过程，因此水泥的化学成分是影响硫酸盐侵蚀程度和速度的关键因素。混凝土的抗硫酸盐侵蚀能力在很大程度上取决于水泥熟料的矿物组成及其相对含量，尤其是 C_3A 和 C_3S 的含量具有重要意义，因为 C_3A 是形成钙矾石的先决条件，限制了 C_3A 的含量就相当于减小了形成钙矾石的可能性；限制 C_3S 的含量是因为 C_3S 水化时析出大量 $Ca(OH)_2$，而 $Ca(OH)_2$ 又是形成钙矾石和石膏的必要组分，尤其是在 SO_4^{2-} 浓度很高或有水分蒸发、干湿交替的情况下，限制 C_3S 的含量就具有特别重要的意义。C_3A 的含量则是决定性因素，实验证明，混凝土膨胀随水泥中 C_3A 含量的增加而明显增长。Kurtis 等模拟野外条件，比较了 8 种水泥抵抗硫酸盐侵蚀的能力；同时，Gonzalez 和 Irassar 研究了低 C_3A 含量的水泥浆体材料受硫酸钠溶液侵蚀的情况，证实了石膏对延迟钙矾石所起的作用。

（2）水胶比

硫酸根离子主要是通过毛细孔隙进入混凝土内部，因此其密实程度对其抗硫酸盐侵蚀能力有很大的影响。混凝土的密实度越高，孔隙率越小，硫酸根离子溶液就越难渗透到内部孔隙中，产生的有害物质的速度和数量就会减少，破坏速度就会放慢。另外，密实度越高，孔隙中的水就越少，就会降低有害离子侵入，同时也能提高混凝土的强度，增强抵抗硫酸根离子侵蚀的能力。

混凝土的水胶比直接影响混凝土的致密程度以及渗透性，微观上决定了混凝土的孔隙系统，是混凝土抗硫酸盐侵蚀的重要参数。在硫酸钠侵蚀环境条件下，混凝土的水胶比由 0.5 降低到 0.35，浸泡时间为 1 年，强度损失分别为 39% 和 26%；团体标准《高性能混凝土应用技术规程》CECS 207—2006 规定了抗硫酸盐侵蚀混凝土的最大水胶比≤0.45，说明限制水胶比对于混凝土抵抗硫酸盐侵蚀的重要性。

（3）矿物掺合料

用于混凝土材料的常见掺合料主要包括粉煤灰、矿渣、硅粉、偏高岭土等，其共同特点是富含活性的 SiO_2 和 Al_2O_3 成分，对于提高混凝土的抗硫酸盐侵蚀能力有一定的作用，其作用机理主要包含以下两个方面：①火山灰效应消耗了水泥水化产物中的 CH（氢氧化钙），降低了生成钙矾石和石膏所需的 Ca^{2+}；②活性 SiO_2 和 Al_2O_3 的二次水化反应产生细化了水泥浆体的孔隙结构，提高了混凝土的密实性，有利于抑制硫酸盐的侵蚀。

目前，关于矿物掺合料对混凝土抗硫酸盐侵蚀的影响，国内外学者已做了大量的研究工作。例如，Al-Dulaijan 的研究表明添加 20% 粉煤灰掺量的砂浆的抗硫酸盐侵蚀效果优于一般的水泥砂浆。Tikalsky 和 Carrasquillo 的研究也表明，低钙粉煤灰比高钙粉煤灰具有更好的抗硫酸盐性能，且试验得到的最佳粉煤灰掺量应为 25％左右。Hill 表明掺杂 65％矿渣的混凝土具有更好的抗硫酸镁溶液和硫酸钙溶液侵蚀能力，因而具有更好的耐久性。Hekal 认为 40％的矿渣掺量能够显著提高混凝土的抗硫酸镁侵蚀能力。上述相关研究都具备一定的一致性。关于掺杂硅灰对混凝土抗硫酸盐性能的影响，文献中也有诸多报道，其中 Park 实验得出掺杂硅灰不能提高水泥净浆的抗硫酸镁侵蚀能力；Shannag 的研究表明，当在混凝土中掺杂 15％火山灰＋15％硅灰时，混凝土的抗复合硫酸盐能力（阳离子类型不同的多类硫酸盐）最强。

1.2.2.2 影响硫酸盐侵蚀的外部环境因素

外部环境因素主要有环境中的硫酸根离子浓度、共存离子、pH 值、环境温度等。

（1）硫酸根离子浓度

Biczok 发现硫酸盐侵蚀混凝土机理随硫酸盐溶液浓度的变化而变化。对于 Na_2SO_4 溶液，在低浓度时（SO_4^{2-}＜1000ppm），其侵蚀的主要产物是钙矾石结晶；在高浓度时（SO_4^{2-}＞8000ppm），则侵蚀产物主要是石膏；当溶液浓度处于两者之间时（1000ppm≤SO_4^{2-}≤8000ppm），则钙矾石和石膏可以同时生成。对于 $MgSO_4$ 溶液，在低浓度时（SO_4^{2-}＜4000ppm），其侵蚀的主要产物是钙矾石；在中等浓度时（4000ppm≤SO_4^{2-}≤7500ppm），钙矾石与石膏能够同时生成；而在高浓度时（SO_4^{2-}＞7500ppm），镁离子腐蚀占主导地位。

Akoz 等研究了硫酸盐浓度对掺硅粉水泥砂浆抗硫酸盐侵蚀效果的影响。他们发现，当硫酸盐浓度低于 18000ppm 时，侵蚀 300d 的砂浆试件也不会发生明显的破坏，而当硫酸盐浓度较高时（如 SO_4^{2-}＝72000ppm），砂浆试件在短时间内就发生了明显的破坏。因此他们得出，不同浓度的硫酸盐侵蚀时，混凝土发生破坏需要一个临界时间，在这个临界时间之前，混凝土几乎没有明显的破坏现象，而超过这个临界时间，混凝土在硫酸盐的侵蚀作用下会迅速发生破坏。另外，Ferraris 等研究了 pH 值和硫酸盐浓度对试件膨胀速率的影响，他们发现高浓度的硫酸盐溶液会加速试件的膨胀，而低 pH 值的溶液会降低试件的膨胀速率。

Santhanam 等通过将水泥砂浆浸泡于不同浓度的硫酸钠和硫酸镁溶液中的试验，得出了硫酸根离子浓度对水泥砂浆膨胀应变的影响规律，如图 1-5 所示。根据试验数据，得出砂浆的膨胀速率与硫酸根离子浓度之间成指数函数的关系，如式（1-11）所示：

$$Rate = k \cdot [SO_4]^n \qquad (1\text{-}11)$$

式中，$[SO_4]$——溶液中的硫酸根离子浓度；

k——化学反应速率；

n——反应阶数。

Sun 等通过建模分析了溶液浓度对混凝

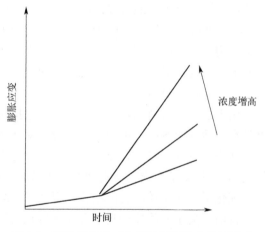

图 1-5 硫酸根离子对水泥砂浆膨胀应变的影响

土的损伤度及硫酸根离子在混凝土内扩散分布的影响。根据数值模拟结果，他们发现随着硫酸盐浓度的提高，同一侵蚀时间的混凝土试件的损伤度和硫酸根离子扩散深度均有所提高，如图 1-6、图 1-7 所示。

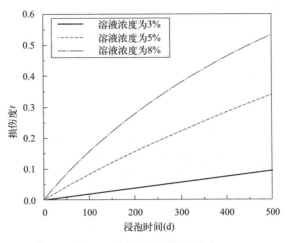

图 1-6　损伤度随时间的变化

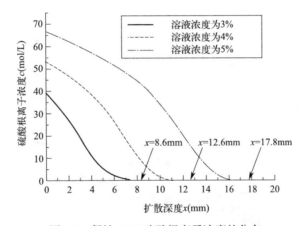

图 1-7　侵蚀 180d 硫酸根离子浓度的分布

　　Yu 等通过试验研究发现，随着硫酸盐溶液浓度的提高，水泥砂浆的膨胀速率和硫酸根离子在砂浆中的扩散深度没有明显改变。相对于低浓度溶液中的试件，浸泡于高浓度溶液中的试件表面的破坏更为严重，这说明溶液浓度对硫酸盐侵蚀的主要影响发生在试件表面。

　　综上所述，关于硫酸根离子浓度对硫酸盐侵蚀混凝土影响的研究结论尚未达成一致，溶液浓度对侵蚀机理的影响还不明确，高浓度硫酸盐溶液的侵蚀机理曾经一度在学术界引起过争议。但是，抛开这些争议，目前可以肯定的是，高浓度的侵蚀溶液更有利于石膏的生成，且能够加快硫酸盐侵蚀的破坏速度，这也是实验室内通常采用提高浓度法加速硫酸盐侵蚀的主要原因，而且被广泛应用。

　　（2）共存离子

　　在很多情况下，混凝土结构服役过程中，会同时遭受多种有害离子的共同腐蚀。通常在自然界中，能够对混凝土造成危害的离子主要分为两类：阴离子和阳离子，常见的侵蚀性阴离子有 Cl^-、SO_4^{2-} 和 CO_3^{2-}（HCO_3^-）等，侵蚀性阳离子有 Na^+、K^+、Mg^{2+}、Fe^{2+}、NH_4^+ 和 H^+ 等。在混凝土受硫酸盐侵蚀的过程中，由于共存离子的作用，会对混凝土的劣化过程及机理产生影响，有些可能加速硫酸盐的侵蚀，有些则可能抑制硫酸盐的侵蚀。关于多离子交互作用对硫酸盐侵蚀的影响，国内外学者已经做了大量的研究工作，但至今尚未形成明确统一的观点。现根据影响硫酸盐侵蚀混凝土阴阳离子的分类，综述如下。

1）阴离子的影响

阴离子中，氯离子对硫酸盐侵蚀的影响是研究最多的一类，其主要原因：一方面是因为氯离子在自然界中大量存在；另一方面是因为氯离子可以扩散进入混凝土引起钢筋锈蚀。Al-Amoudid 等研究了水泥砂浆和矿物掺合料砂浆在 $SO_4^{2-}+Cl^-$ 溶液中的膨胀及强度损失行为，结果表明，氯离子的存在能够抑制由于硫酸盐侵蚀引起的砂浆膨胀及强度损失。

Zhang 等研究了氯盐＋硫酸盐复合侵蚀作用下水泥砂浆试件的膨胀行为，结果表明，氯离子的存在可以降低混凝土孔溶液中硫酸根离子的浓度，且随着氯离子浓度的升高，砂浆试件的膨胀量和损伤度减小，如图 1-8 所示。

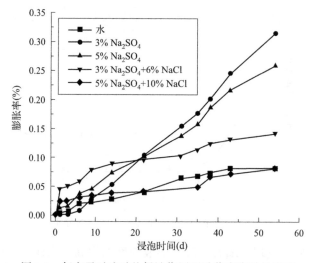

图 1-8　氯离子对硫酸盐侵蚀作用下砂浆膨胀量的影响

Jin 等通过试验研究了硫酸盐＋氯盐相互作用下，混凝土相对动弹性模量的变化。结果表明，在全浸泡下，混凝土试件的破坏过程根据相对动弹性模量的变化可分为三个阶段：线性增长阶段、稳定阶段和下降阶段。对比单一硫酸盐溶液和硫酸盐＋氯盐耦合溶液的试验结果可以发现，氯离子的存在可以延长每一个阶段的时间。而在干湿循环侵蚀作用下，混凝土试件的破坏过程可分为四个阶段：初步下降阶段、线性增长阶段、缓慢下降阶段和加速下降阶段。与全浸泡试验结果一样，氯盐的存在可以延长每一个阶段的时间，抑制由于硫酸盐侵蚀引起的破坏。

由此可见，氯离子的存在可以在一定程度上减缓硫酸盐侵蚀造成的损伤。其主要原因是：氯离子的离子半径和所带电荷数均小于硫酸根离子，因此氯离子能够先硫酸根离子扩散进入混凝土内部，并与混凝土内部的铝相结合生产 Friedel 盐（Friedel's salt，$Ca_3Al_2O_6CaCl_2 \cdot 10H_2O$），反应过程如式（1-12）或式（1-13）所示：

$$Ca^{2+} + Al(OH)_4^- + 3OH^- + 2H_2O \longleftrightarrow Ca_2Al(OH)_6 \cdot 2H_2O - OH + Cl^-$$
$$\longleftrightarrow Ca_2Al(OH)_6 \cdot 2H_2O - Cl + OH^- \tag{1-12}$$

$$Ca^{2+} + Al(OH)_4^- + 2OH^- + 2H_2O \longleftrightarrow Ca_2Al(OH)_6 \cdot 2H_2O + Cl^-$$
$$\longleftrightarrow Ca_2Al(OH)_6 \cdot 2H_2O - Cl \tag{1-13}$$

Friedel 盐的生成在一定程度上消耗了水化铝酸钙，使混凝土中的水化铝酸钙含量降低，从而减少钙矾石结晶的数量，延缓了由于钙矾石膨胀导致的混凝土的损伤和劣化。从反应机理上来看，氯盐虽然能延缓钙矾石的生成，但对于石膏结晶侵蚀、硫酸镁溶蚀—结晶侵蚀、碳硫硅酸钙型硫酸盐侵蚀以及物理结晶型硫酸盐侵蚀并无明显的抑制作用，反而由于硫酸盐的存在，加速了氯离子的扩散速度，最终加速了混凝土结构的破坏进程。

另外，在混凝土结构受硫酸盐侵蚀的环境里，CO_3^{2-} 或 HCO_3^- 的存在也是非常普遍的。根据 Stumn 等的观点，只要某一区域内含有碳酸盐类的土壤或岩石，其周围的水体内便可形成浓度高达 1g/L 的碳酸根或碳酸氢根离子。当水体的 pH 值在 7～10 范围内时，自由的 CO_3^{2-} 通常以 HCO_3^- 形式存在。另外，根据中学化学知识可知，空气中的二氧化碳也可在一定程度上溶于水形成含有 HCO_3^- 的溶液。因此，源溶液中 CO_3^{2-} 或 HCO_3^- 对硫酸盐侵蚀混凝土过程的影响也不可忽视。

目前，关于针对溶液中碳酸根或碳酸氢根对硫酸盐侵蚀混凝土影响的研究还不多见。有些学者通过工程实例发现，在混凝土受硫酸盐侵蚀过程中，碳化作用可在一定程度上提高混凝土的抗硫酸盐侵蚀能力。Lea 和 Mangat 等也通过试验研究发现碳化过程中碳酸钙的生成，降低了孔溶液中有效氢氧化钙的浓度，进而减少硫酸盐侵蚀过程中膨胀性产物钙矾石和石膏的生成。Kunther 等研究了碳酸氢根对硫酸盐溶液中砂浆试件劣化过程的影响，结果表明：碳酸氢根的存在可以显著降低并延迟砂浆试件的膨胀，其主要原因是高浓度的碳酸氢根与孔溶液中的氢氧化钙反应，生产沉淀性的碳酸钙，一方面降低了孔溶液中的钙离子浓度，另一方面降低了孔溶液的 pH 值，这两个作用均会导致钙矾石和石膏晶体的失稳，减少膨胀的发生。热力学模型分析及微观测试结果显示，在高浓度碳酸氢根存在的条件下，砂浆试件硫酸盐侵蚀的膨胀破坏主要来自石膏结晶，而不是钙矾石结晶。

目前的研究结果表明，碳酸根或碳酸氢根能够抑制混凝土的硫酸盐侵蚀，然而在含有碳酸氢根的溶液中，混凝土中的含钙相，例如氢氧化钙、水化硅酸钙、水化铝酸钙以及钙矾石等，均有可能发生分解，其主要原因是新生成的碳酸钙比以上任何一种含钙相都要稳定。如此一来，溶液中碳酸氢根的存在必然导致混凝土密实性的下降，从而可能加速其他侵蚀所造成的破坏。另外，根据本书 1.2.1.2 小节中关于化学反应型硫酸盐侵蚀的机理分析，碳酸根或碳酸氢根的存在为碳硫硅酸钙型硫酸盐侵蚀提供必要的条件。因此，从混凝土结构长期服役的角度来看，这类离子的存在对于混凝土抗硫酸盐侵蚀及耐久性也是不利的。

2）阳离子的影响

在混凝土结构服役的环境中，影响硫酸盐侵蚀的阳离子通常有 Na^+、Mg^{2+}、K^+、NH_4^+ 和 Ca^{2+} 等，其中研究比较多的是 Na^+ 和 Mg^{2+}。

硫酸钠溶液是实验室内进行硫酸盐侵蚀混凝土试验最常用的硫酸盐溶液，其主要原因是钠离子对硫酸侵蚀的影响相比其他阳离子是最小的。关于硫酸钠侵蚀的典型机理是，扩散进入混凝土的硫酸钠与氢氧化钙反应生成石膏和氢氧化钠，石膏继续和水泥浆体中的含铝相（AFm、水化铝酸钙等）反应生成钙矾石。当含铝相消耗殆尽或硫酸钠浓度较高时，便会有石膏结晶的生成。如果硫酸钠溶液浓度非常高，则硫酸钠直接发生结晶引起膨胀。

硫酸镁溶液也是实验室内进行硫酸盐侵蚀混凝土试验常用的硫酸盐试剂。混凝土在受硫酸镁侵蚀的过程中，氢氧化镁首先在混凝土表面孔隙中沉淀，堵塞孔隙，抑制硫酸根离子的进一步扩散，这使得钙矾石和石膏的生成也只发生在混凝土表面。一些研究者在受到硫酸镁侵蚀后的混凝土表面，发现了较为密实的氢氧化镁层和石膏层双层结构，他们认为这是导致硫酸根离子扩散速度减慢和混凝土膨胀的主要原因。另外，镁离子结合氢氧根离子后，使混凝土孔溶液 pH 值降低，导致了固相的氢氧化钙和 C-S-H 凝胶的分解，降低了胶凝材料的黏结力，这便是镁离子的溶蚀作用。由于 pH 值的降低，钙矾石不能稳定存在，因此石膏是在这个过程中的主要侵蚀产物。根据本书 1.2.1.2 小节的分析，镁离子还可直接与 C-S-H 凝胶反应生成没有胶结作用的 M-S-H 和非晶状的 SiO_2。由此可见，硫酸镁侵蚀与水泥中的铝含量无关，传统的抗硫酸盐侵蚀水泥对于抵抗硫酸镁溶蚀—结晶型侵蚀效果不大。

由于侵蚀机理的不同，浸泡于硫酸钠和硫酸镁溶液中的混凝土破坏形式和过程不同。Santhanam 等研究发现无论是在硫酸镁还是硫酸钠溶液中，混凝土的膨胀均包含两个过程，如图 1-9 所示。在第一个过程中，混凝土的膨胀量较小。而在第二个过程中，混凝土的膨胀量迅速增加，但硫酸镁溶液中混凝土的膨胀量和膨胀速率明显小于硫酸钠溶液中的试件。Al-Amoudi 等研究了硫酸镁和硫酸钠溶液对砂浆试件耐久性的影响。结果表明，在侵蚀时间为 100d 的时候，浸泡于两种溶液中的砂浆试件的抗压强度基本相同。在 360d 时，浸泡于硫酸镁溶液中试件的抗压强度损失率是硫酸钠溶液中的 1.6 倍，然而硫酸钠溶液中试件的膨胀量却大于硫酸镁溶液中试件的膨胀量。

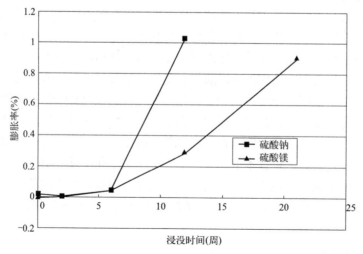

图 1-9　硫酸镁和硫酸钠溶液中混凝土试件随时间的膨胀

目前，关于混凝土在硫酸钾溶液中的侵蚀的研究资料还很少见。Imre 曾在研究中提到，硫酸钾对混凝土所造成的危害相比硫酸钠、硫酸镁和硫酸钙都要小，但是他并没有给出明确的依据。另有研究表明，浸泡于较高浓度的硫酸钾溶液中的混凝土，除了有钙矾石和石膏的生成之外，还会有钾石膏 $[K_2Ca(SO_4)_2 \cdot H_2O]$ 的生成。

相比于硫酸钠、硫酸钾以及硫酸镁，硫酸钙在水中的溶解度较低，常温条件下饱和硫酸钙溶液的浓度只有 0.016mol/L，相当于含有 1.2g/L SO_3 的溶液，因此采用硫酸钙溶液作为侵蚀源溶液不可能得到浓度较高的溶液，这是硫酸钙溶液不常被用作源溶液的主要原因。如果混凝土所用粗骨料中含有石膏或者是无水石膏，能为混凝土的内部硫酸盐侵蚀提供源源不断的硫酸盐，因此也可对混凝土结构造成危害。另有研究表明，外部硫酸盐溶液中含有一定量的钙离子，能够抑制混凝土表面附近的溶蚀作用，溶液中含有钙离子还能进一步降低混凝土内外的浓度梯度，减缓硫酸根离子等在混凝土中的扩散速度。

关于铵根离子对硫酸盐侵蚀混凝土影响的研究也比较少见，其主要原因是铵根离子在水溶液中的不稳定性，它非常容易和水中的氢氧根离子生成氨气释放留下氢离子，导致溶液呈酸性。在酸性环境下，混凝土中的氢氧化钙、C-S-H 凝胶甚至 C-A-H 凝胶等均会发生分解，使钙离子溶出，最终导致混凝土结构疏松多孔，因此铵盐溶液通常被用来进行混凝土溶蚀试验的加速试验。如果硫酸盐溶液中含有铵根离子，溶蚀和硫酸盐侵蚀作用同时发生，必然加速混凝土材料的劣化进程。

（3）pH 值

溶液 pH 值对混凝土的硫酸盐侵蚀有着至关重要的影响，其主要原因是 pH 值高低决定着溶液对混凝土的溶蚀作用和混凝土中各相的稳定性。混凝土孔溶液的 pH 值范围是 12.5~13.5。理论上，任何 pH 值小于这个范围的环境均可能对混凝土结构造成危害，因为孔溶液碱度的降低会导致氢氧化钙、水化铝酸钙甚至水化硅酸钙的溶解。因此，有人认为随着 pH 值的降低，混凝土的抗硫酸盐侵蚀能力降低。

事实上，在硫酸盐侵蚀过程中，溶液的 pH 值不仅影响混凝土的溶蚀，还会影响硫酸盐侵蚀的机理和混凝土的膨胀过程。例如 Cao 等研究发现，当溶液 pH 值小于 7 时，硫酸盐侵蚀的主要产物是石膏，在侵蚀过程中，试件的膨胀量随着溶液 pH 值的降低而减小。席耀忠等研究发现，随着溶液 pH 值的降低，硫酸盐侵蚀混凝土的反应机理发生较大变化，当 pH 值为 12~12.5 时，氢氧化钙及水化铝酸钙可发生分解，硫酸盐侵蚀的主要产物为钙矾石；当 pH 值为 10.6~11.9 时，硫酸盐侵蚀的主要产物除了钙矾石，还有石膏结晶的生成；当 pH 值小于 10.6 时，钙矾石发生分解，硫酸盐侵蚀的主要产物为石膏。另外，如式(1-7) 所示，增大 pH 值相当于增大溶液中 OH^- 的含量，有利于钙矾石在溶液中的生成，这一点与 Fernàndez-Altable 等的研究结论一致。

Flatt 和 Scherer 通过建立模型研究了溶液中 OH^- 含量对孔溶液中延迟钙矾石结晶的影响，模型还考虑了 AFm 和氢氧化钙的溶度积对结果的影响，如式(1-14) 所示：

$$\frac{Q_{AFt}}{K_{AFt}}=\frac{K_{AFm} \cdot K_{CH}}{K_{AFt}} \cdot \frac{[SO_4^{2-}]^2}{[OH^-]^4} \cdot [H_2O]^{20} \tag{1-14}$$

式中，　　　　　　　Q_{AFt}——钙矾石的离子活度积；

K_{AFt}、K_{AFm}、K_{CH}——分别为钙矾石、单硫型水化硫铝酸钙、氢氧化钙溶解时的平衡常数；

$[SO_4^{2-}]$、$[OH^-]$、$[H_2O]$——分别为硫酸根离子、氢氧根离子和水在孔溶液中的摩尔浓度；

Q_{AFt}/K_{AFt}——钙矾石在孔溶液中的过饱和度，反映了钙矾石结晶的难易程度。

从式(1-14)中可以看出，提高孔溶液中氢氧根离子的浓度，将会降低钙矾石的过饱和度，不利于钙矾石结晶的生成。Bellmann等通过向溶液中添加氢氧化钠的方式提高溶液的pH值。结果表明，随着pH值的升高，混凝土膨胀量减小。Famy等在进行硫酸盐侵蚀浸泡试验时发现，溶蚀作用时由于延迟钙矾石导致的混凝土膨胀量增大，而浸泡于KOH溶液中的试件的膨胀量明显降低。

由此可见，溶液pH值对硫酸盐侵蚀混凝土的影响是不可忽视的，而目前大多数室内硫酸盐侵蚀试验以及各国标准建议的混凝土抗硫酸盐侵蚀试验都没有进行pH值控制，这与实际工程中混凝土所处的环境pH值是基本恒定的事实不符，难免会导致室内进行硫酸盐侵蚀机理分析的偏差和理解的错误。Mehta和Brown曾研究发现，在混凝土浸泡于硫酸盐溶液的过程中，由于混凝土中的氢氧根不断溶出，溶液的pH值会很快从7上升到12左右。相应地，硫酸根离子浓度也会随着浸泡时间的延长而降低，这就导致侵蚀速度的减慢，进而影响混凝土抗硫酸盐侵蚀设计的准确性。虽然有些标准（例如《暴露在硫酸盐溶液中的水硬水泥砌块长度变化的标准试验方法》ASTM C1012—15）建议在进行硫酸盐侵蚀试验时应每个月更新一次溶液，然而这只能使溶液的pH值变化处于循环往复的过程，并不能使其恒定，如图1-10所示。

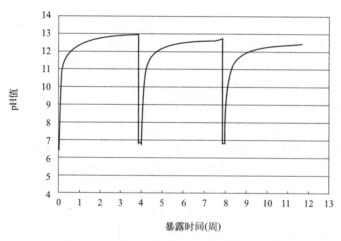

图1-10　溶液pH值随溶液更新周期的变化

为了控制溶液pH值，使室内试验环境更加符合现场环境，Brown设计了一套能够控制pH值的硫酸盐侵蚀混凝土加速试验装置，如图1-11所示。Planel等为了进行水泥净浆的硫酸盐侵蚀试验，将装置进行了改装。后来，这套能够控制溶液pH值的装置在混凝土抗硫酸盐侵蚀试验中得到广泛的应用。

（4）环境温度

通常，温度越高，化学反应速率就越大。根据Arrhenius公式［式(1-15)］，温度每升高10℃，化学反应速率便会增大2～3倍。

$$k = A \cdot \exp\left(-\frac{E_a}{RT}\right) \tag{1-15}$$

式中，A——频率因子，与离子之间的碰撞频率有关；

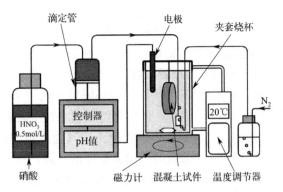

图 1-11　混凝土硫酸盐侵蚀试验装置示意图

E_a——离子活化能；

R——气体常数；

T——环境温度。

从式(1-15)中可以看出，随着温度的升高，离子的反应速率增大。Santhanam 等基于该公式建立了温度对水泥砂浆膨胀的影响模型。根据他们的数值结果，随着温度的升高，相同侵蚀时间的砂浆膨胀量增大，如图 1-12 所示，并且通过试验验证了这一观点的正确性，如图 1-13 所示。另外，从两幅图中还可以看出，温度的升高，不仅增加了砂浆的膨胀量，还缩短了砂浆进入快速膨胀阶段的时间，即加快了硫酸盐侵蚀的进程。

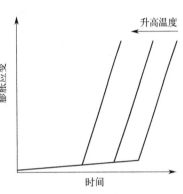

图 1-12　硫酸盐侵蚀作用下砂浆膨胀量随温度变化的理论结果

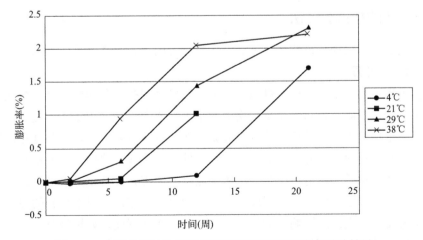

图 1-13　硫酸盐侵蚀作用下砂浆膨胀量随温度变化的试验结果

关于温度对混凝土膨胀的影响，部分研究者又给出不一样的结论。他们认为温度的增加也可能导致混凝土膨胀量的减小，其主要原因是温度升高，一方面增大了钙矾石的溶度积，使更多的钙矾石溶解；另一方面，提高温度有可能使潜在的细小孔隙发生重组形成较大孔隙，遗憾的是，他们并没有给出相应的试验验证。另外，Mulenga等研究发现，掺石灰石的水泥砂浆试件浸泡在8℃的硫酸钠溶液中的膨胀量明显大于浸泡于20℃的硫酸钠溶液中，然而对于掺粉煤灰和纯水泥砂浆的试件，在两种温度下的膨胀量相差不大。

此外，温度不仅影响硫酸盐的侵蚀膨胀速度，还会对其侵蚀机理造成影响。例如很多学者认为，碳硫硅酸钙型硫酸盐侵蚀只发生在低温环境里（低于15℃），然而另有研究者发现，在温度较高的环境中（例如20℃），也会有碳硫硅酸钙型硫酸盐侵蚀的发生。实际上，除了对碳硫硅酸钙的影响，温度还会影响混凝土中其他含硫相的形成和稳定。例如，Damidot等研究发现，在硫酸盐浓度较低时，随着温度的升高，石膏会变得稳定，而钙矾石和单硫型水化硫铝酸钙（AFm）会变得不稳定，然而这种变化在10～25℃范围内并不明显，只有在温度升至50℃以上时才表现明显，如图1-14所示。

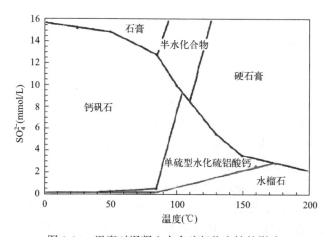

图1-14　温度对混凝土中含硫相稳定性的影响

1.2.3　硫酸盐试验方法

混凝土受硫酸盐侵蚀的试验研究方法可大致分为两类：自然浸泡法和加速试验法。

1.2.3.1　自然浸泡法

从实际工程中混凝土构件所服役的环境来看，可将混凝土分为两大类：全埋混凝土和半埋混凝土。全埋混凝土是指整体结构完全处于水下或者深埋在土壤中的混凝土，如各类建筑物的混凝土桩基工程，其环境特点是混凝土在受侵蚀过程中，环境湿度和侵蚀离子浓度几乎不发生改变；而半埋混凝土是指结构部分处于水下或土壤中，部分暴露于空气中的混凝土，例如各类桥墩、隧道、矿井、坝体等混凝土工程，其特点是水平面或地面以下部分的混凝土所受的侵蚀环境类似于全埋混凝土，而水平面或地面以上部分的混凝土所受的侵蚀环境主要受气候变化的影响（例如气温、风速、空气湿度，如果是海洋工程还会受浪头高度的影响）。模拟实际混凝土环境的暴露方式，实验室内通常采用两种自然浸泡方法：全浸泡法和半浸泡法。关于这两种浸泡方式的侵蚀机理及混凝土的破坏过程，国内外学者已经做了相应的研究，现综述如下。

（1）全浸泡法

在诸多现有混凝土抗硫酸盐侵蚀试验标准（例如《暴露在硫酸盐溶液中的水硬水泥砌

块长度变化的标准试验方法》ASTM C1012—15、《暴露在硫酸盐溶液中的硅酸盐水泥灰浆潜在膨胀性的标准试验方法》ASTM C452—21 和《水泥抗硫酸盐侵蚀试验方法》GB/T 749—2008）中，全浸泡试验是最为常用的试验方法。在全浸泡过程中，混凝土受硫酸盐侵蚀的破坏机理主要是：硫酸根离子扩散到混凝土内部，与水泥水化产物发生化学反应生成钙矾石和石膏，在特殊条件下还有可能生成碳硫钙硅石等产物，接着混凝土孔溶液 pH 值降低，导致 C-S-H 凝胶脱钙破坏。通常，受全浸泡硫酸盐侵蚀的混凝土试样会表现出结构开裂、表面脱皮、强度损失等破坏形态，最终造成混凝土整体力学承载能力的降低。

全浸泡方式下，混凝土基本处于水饱和的状态，因此受硫酸盐侵蚀的膨胀破坏过程通常是逐层发生的，这已经得到多位研究者的证实，如图 1-15 所示。另外，在这个过程中，由于混凝土孔隙中填充了氢氧化钙的饱和溶液，pH 值可达 13，而通常侵蚀环境的 pH 值相对混凝土孔溶液的 pH 值都是较低的，因此将混凝土置于这样的环境中后，随着 SO_4^{2-} 扩散进入混凝土，都会伴随 Ca^{2+} 或 OH^- 溶出的发生。而随着溶蚀的进一步发生，当氢氧化钙消耗殆尽时，C-S-H 凝胶中的钙离子也会由于 pH 值的过低而溶解，最终只剩下没有胶结能力的泥砂混合物。随着深度的加深，SO_4^{2-} 与水泥水化产物发生反应生成石膏和钙矾石等结晶膨胀，造成混凝土开裂破坏，而在靠近溶蚀区的部分由于混凝土孔溶液 pH 值的降低，造成钙矾石等不能稳定存在而只形成石膏。Gollop 等通过将混凝土全浸泡于硫酸钠和硫酸镁溶液中，得到混凝土受硫酸盐侵蚀和溶蚀双重作用下劣化区域划分，如图 1-16 所示。

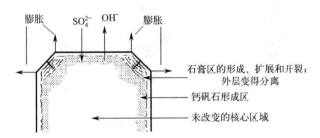

图 1-15 全浸泡混凝土受硫酸盐侵蚀层状破坏过程示意

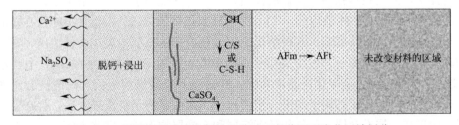

图 1-16 混凝土受硫酸盐侵蚀和溶蚀双重作用下劣化区域划分

另外，受阳离子变化的影响，全浸泡混凝土的破坏过程也会发生改变。Santhanam 等通过对受硫酸盐侵蚀后砂浆试件的物理性能、侵蚀产物及微观结构等进行分析，研究了砂浆全浸泡于硫酸钠和硫酸镁溶液中的破坏过程，如图 1-17、图 1-18 所示。在硫酸钠溶液中，溶液的初始 pH 值为 6～8，随着砂浆试件的放入，溶液的 pH 值在短时间内上升到

11～12 并基本保持稳定，且接近混凝土孔隙液的 pH 值，因此溶蚀主要发生在外表面和早期。在步骤 2 中，钙矾石和石膏在表面附近的区域生成并结晶析出。因此，砂浆的表面层开始出现膨胀，然而砂浆内部本身存在的孔隙结构能够抑制部分钙矾石和石膏的膨胀。在步骤 3 中，膨胀性产物填充砂浆的孔隙，并在孔隙中产生一定的膨胀拉应力，当膨胀拉应力达到砂浆的极限抗拉强度时，便会产生裂缝，如图 1-17 所示步骤 4。随着时间的推移，砂浆表面继续劣化，当更多的硫酸盐扩散达到内部开裂区时，硫酸根离子继续与水泥水化产物反应生成石膏，填充已经形成的微裂缝和毛细孔，造成裂缝扩展，形成开裂区，即如图 1-17 中所示步骤 5。而开裂区与未侵蚀区之间，新形成的钙矾石和石膏造成新的微裂缝，即步骤 4 的重复，如图 1-17 中所示步骤 6。此过程循环往复，最终造成砂浆的整体破坏。

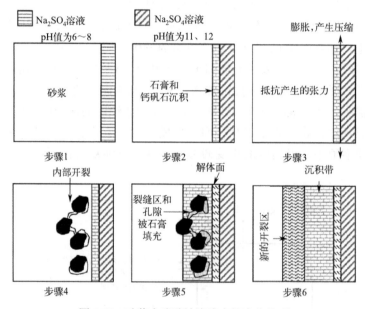

图 1-17　砂浆在硫酸钠溶液中的劣化机理

而在硫酸镁溶液中，溶液的初始 pH 值为 7～8（这一点与理论分析不符，有待进一步的试验证实，因为根据强酸弱碱盐的性质，在没有其他离子干扰的情况下，硫酸镁溶液应属于酸性溶液，因此 pH 值应低于 7），随着砂浆试件的放入，溶液的 pH 值在短时间内上升到 9～10 并基本保持稳定。这种情况下，砂浆内部的氢氧根离子向外溶出，遇到扩散进来的硫酸根离子和镁离子，发生反应生成氢氧化镁沉淀和石膏，如图 1-18 中所示步骤 2。需要说明的是，由于氢氧化镁的难溶性，砂浆浸入硫酸镁溶液后，硫酸镁会迅速在其表面形成沉淀层，阻止了钙离子的进一步溶出。当硫酸根离子扩散进入后，会在氢氧化镁沉淀层下面形成一层石膏层，氢氧化镁沉淀层和石膏层均形成于砂浆表面。随着时间的推移，硫酸根离子继续扩散进入砂浆内部，形成钙矾石和石膏膨胀，引起开裂，如图 1-18 中所示步骤 3，这一点与硫酸钠侵蚀的过程相似。但不同的是，随着表面开裂的发生，外部溶液通过表面裂缝进入砂浆内部，镁离子直接与 C-H-S 反应生成 M-H-S 和二次石膏，从而造成更大的破坏，如图 1-18 中所示步骤 4。

从上述分析可以看出，在全浸泡方式下，混凝土受硫酸盐侵蚀的破坏速度主要取决于离子在混凝土中的扩散速度。例如，Atkinson 等根据这一特点，通过长期全浸泡试验研究了硫酸盐溶液对混凝土服役寿命的影响，并根据试验结果提出了全浸泡于硫酸盐溶液中的混凝土的剥蚀率预测模型，如式(1-16) 所示：

$$R_{\text{spall}}=\frac{X_{\text{spall}}}{T_{\text{spall}}}=\frac{E_Y\beta_1^2 C_S \Delta C_S D_S}{\alpha_0 \tau_0 (1-\upsilon_0)} \quad (1\text{-}16)$$

式中，R_{spall}——剥蚀率；

X_{spall}——剥落层厚度；

T_{spall}——达到相应剥落层厚度时所需的时间；

E_Y——杨氏模量；

β_1——线性应变，为单位体积内的混凝土有 1mol 的硫酸根离子参与反应所引起的线性应变；

C_S——溶液中硫酸根离子浓度；

ΔC_S——生成钙矾石时参与反应的硫酸根离子的量；

D_S——硫酸根离子在混凝土内的扩散系数；

α_0——混凝土断裂的阻力系数（通常设为1）；

τ_0——混凝土的断裂表面能；

υ_0——混凝土的泊松比。

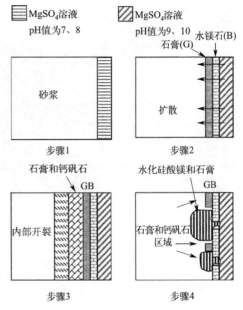

图 1-18　砂浆在硫酸镁溶液中的劣化机理

该模型的建立主要考虑了硫酸根离子的扩散系数和混凝土本身的力学性能对模型的影响，并没有过多地考虑离子传输过程中的物理—化学反应对其传输过程的影响，对于混凝土的损伤累积和计算也没有进行一定的分析，因此在寿命预测上难免会存在一定的偏差。

（2）半浸泡法

对于半埋混凝土结构如桥墩、房基、大坝等，由于不同位置干湿情况的不同，其所受到的硫酸盐侵蚀机理和破坏过程也完全不同，例如水面或地面以下的部分可以采用全浸泡的方式研究，而暴露于空气中的水面或地面以上的部分，采用全浸泡暴露方式的研究显然是不合理的。从研究现状来看，与全浸泡方式相比，采用半浸泡方式进行混凝土硫酸盐侵蚀的研究还比较少，其受到人们的关注和重视也仅是近十几年以来的事情。实际上，混凝土结构处于半浸泡状态的工程在整个基础设计建设当中却占有相当大的比例，而且据研究表明，半浸泡混凝土由于受物理结晶型硫酸盐侵蚀和化学反应型硫酸盐侵蚀的双重作用，因此其破坏速度远大于全浸泡的混凝土，而且破坏发生的主要部位为水面或地面以上干湿交替比较频繁的位置，如图 1-19 所示。

关于半浸泡方式下的混凝土硫酸盐侵蚀破坏，由于水下或地下部分可以等同于全浸泡方式，其破坏过程的分析可参考全浸泡方式下混凝土的破坏过程，因此这里只讨论水面或地面以上暴露于空气中部分的破坏过程和机理。对于暴露于空气中的部分，由于混凝土表面水分的蒸发，会使下部的溶液在毛细作用下上升，硫酸根离子等在此过程中迁移到混凝

图 1-19 墙基混凝土硫酸盐侵蚀的破坏状况

土上部，直接发生物理结晶或与水泥水化产物发生反应生成石膏或钙矾石引起膨胀破坏，该过程如图 1-20 所示。Scherer 等根据液体在毛细孔中的压力平衡以及蒸发平衡关系，推导出溶液在混凝土内上升的平衡高度表达式，如式(1-17) 所示：

$$h_{eqm} = -\frac{p_c}{\rho_L g} \approx -\frac{2\gamma_L}{r_c \rho_L g}$$ (1-17)

式中，h_{eqm}——溶液在混凝土内上升的平衡高度；

p_c——毛细孔压；

ρ_L——溶液的密度；

g——重力加速度；

γ_L——溶液的表面张力；

r_c——毛细孔径。

根据式(1-17)，毛细孔径越小，溶液在混凝土内上升的高度越高，因此有学者研究认为混凝土水胶比越小，由于物理结晶型硫酸盐侵蚀导致的破坏越严重，但这并未得到其他学者的认同。

另外，由于半浸泡混凝土的上半部分会接触空气中的二氧化碳，因此碳化对硫酸盐在混凝土内的结晶及反应的影响不可忽视。Yoshida 等通过试验研究和理论分析，提出了受碳化影响的情况下，硫酸钠在半浸泡混凝土内发生结晶和反应破坏的过程，如图 1-20 所示。其机理是：在毛细上升作用下，硫酸钠随溶液进入混凝土上部，在距离混凝土表面较近的位置，由于水分蒸发形成硫酸钠的过饱和溶液，其中一部分硫酸钠结晶形成芒硝引起膨胀，另一部分与水泥水化产物发生反应生成石膏和钙矾石，但是由于混凝土表面附近的碳化作用，导致混凝土孔溶液 pH 值降低，钙矾石不能稳定存在，因此钙矾石只发生在距离表面较远的未碳化的混凝土层，然而由于这部分钙矾石的量较少，并不会引起明显的膨胀作用。造成混凝土破坏的主要作用是混凝土碳化层的芒硝结晶。

和全浸泡一样，在半浸泡的暴露方式下，混凝土的硫酸盐侵蚀同样受到阳离子的影响。例如，Nehdi 等和 Aye 等研究发现，在半浸泡的暴露方式下，硫酸钠的破坏性比硫酸镁的破坏性更大，其主要原因是：相同浓度的硫酸钠和硫酸镁溶液，硫酸镁的黏滞系数更大，因此随毛细上升的量比较少。另外，由于氢氧化镁沉淀层的生成，也阻碍了溶液的向

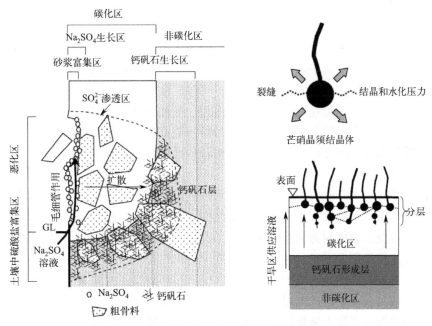

图 1-20　硫酸钠在半浸泡混凝土中侵蚀破坏机理

上迁移，因此减弱了其侵蚀性。砂浆试件在硫酸钠和硫酸镁溶液中的破坏状况如图 1-21 所示。

(a)　　　　　　　　　(b)

图 1-21　砂浆试件在（a）硫酸钠和（b）硫酸镁溶液中的破坏状况

　　目前，关于半埋混凝土抗硫酸盐侵蚀试验标准和评价方法尚未出台，其破坏机理也尚未十分明确。因此，进一步开展半浸泡方式的硫酸盐侵蚀方面的研究很有必要。

1.2.3.2　加速试验法

　　全浸泡试验和半浸泡试验均属于常规试验方法，常规试验方法的最大特点是符合实际侵蚀情况，但是需要耗费大量的时间、人力和物力，因此很多硫酸盐侵蚀的试验研究通常采用加速试验方法完成，常用的加速试验方法主要包括以下三种：

（1）提高侵蚀溶液浓度

硫酸盐侵蚀的本质是硫酸根离子进入混凝土内部并与混凝土中的水泥水化产物发生反应引起膨胀和破坏，这是一个由硫酸根离子扩散速度控制的破坏过程。从离子扩散的原动力来看，提高材料内外的离子浓度差可以有效提升离子在材料中的传输速度，因此提高侵蚀溶液的浓度常被用作加速试验的首要手段。另外，从本书1.2.2.1节中可得知，提高硫酸根离子浓度可以有效地加速混凝土的破坏进程，虽然溶液浓度对硫酸盐侵蚀机理的影响还不明确，然而可以肯定的是，高浓度的侵蚀溶液更有利于石膏的生成，并且能够加快硫酸盐侵蚀的破坏速度，因此被广泛应用于硫酸盐侵蚀的加速试验中。

（2）干湿循环加速

在干湿循环过程中，硫酸根离子可伴随水分进入和流出混凝土，其迁移速度比普通的离子扩散要快得多，在此过程中，由于干循环中水分的蒸发，硫酸盐溶液极易形成过饱和溶液，在距离混凝土表面附近的孔隙中形成结晶引起膨胀，进而加快混凝土的破坏过程，这是干湿循环法常被用来进行加速试验的主要原因。

实际上，不仅是硫酸盐，其他任何盐类在干湿循环的暴露方式下均有可能由于溶液的过饱和而形成结晶或沉淀，从而对混凝土造成破坏。Almeida曾提出，在干湿循环的作用下，硫酸盐侵蚀造成混凝土破坏的机理包括两个方面，即硫酸盐的直接结晶和钙矾石、石膏的生成，其中硫酸盐的物理结晶导致的破坏占主导地位。另外，干湿循环加快了水分在混凝土内部的流动速度，久而久之可能引起钙离子的溶出和混凝土pH值的降低，从而造成混凝土弹性模量的损失和强度的降低。研究表明，干湿循环造成的混凝土性能的劣化比持续浸泡快得多。Bassuoni等也研究发现，干湿循环的暴露方式能够明显地加大硫酸盐造成的侵蚀破坏。Girardi和Maggio通过对比持续浸泡和干湿循环浸泡对不同骨料混凝土硫酸盐侵蚀的影响发现，干湿循环的暴露方式使混凝土获得更多的质量增加和膨胀量的增加。

对于干湿循环的作用机理，虽然已经有局部化学反应和物理结晶膨胀两种解释，但是其加快侵蚀的机理仍然存在争议，也尚未见干湿循环作用下混凝土抗硫酸盐侵蚀的试验标准和评价方法，国内外学者针对这方面的研究也比较少。然而基于其在自然界中存在的普遍性以及对混凝土劣化过程影响的重要性，进一步开展干湿循环情况下，硫酸盐侵蚀混凝土的机理及破坏过程的研究很有必要。

（3）电加速

硫酸盐侵蚀的电加速试验方法是通过对与溶液接触的混凝土试样施加一定频率的电流，从而提高溶液中硫酸根离子在混凝土中传输速度的方法。从作用机理上来讲，是模仿氯离子电加速方法而形成的一种新型加速方法。该方法能够大大缩短硫酸根离子的传输周期，操作也比较简单，然而存在很多问题。为了起到加速的效果，试件两侧的电压通常会设置很大，有的甚至达到几十伏，这种较强的电场作用很容易破坏混凝土孔隙溶液中的化学平衡，即阴离子由阴极流向阳极，而阳离子则由阳极流向阴极，这必然导致水泥浆体的物相及微观结构发生重大变化，远远偏离了硫酸盐的侵蚀机理。

例如，Huang等采用硫酸钡重量法研究了电加速作用下，硫酸根离子在混凝土内的传输规律。他们发现，在电加速作用下，硫酸镁溶液中的硫酸根离子在混凝土中的扩散速度比硫酸钠溶液中快，而在自然浸泡中，结果刚好相反。遗憾的是，他们并没有给出合理的解释。Lorente等采用色谱分析的方法研究了在自然扩散过程中和电加速过程中，不同硫酸盐在混凝土中的传输规律，其结果与 Huang 等采用硫酸钡重量法得到的测试结果一致。他们给出的解释是：在自然扩散过程中，钠离子对应的硫酸根离子在混凝土中的扩散速度大于镁离子，主要原因是在硫酸镁溶液中，氢氧化镁的形成堵塞了混凝土的孔隙，阻碍了硫酸根离子的扩散。而在电迁移过程中，由于电场的作用导致 Mg^{2+} 向负极迁移，阴离子如 OH^- 和 SO_4^{2-} 等向阳极迁移，$Mg(OH)_2$ 层不会形成。然而这样的解释不能让人信服，因为即使 $Mg(OH)_2$ 层不会形成，其中硫酸根离子的扩散速度也应该与硫酸钠溶液中硫酸根离子的扩散速度相当，因此为了弄清楚这一点，还应该从这两种溶液的物理性质出发，做进一步的研究。

1.2.3.3 侵蚀评价指标

（1）硫酸根离子传输性

混凝土的外部硫酸盐侵蚀是一个由表及里的缓慢过程，因此硫酸根离子在混凝土中的浓度分布必然呈现一定的规律性。弄清楚硫酸根离子的浓度及分布规律，对于准确理解混凝土受硫酸盐侵蚀的劣化机理和过程，科学评价混凝土的使用寿命及其预测具有十分重要的意义。

开展硫酸根离子在混凝土中的传输性研究，其技术关键是准确测试硫酸根离子在混凝土中的浓度。目前可用于分析混凝土中硫酸根离子浓度的检测方法主要有：硫酸钡重量法（标准法）、EDTA 络合滴定法（容量法）、色谱分析法、电感耦合等离子发射光谱法（ICP-AES 法）、火焰原子吸收分光光度法以及比色法等。其中后面三种分析方法主要为间接测试，容易受其他因素的影响造成测试误差。例如，电感耦合等离子发射光谱法的测试原理是采用向溶液中加入过量 Ba^{2+}，使硫酸根离子形成硫酸钡沉淀并从体系中去除，然后采用 ICP-AES 法测定剩余 Ba^{2+} 的方法，间接测定硫酸根离子的含量。然而该方法由于液体自吸现象，会严重影响测试结果，且价格昂贵。而火焰原子吸收分光光度法和比色法容易受其他离子，例如 Na^+、K^+、Ca^{2+} 等的干扰，也不常用来测试混凝土中的硫酸根离子含量。因此，可用于测试混凝土中硫酸根离子含量的检测方法主要是上述方法中的前三种。例如，董宜森采用硫酸钡重量法研究了混凝土内部硫酸根离子侵蚀深度和侵蚀时间的变化规律，得到混凝土受硫酸盐侵蚀的深度以及由表及里不同深度硫酸根离子含量的分布情况，分析了硫酸盐源溶液浓度以及荷载对混凝土内硫酸根离子分布的影响。万旭荣采用 EDTA 络合滴定法测试得到相似的结果。赵顺波等采用改进的硫酸钡重量法研究了在不同浓度的硫酸钠溶液中长期浸泡腐蚀混凝土中硫酸根离子浓度的分布规律，建立了硫酸钠溶液浸泡条件下的混凝土中硫酸根离子浓度预测模型，提出了混凝土表面硫酸根离子浓度和硫酸根离子在混凝土中的扩散系数计算公式。孙超等通过钻孔取样，采用 EDTA 络合滴定法测定了浸泡于不同浓度溶液中混凝土样品中的硫酸根离子浓度，获得了硫酸根离子的扩散规律及结果，并基于此考虑损伤对硫酸根离子在混凝土中的扩散影响，建立了混凝土中硫酸根离子扩散模型，数值模拟结果与试验测试结果具有很强的相关性。

（2）抗压强度及变形

抗压强度是评价水泥基材料质量好坏最基本和最重要的宏观力学指标，也是工程设计及施工研究人员最为关心的参数。因此，研究硫酸盐侵蚀作用下混凝土抗压强度的变化规律，对于准确预测混凝土在硫酸盐侵蚀作用下的耐久性及使用寿命具有重要意义。另外，硫酸盐侵蚀最终会导致混凝土的体积膨胀并开裂，而在反应初期，石膏和钙矾石等膨胀性产物是在混凝土孔隙中形成的，只有当这类物质累积到一定量时才会引起混凝土的宏观膨胀。因此，研究混凝土在硫酸盐侵蚀情况下的形变规律，对于预测混凝土受硫酸盐侵蚀作用下的膨胀及破坏规律也具有一定的指导意义。

（3）硬度分布

硬度（Hardness）是材料局部抵抗外界压入其表面内部的能力，或者是材料局部抵抗弹性变形、塑性变形或破坏的能力。从微观角度来看，材料的硬度主要取决于其化学组成和分子结构形式。例如，离子半径越小，离子电价越高，配位数越小，则结合能越大，抵抗外力刻画或压入的能力就越强，材料的硬度就越大。另外，细观尺度的微裂纹、杂质等、环境温度和湿度等因素也会引起材料硬度的变化。由于硬度测试的局部性和时效性，材料组分的变化以及微结构的变化均可以通过硬度的变化得到及时反馈。通过建立硬度与材料强度等之间的关系，可以用来衡量水泥基材料受化学侵蚀的劣化过程和程度。

（4）电化学阻抗谱

电化学阻抗谱（Electrochemical impendence spectroscopy，EIS）是以小振幅的交流扰动信号（通常是幅度小于 20mV 正弦交流电压信号）作为扰动信号，通过测试材料对扰动信号的反应，进一步分析材料微结构的一种电化学方法。由于是以小振幅的电信号对体系扰动，既避免对材料体系产生大的影响，同时使扰动和体系的响应之间近似成线性关系，从而简化了测量结果的数学处理。同时，它又是一种频率域的测量方法，它以测量得到的频率范围很宽的阻抗谱来研究材料系统，因而比其他常规的电化学方法得到更多的动力学信息及电极界面结构的信息。基于以上优点，且作为一种无损检测方法，自 John 等首次将 EIS 法引入钢筋混凝土腐蚀行为的研究以来，该方法已经成为实验室中研究水泥与混凝土材料性能最为常用的方法之一。

近年来，各国学者基于 EIS 在研究混凝土材料与结构性能方面已经取得大量的成果，其中包括水泥的水化过程及孔结构分析、混凝土的胶凝材料组成与力学性能的关系、混凝土中钢筋锈蚀的评价与判断、混凝土的离子渗透性研究以及混凝土的耐久性研究等。另外，同济大学的史美伦等在混凝土的 EIS 方面做了大量的试验和理论研究，得到很多重要的研究结论，使得 EIS 在混凝土材料和结构性能方面的应用和研究更加深入。硫酸盐侵蚀作为影响混凝土耐久性的一部分，是一个传输—反应—损伤的复杂物理化学过程，在这个过程中混凝土的化学组成及微观结构不断发生变化，而采用 EIS 测试可以很好地反映硫酸盐侵蚀过程中混凝土材料的这些变化，进而评价其劣化过程及程度。然而，目前关于硫酸盐侵蚀过程中混凝土电化学阻抗方面的研究文献和报道还很少见，开展这方面的研究对于开拓硫酸盐侵蚀混凝土的研究思路及辅助理解硫酸盐的侵蚀机理具有重要的科学意义。

1.3　混凝土硫酸盐侵蚀防治

1.3.1　混凝土硫酸盐侵蚀防治技术

近几十年来，由于混凝土耐久性不足，在建筑物或构筑物的设计基准期内，容易出现质量问题，导致结构可靠度降低。为了维持结构必要的安全性和适用性，需要大笔维修费用。如果不能继续使用，则往往予以拆除，成为不可再利用的垃圾，占用大片土地，造成巨大的经济损失，这是各国普遍存在的现象。工程实例教训所花费的经济、环境代价是昂贵和惨痛的。陈壁元院士在 2003 年 11 月香山会议上关于混凝土结构的耐久性——《我国土建工程混凝土结构耐久性的现状与差距》中已详尽论述。这种昂贵和惨痛的代价又是十分宝贵的财富，那就是如何避免这种灾害的发生或将其降至最低限度。目前我国工程界已十分重视混凝土耐久性，各大工程均对使用的混凝土进行技术攻关，希望得到更加长久的使用寿命，如国内第一、世界第三的大跨径润扬长江公路大桥在建设过程中专门设立了"润扬长江公路大桥结构混凝土的耐久性与寿命预测"专项研究课题，要求保证大桥 100年的使用寿命。南京地铁工程也要求根据当地的环境条件，设计出满足 100 年使用寿命的高性能混凝土，并详细研究结构混凝土的损伤失效过程，建立相应的寿命预测模型。

天津市海河开启桥是滨海新区基础设施建设重点工程，是继塘沽海门大桥、海河大桥之后，在海河塘沽段建设的第三座桥梁，投资额约 2.6 亿元，混凝土使用量非常大，如何在较为恶劣的自然环境下保证桥梁的使用寿命，应引起足够的重视。本书结合海河开启桥工程进行混凝土技术研究，桥墩、承台混凝土主要采用 C30、C40 泵送混凝土，其主要技术指标要求如下：

（1）C30 混凝土要求技术指标为 C30、F300、W8，混凝土强度保证率 95%，坍落度 16～20cm。

（2）C40 混凝土要求技术指标为 C40、F300、W8，混凝土强度保证率 95%，坍落度 16～20cm。

（3）进行全面深入的试验及理论研究，重点考虑混凝土的耐久性，设计出满足工程要求的高耐久性、高工作性、技术先进、经济合理的高性能混凝土。

1.3.2　复合体系水泥水化过程及抗侵蚀机理研究

复合化是改善水泥抗侵蚀性能的有效途径，包括各系列水泥和辅助性胶凝材料复合及各系列水泥之间复合。前者已有多年的研究和成功应用经验，如矿渣硅酸盐水泥、粉煤灰硅酸盐水泥、火山灰质硅酸盐水泥以及混合水泥等。粒化高炉矿渣、粉煤灰等辅助性胶凝材料，最初仅是为了降低水泥生产成本而被当作混合材使用的，近年来随着材料科学研究的不断深入和水泥水化硬化理论的进一步完善，人们逐步认识到其对水泥性能改善的重要性，如降低水化热、提高流动度等，发展到今天，这些曾经被仅当作混合材料的组分已经成了水泥体系中尤其是混凝土中不可缺少的组分。后者的研究起步较晚，应用也很不普遍，至今所做的研究工作主要是尝试在硅酸盐系列水泥中引入某些特性水泥（如铝酸盐水泥），以改善硅酸盐水泥的某些性能或者是在某种特性水泥中加入少量硅酸盐水泥，以调节特性水泥的性能，同时降低特性水泥的生产成本。

水泥材料是一个十分复杂的多相多组分非均质体系，水泥硬化体是一个逐渐形成和发展的晶体、凝胶体、气孔等多相、多孔结构体系，并具有微观、亚微观、宏观等多层次和纳米、亚微米、微米、毫米等多尺度结构特征。随着现代测试分析方法的发展和水泥化学理论的完善，对各系列水泥的性能和水化硬化机理取得进一步的认识，发现了各系列水泥的优点和缺陷，而且有些性能可以在不同系列间叠加或互补，比如曾有国内外学者研究过硅酸盐水泥和铝酸盐水泥复合系统的性能。研究结果证明，在高铝水泥、硅酸盐水泥、石膏三者比例合适时，可以制得早期强度相近、28d 强度接近或超过纯高铝水泥的复合水泥。该复合水泥的主要水化产物是钙矾石、水化氧化铝凝胶、C-S-H 凝胶和少量低硫型水化硫铝酸钙，不含亚稳的低碱水化铝酸钙，因此具有稳定的长期强度和良好的抗硫酸盐侵蚀性。

纵观近年来国内外复合水泥的研究现状，大多数研究工作集中在混合材方面，即在三大系列水泥中加入一种或多种混合材，通过控制混合材料的掺量和颗粒分布达到预期目的，并对这类复合水泥的性能和水化硬化机理进行了深入的探讨，公开发表的文献已有很多。不同系列水泥间的复合研究很少，文献检索结果表明，与之相关的文章屈指可数。

实现复合化的途径一般有两条，一条途径是改变熟料的化学和矿物组成，在煅烧过程中将不同系列的矿物复合在同一个熟料体系中，如 C_3S-C_2S-C_4A_3S-C_4AF 体系的阿利特—硫铝酸盐水泥，其集中了硅酸盐水泥和硫铝酸盐水泥的优良性能，水化产物结构十分致密，强度及耐久性均优于复合前各单系列的性能。但是由于两个主要矿物 C_3S 和 C_4A_3S 的共存温度范围过窄，C_3S 大量形成的温度高于 1350℃，而 C_4A_3S 在 1350℃ 就大量分解，目前 C_3S 和 C_4A_3S 的共存条件及其动力学过程尚未解决。另一条途径是将制备成的水泥熟料进行复合，在水化过程中实现不同系列水泥水化产物的复合化，本书主要研究硅酸盐水泥和硫铝酸盐水泥的复合化途径，即后者。

在第八届国际水泥化学会议上，印度学者 S. Laxmi 等介绍了他们的研究工作，以高强硅酸盐水泥、高铝水泥、硬石膏等配制的快硬、高强复合水泥，该水泥在 15min 内硬化，强度发展规律为 1h、2h、8h、24h 分别为 $10N/mm^2$、$23N/mm^2$、$45N/mm^2$、$70N/mm^2$，可用于采矿、隧道、大坝抢修、机场以及防御设施的抢修工程中。贝利特-硫铝酸盐水泥（SAB）和波特兰水泥（PC）复合体系的性能研究结果表明，在水泥细度相同时，SAB 的矿物组成显著影响复合水泥的凝结时间；复合水泥的强度（85％SAB/15％PC）在 90d 以前低于 PC 水泥砂浆；复合水泥的补偿收缩性优于 PC 水泥，而 PC 水泥具有优异的抗钢筋锈蚀性能。

我国学者张丕兴、王复生等研究了硫铝酸盐水泥和硅酸盐水泥混合对复合水泥性能的影响。张丕兴的研究结论是，以硅酸盐水泥为基体，掺入一定量的硫铝酸盐水泥后，复合体系水泥的凝结时间缩短，水泥石的密实度增加，且具有微膨胀性；以硫铝酸盐水泥为基体，掺入一定量的硅酸盐水泥后，复合体系水泥的 1d 强度增加，钙矾石更加稳定，对钢筋有一定的阻锈作用。王复生的研究结论是，在硅酸盐水泥中掺入少量硫铝酸盐水泥时，水泥的水化得到促进，水化产物中钙矾石量增多，水泥具有早强微膨胀性；在硫铝酸盐水泥中也可掺入少量硅酸盐水泥，水泥的干缩率降低，同时在保证强度不降低的情况下，可以降低水泥生产成本。

1.4 本书研究内容

本书针对新疆寒旱区混凝土的硫酸盐侵蚀问题，从宏观性能演化、微细观结构特征、侵蚀劣化机理、工程防治与提升措施等方面进行阐述与分析，相关内容汇总了笔者及其所在单位 20 余年的研究成果。本书系统论述了硅酸盐水泥高性能混凝土、高抗硫酸盐水泥混凝土、硫铝酸盐水泥混凝土、硅酸盐—硫铝酸盐复合体系水泥混凝土的抗硫酸盐侵蚀性能，提出了一种硅酸盐—硫铝酸盐—矿物掺合料三元体系水泥制备抗硫酸盐混凝土的新技术，研发了抗硫酸盐侵蚀添加剂和大掺量磨细矿渣混凝土激发稳定剂，形成了适用于新疆地区的抗硫酸盐侵蚀混凝土制备技术。

1.4.1 硅酸盐水泥高性能混凝土抗硫酸盐侵蚀研究

从充分利用新疆地区当地Ⅱ级粉煤灰资源入手，针对盐碱地区混凝土侵蚀问题，以Ⅱ级粉煤灰为掺合料，通过硫酸盐侵蚀试验，测试不同浸泡时间下试件的抗折强度，计算抗蚀系数，进而探究：在抗硫酸盐侵蚀试验下掺Ⅱ级粉煤灰混凝土中粉煤灰的最佳掺量和相应规律；在短龄期养护条件下（基础混凝土浇筑不久即遭受侵蚀情况）大掺量Ⅱ级粉煤灰混凝土的抗硫酸盐侵蚀能力以及在高浓度硫酸盐侵蚀环境的条件下，按低水胶比、大掺量Ⅱ级粉煤灰配制的高性能混凝土发生侵蚀破坏的形态与过程及破坏机理。为解决新疆地区处于硫酸盐侵蚀环境中的混凝土建筑物的抗侵蚀性问题和更好地利用新疆地区Ⅱ级粉煤灰资源，提供一条新的、经济有效的途径。

1.4.2 高抗硫酸盐水泥混凝土抗硫酸盐侵蚀研究

针对高抗硫酸盐水泥混凝土的硫酸盐侵蚀问题，从宏观性能演化、微观结构特征与侵蚀劣化机理等方面进行了详细阐述与分析。通过试验研究了粉煤灰掺量及水胶比对高抗硫酸盐水泥混凝土力学性能、侵蚀性能的影响，试验过程中发现水胶比、养护龄期、粉煤灰掺量及侵蚀溶液浓度等因素都将一定程度上影响高抗硫酸盐水泥混凝土的抗侵蚀性能；此外，通过观测不同水胶比、不同粉煤灰掺量的高抗硫酸盐水泥试件微观结构，对比分析了其试件的孔隙结构和表层疏松层损伤情况，揭示了高抗硫酸盐水泥混凝土的抗硫酸盐侵蚀机理。本研究内容及结论将为伴有硫酸盐侵蚀环境的混凝土结构设计提供理论参考，并为后续水泥基材料在双重侵蚀作用下的劣化过程分析奠定必要的基础。

1.4.3 硫铝酸盐水泥混凝土抗硫酸盐侵蚀研究

为解决西北严寒干旱区既有快硬、早强要求，又有较高抗硫酸盐侵蚀性能要求的混凝土工程问题，试验研究了外加剂与硫铝酸盐水泥的适应性；水灰比分别为 0.5、0.4、0.3 的硫铝酸盐水泥混凝土拌合物凝结时间和坍落度的控制措施及其置于 20℃、0℃、−15℃ 室外自然温度环境进行养护时，混凝土强度发展特性；水灰比、侵蚀溶液浓度、侵蚀龄期对硫铝酸盐水泥混凝土抗硫酸盐侵蚀能力的影响；短龄期养护条件下（基础混凝土浇筑不久即遭受侵蚀情况）硫铝酸盐水泥混凝土的抗硫酸盐侵蚀能力；硫铝酸盐水泥与普通硅酸盐水泥和高抗硫酸盐水泥抗硫酸盐侵蚀性能的对比。最后通过观测硫铝酸盐混凝土受硫酸盐侵蚀后的宏观与微观现象，分析并揭示其抗硫酸盐侵蚀机理，为新疆盐碱化地区混凝土建筑物的抗侵蚀性设计和施工提供科学依据。

1.4.4 硫酸盐、镁盐双重侵蚀作用下混凝土性能研究

为探讨硫酸盐、镁盐双重侵蚀作用下高性能及高抗硫混凝土的抗侵蚀性能，将不同种类水泥、不同水灰（胶）比、不同掺合料掺量的混凝土试件置于不同浓度的硫酸盐、镁盐双重侵蚀溶液中进行侵蚀试验，研究侵蚀龄期、水泥种类、水灰（胶）比、掺合料掺量等

因素对混凝土试件抵抗双重侵蚀性能的影响。通过测定和观察不同试件在不同侵蚀龄期的强度损失和形态形貌变化，用抗折强度和抗蚀系数来评定其抗侵蚀性能，并利用扫描电镜（SEM）对同等条件下相应的试件进行了微观测试分析。结合宏观与微观试验结果，分析不同影响因素在双重侵蚀溶液下对试件性能影响的机理，探明硫酸盐、镁盐双重侵蚀作用下高性能及高抗硫混凝土性能研究，延长新疆地区水工建筑物的实际服役期限。

1.4.5 高浓度硫酸镁作用下硅酸盐—硫铝酸盐复合体系水泥混凝土研究

基于新疆地区特有环境对混凝土结构工程耐久性的具体要求，采用《水泥抗硫酸盐侵蚀试验方法》GB/T 749—2008 中浸泡抗侵蚀性能试验方法（K 法）与扫描电镜（SEM）、能谱分析（EDS）等微观分析方法相结合，对高浓度硫酸镁侵蚀环境下硫铝酸盐水泥、硅酸盐—硫铝酸盐复合体系水泥混凝土的抗侵蚀性能和侵蚀破坏机理进行研究。研究发现：水胶比对硫铝酸盐水泥胶砂试件的抗侵蚀性能影响较大。提高硫铝酸盐水泥的复配比例可以提高硅酸盐—硫铝酸盐复合体系水泥混凝土的性能，但其效果随着侵蚀溶液中侵蚀离子的变化而有所差异。粉煤灰和矿渣作为矿物掺合料复合使用，可以改善水泥石内部孔结构，提高水泥石的密实性，还可以相互作用提高各自的水化程度，对于提高复合体系水泥混凝土的环境适应性效果明显，同时可以降低硫铝酸盐水泥的用量。

第2章

硅酸盐水泥高性能混凝土
抗硫酸盐侵蚀研究

2.1 引言

通过在普通水泥中添加一些矿物掺合料配制出高性能混凝土越来越受到人们的重视。针对不同用途要求，高性能混凝土对下列性能重点予以保证：耐久性、工作性、适用性、强度、体积稳定性、经济性。因此，高性能混凝土的主要配制特点之一为低水胶比，同时还要选用优质原材料，并除水泥、水、集料外，还必须掺入足够数量的矿物细掺料和高效外加剂。而矿物掺合料种类丰富，组成复杂，不同矿物掺合料种类和用量对混凝土性能影响各异。其中，粉煤灰（FA）是最常用的矿物掺合料。而新疆地区Ⅱ级粉煤灰资源丰富，结合新疆多盐碱地区混凝土工程受硫酸盐侵蚀影响广泛的特点，有必要针对盐碱地区混凝土侵蚀问题，以Ⅱ级粉煤灰作为掺合料，通过试验、观测和理论分析，对掺Ⅱ级粉煤灰的高性能混凝土，研究其强度特点以及在不同类型与不同浓度侵蚀溶液作用下的抗侵蚀能力。

本章通过对掺Ⅱ级粉煤灰高性能混凝土抗硫酸盐侵蚀性能展开研究，探明水泥品种、水灰比、Ⅱ级粉煤灰掺量、养护龄期、硫酸盐溶液浓度、侵蚀龄期等因素对Ⅱ级粉煤灰高性能混凝土抗硫酸盐侵蚀性能的影响，得出侵蚀试件的宏观、微观变化情况，进而揭示其改善硫酸盐侵蚀机理，为新疆地区更好地利用Ⅱ级粉煤灰资源，解决盐碱化地区混凝土工程抗侵蚀问题提供一条新的、经济有效的途径。

2.2 原材料与试验方案

2.2.1 试验原材料

（1）水泥

本试验中普通水泥胶砂试件和掺有Ⅱ级粉煤灰水泥胶砂试件均采用新疆青松水泥有限责任公司（以下简称新疆青松水泥厂）生产的42.5R普通硅酸盐水泥，其各项物理性能指标和化学成分指标见表2-1、表2-2；高抗硫酸盐水泥胶砂试件采用新疆天山水泥厂生产的高抗硫酸盐水泥，其各项物理性能指标和化学成分指标见表 2-3。

青松 42.5R 普通硅酸盐水泥的技术指标　　　　表 2-1

试样名称	密度(g/cm³)	比表面积(m²/kg)	标准稠度用水量(%)	凝结时间(h:min)		安定性	强度			
				初凝	终凝		抗折强度		抗压强度	
							3d	28d	3d	28d
42.5R 普通水泥	3.1	378	28	2:45	4:05	合格	5.7	8.2	25.3	49.7
"GB 175—2007"要求	—	≥300	—	≥0:45	≤10:00	合格	≥3.5	≥6.5	≥21.0	≥42.5
42.5R 普通水泥	3.1	400	26	2:45	4:25	合格	4.2	7.4	19.0	50.0
"GB 175—2007"要求	—	≥300	—	≥0:45	≤10:00	合格	≥3.5	≥6.5	≥17.0	≥42.5

注：(1) "—"表示对此值无要求；(2) 标准稠度用水量采用调整水量法测定；(3) 安定性系沸煮法（饼法）检验结果。

青松 42.5R 普通硅酸盐水泥熟料化学成分及熟料中矿物成分（%）　　　　表 2-2

化学成分	烧失量	SiO_2	Al_2O_3	Fe_2O_3	CaO	MgO	SO_3	Na_2O	K_2O	R_2O	熟料中矿物成分			
											C_3S	C_2S	C_3A	C_4AF
青松 42.5R 普通水泥	0.10	22.46	4.88	3.53	65.03	1.78	0.90	0.39	0.78	0.90	55.09	23.64	6.57	11.27
天山 42.5 高抗硫酸盐水泥	0.45	22.40	3.97	5.27	62.83	1.99	2.05	0.30	0.43	0.58	46.82	28.93	1.58	16.02

注：(1) 水泥中混合材：矿渣 2%，粉煤灰 18%，煤矸石 2%；(2) $R_2O = Na_2O + 0.658K_2O = 0.39 + 0.658 \times 0.78 \approx 0.90$（%）。

天山高抗硫酸盐水泥物理性能和化学成分指标　　　　表 2-3

试样名称	密度(g/cm³)	比表面积(m²/kg)	标准稠度用水量(%)	凝结时间(h:min)		安定性	强度(MPa)				熟料中矿物成分(%)			
				初凝	终凝		抗折强度		抗压强度		C_2S	C_3S	C_3A	C_4AF
							3d	28d	3d	28d				
42.5 高抗硫酸盐水泥	3.1	400	26	2:45	4:25	合格	4.2	7.4	19.0	50.0	22.45	45.55	2.00	16.37
"GB 175—2007"要求	—	≥300	—	≥0:45	≤10:00	合格	≥3.5	≥6.5	≥17.0	≥42.5	—	—	—	—

注："—"表示没有数值。

（2）粉煤灰

本试验选用华电新疆发电有限公司苇湖梁电厂（以下简称苇湖梁电厂）生产的Ⅱ级粉煤灰，其化学成分及物理性能指标见表 2-4、表 2-5。颗粒形态见图 2-1、图 2-2。

苇湖梁电厂Ⅱ级粉煤灰化学成分（%）　　　　表 2-4

| 化学成分 | 烧失量 | SiO_2 | Al_2O_3 | Fe_2O_3 | CaO | MgO | SO_3 | Na_2O | K_2O | R_2O |
| Ⅱ级粉煤灰 | 4.01 | 55.65 | 21.00 | 6.06 | 5.90 | 2.59 | 0.90 | 1.44 | 1.95 | 2.72 |

苇湖梁电厂Ⅱ级粉煤灰物理性能指标　　　　　　表 2-5

检测指标	细度(%)	比表面积(m²/kg)	需水量比(%)	烧失量(%)	SO₃(%)
Ⅱ级粉煤灰	20.33	429	87.33	4.01	0.90
"GB/T 1596—2017"要求	≤25.0	—	≤105	≤8.0	≤3.0

注："—"表示没有数值。

从表 2-5 可知，苇湖梁电厂生产的Ⅱ级粉煤灰的细度、需水量比、烧失量、三氧化硫和游离氧化钙五项指标均符合《用于水泥和混凝土中的粉煤灰》GB/T 1596—2017 中的规定要求。从图 2-1 可知，苇湖梁电厂Ⅱ级粉煤灰颗粒含有少部分多孔的粉煤灰，大部分为球形的微玻璃珠颗粒，说明该粉煤灰的"减水作用"和"填充作用"比较好。由图 2-2 可知，苇湖梁电厂Ⅱ级粉煤灰颗粒粒径大部分不超过 4.818μm，说明该粉煤灰的活性比较高，因为粉煤灰的活性主要来自粒径小于 10μm 的部分。另外，表 2-5 中数据显示 87.33%的需水量和 4.01%的烧失量，说明本试验所用的粉煤灰是质量较好的掺合料。

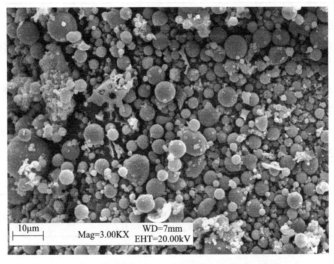

图 2-1　苇湖梁电厂Ⅱ级粉煤灰颗粒形态图

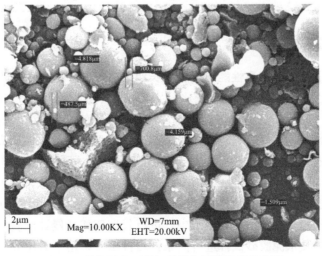

图 2-2　苇湖梁电厂Ⅱ级粉煤灰颗粒粒径分布图

（3）骨料

本试验采用乌拉泊水库上游乌鲁木齐河中的水洗砂，其技术指标的检测结果见表2-6、表2-7。

砂的技术指标 表2-6

砂样品种	饱和面干视密度(g/cm³)	饱和面干吸水率(%)	堆积密度(g/cm³)		空隙率(%)	细度模数	含泥量(%)	云母含量(%)
			紧密状态	疏松状态				
砂	2.65	1.01	1.82	1.67	—	3.54	1.8	0

砂的颗粒级配 表2-7

筛孔尺寸(mm)	10.0	5.00	2.50	1.25	0.63	0.315	0.16
累计筛余百分数(%)	0	0.4	42.1	56.6	76	87.2	93.3
混凝土用砂级配标准（Ⅰ区）(%)	5	0～10	5～35	35～65	71～85	80～95	90～100

（4）拌合及养护水

试验所用养护水及拌合水采用实验室自来水；侵蚀溶液配制用水采用蒸馏水。

（5）减水剂

试验采用FDN萘系高效减水剂。水泥和减水剂适应性试验依据《混凝土外加剂应用技术规范》GB 50119—2013的规定，试验结果见表2-8。由表2-8可知，当水灰比为0.40时，FDN高效减水剂最佳掺量为1.00%；当水灰比为0.30、0.35时，FDN高效减水剂最佳掺量均为1.25%。

FDN高效减水剂与青松水泥厂42.5R普通水泥适应性试验结果 表2-8

水灰比	减水剂掺量(%)				
	0.50	1.00	1.25	1.50	最佳掺量
$W/C=0.40$	129.5	248.5	248.0	246.5	1.00
$W/C=0.35$	130.0	223.5	245.5	244.0	1.25
$W/C=0.30$	66.5	126.5	228.0	231.0	1.25

2.2.2 试验方案

2.2.2.1 掺Ⅱ级粉煤灰高性能混凝土的长期抵抗硫酸盐侵蚀性能研究

试验按高性能混凝土技术配制水胶比分别为0.40、0.35、0.30，Ⅱ级粉煤灰掺量分别为30%、40%、60%的普通硅酸盐水泥胶砂试件，浸泡在不同浓度的硫酸盐溶液中进行侵蚀试验。配合比见表2-9，试件类别见表2-10。参照中抗硫水泥、高抗硫酸盐水泥的适用范围以及水泥抗硫酸盐侵蚀测试方法，初步选用硫酸根离子浓度分别为2500mg/L、8000mg/L、20250mg/L的硫酸钠溶液作为模拟侵蚀溶液；为模拟常规情况和一些实际工程的基础混凝土浇筑完成不久就遭受硫酸盐侵蚀的特殊情况，将试件分别按标准养护28d和养护3d后分别浸泡于侵蚀溶液和淡水中，进行长期硫酸盐侵蚀试验。另外制备水胶比为0.40的高抗硫酸盐水泥胶砂试件进行同条件侵蚀试验，用于对比分析粉煤灰水泥胶砂试件的抗侵蚀性能。通过硫酸盐侵蚀试验，测试不同浸泡时间试件的抗折强度，计算抗蚀系数，分析Ⅱ级粉煤灰掺量、水胶比、养护龄期、侵蚀溶液浓度等因素对混凝土抗硫酸盐侵蚀性能的影响及侵蚀破坏与时间的效应关系。

胶砂试件的配合比（长期）   表 2-9

编号	Ⅱ级粉煤灰掺量（%）	水泥种类	水胶比	胶砂比	胶砂试件各项材料的用量			
					水泥(g)	粉煤灰(g)	标准砂(g)	水(mL)
P	0	P·O		1:2.24	300	0	672	120
H	0	HSR		1:2.24	300	0	672	120
1-1	30	P·O	0.40	1:2.24	210	90	672	120
1-2	40	P·O		1:1.22	180	120	667	120
1-3	60	P·O		1:2.32	120	180	695	120
2-1	30	P·O		1:1.93	210	90	578	105
2-2	40	P·O	0.35	1:1.91	180	120	572	105
2-3	60	P·O		1:2.10	120	180	630	105
3-1	30	P·O		1:1.50	210	90	450	90
3-2	40	P·O	0.30	1:1.61	180	120	483	90
3-3	60	P·O		1:1.73	120	180	519	90

注：3-1、3-2、3-3 各组试件在拌合时掺入 0.3% 的天山 FDN 高效减水剂。

抗硫酸盐侵蚀试验的试件类别（长期）   表 2-10

养护龄期	水胶比	Ⅱ级粉煤灰掺量(%)	水泥种类	试件类型
3d	0.40	0	P·O	普通试件
		30	P·O	掺粉煤灰试件
		40	P·O	掺粉煤灰试件
		60	P·O	掺粉煤灰试件
	0.35	0	HSR	高抗试件
		30	P·O	掺粉煤灰试件
		40	P·O	掺粉煤灰试件
		60	P·O	掺粉煤灰试件
	0.30	30	P·O	掺粉煤灰试件
		40	P·O	掺粉煤灰试件
		60	P·O	掺粉煤灰试件
28d	0.40	0	P·O	普通试件
		30	P·O	掺粉煤灰试件
		40	P·O	掺粉煤灰试件
		60	P·O	掺粉煤灰试件
	0.35	30	P·O	掺粉煤灰试件
		40	P·O	掺粉煤灰试件
		60	P·O	掺粉煤灰试件
	0.30	30	P·O	掺粉煤灰试件
		40	P·O	掺粉煤灰试件
		60	P·O	掺粉煤灰试件

2.2.2.2 掺Ⅱ级粉煤灰高性能混凝土抗硫酸盐侵蚀试验

本试验制作了水胶比分别为 0.40、0.35、0.30，Ⅱ级粉煤灰掺量分别为 0%、30%、

40％和60％的胶砂试件（以下对其分别简称普通试件、30％粉煤灰试件、40％粉煤灰试件、60％粉煤灰试件）。同时，为了比较高抗硫酸盐水泥混凝土的抗蚀能力，配制了一组高抗硫酸水泥胶砂试件（以下简称高抗试件）。上述胶砂试件的配合比见表2-11。为模拟常规情况和一些实际工程的基础混凝土浇筑完成不久就遭受硫酸盐侵蚀的特殊情况，将上述试件按标准养护28d和养护3d后分别浸泡硫酸根离子浓度为2500mg/L、8000mg/L、20250mg/L的硫酸钠溶液和淡水中，进行硫酸盐侵蚀试验。本试验方案中的试件类别见表2-12。在浸泡时间为28d、60d、90d、120d、180d时，分别测试了浸泡在侵蚀溶液和淡水中同组试件的抗折强度，并按照式(2-1)计算各组试件的抗蚀系数。

$$K_{蚀}=R_{液}/R_{水} \tag{2-1}$$

式中，$K_{蚀}$——抗蚀系数；

$R_{液}$——试件浸泡在侵蚀溶液一定龄期时的抗折强度（MPa）；

$R_{水}$——试件浸泡在淡水一定龄期时的抗折强度（MPa）。

胶砂试件的配合比　　　　　　　　　　　　　　　　表2-11

编号	Ⅱ级粉煤灰掺量(%)	水泥种类	水胶比	胶砂比	胶砂试件各项材料的用量			
					水泥(g)	粉煤灰(g)	标准砂(g)	水(mL)
A	0	P·O		1:2.24	300	0	672	120
B	30	P·O		1:2.24	210	90	672	120
C	40	P·O	0.40	1:2.24	180	120	667	120
D	60	P·O		1:1.22	120	180	695	120
E	0	HSR		1:2.32	300	0	672	120
F	30	P·O		1:1.93	210	90	578	105
G	40	P·O	0.35	1:1.91	180	120	572	105
H	60	P·O		1:2.10	120	180	630	105
K	30	P·O		1:1.50	210	90	450	90
M	40	P·O	0.30	1:1.61	180	120	483	90
S	60	P·O		1:1.73	120	180	519	90

注：采用标准砂是为了消除天然砂的不均匀性。K、M、S在拌合时需掺入0.3％的天山FDN高效减水剂。

抗硫酸盐侵蚀试验的试件类别　　　　　　　　　　　　表2-12

养护龄期	水胶比	Ⅱ级粉煤灰掺量(%)	水泥种类	试件类型
3d	0.40	0	P·O	普通试件
		30	P·O	掺粉煤灰试件
		40	P·O	掺粉煤灰试件
		60	P·O	掺粉煤灰试件
	0.35	0	HSR	高抗试件
		30	P·O	掺粉煤灰试件
		40	P·O	掺粉煤灰试件
		60	P·O	掺粉煤灰试件
	0.30	30	P·O	掺粉煤灰试件
		40	P·O	掺粉煤灰试件
		60	P·O	掺粉煤灰试件

养护龄期	水胶比	Ⅱ级粉煤灰掺量(%)	水泥种类	试件类型
		0	P·O	普通试件
		30	P·O	掺粉煤灰试件
	0.40	40	P·O	掺粉煤灰试件
		60	P·O	掺粉煤灰试件
		30	P·O	掺粉煤灰试件
28d	0.35	40	P·O	掺粉煤灰试件
		60	P·O	掺粉煤灰试件
		30	P·O	掺粉煤灰试件
	0.30	40	P·O	掺粉煤灰试件
		60	P·O	掺粉煤灰试件

2.2.3 试验方法

参照《水泥抗硫酸盐侵蚀试验方法》GB/T 749—2008 中的 K 法，即"浸泡抗蚀性能试验方法"，制备试件，试件尺寸均为 10mm×10mm×60mm，分别养护 3d、28d 后将试件浸泡在淡水和不同浓度硫酸钠溶液中进行侵蚀试验，并以抗蚀系数 $K_{蚀}$ 来评定抗侵蚀性能，K 值计算方法见式(2-1)，当 $K_{蚀} \leqslant 0.8$ 认为试件抗蚀不合格，即试件遭受侵蚀破坏。

另外制备了水胶比为 0.40 的高抗硫酸盐水泥胶砂试件，进行相同的硫酸盐侵蚀试验，用于对比评价粉煤灰水泥胶砂试件抗侵蚀性能。试验还采用微观 SEM、EDS 观测方法，分析试件受硫酸盐侵蚀后的内在特征，用以分析和揭示试件抗硫酸盐侵蚀的内在机理。

2.3 试验结果与分析

2.3.1 掺Ⅱ级粉煤灰高性能混凝土的长期抵抗硫酸盐侵蚀性能研究

对不同水胶比（0.40、0.35、0.30）、不同粉煤灰掺量（0%、30%、40%、60%）的胶砂试件，在不同浓度硫酸盐浸液中侵蚀 28d、2 个月、3 个月、4 个月、6 个月、8 个月、10 个月、12 个月、15 个月、18 个月、24 个月龄期的抗蚀系数、抗折强度进行测定。以 2 年内各侵蚀龄期的抗蚀系数 $K_{蚀}>0.80$ 为抗侵蚀合格标准，分析其侵蚀试验结果。

2.3.1.1 养护 28d 胶砂试件的抗侵蚀性能

本试验养护 28d 试件在四种溶液中测得的抗蚀系数随浸泡时间的变化情况见图 2-3～图 2-8，各组试件的抗折强度随浸泡时间的变化情况见图 2-9～图 2-11。

由图 2-3～图 2-11 可知：

（1）Ⅱ级粉煤灰掺量为 30%，水胶比为 0.40、0.35、0.30 的三种试件在硫酸根离子浓度为 2500mg/L 溶液中经过 24 个月的浸泡，各水胶比试件的抗蚀系数在各侵蚀龄期一直保持较高的水平，浸泡 24 个月后仍具有较高的抗硫酸盐侵蚀能力，见图 2-3(a)、图 2-4 (a)

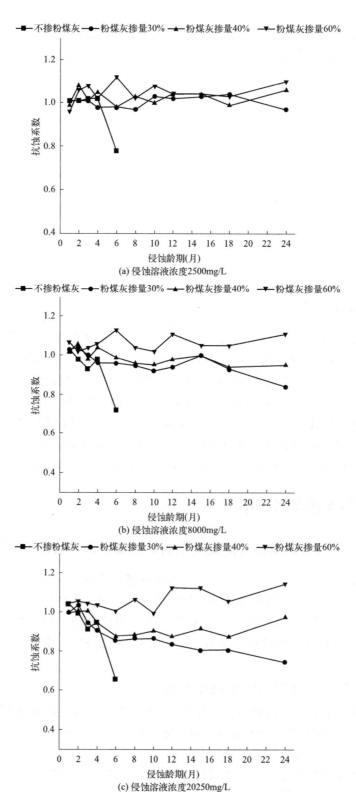

图 2-3　水胶比 0.40 时，在不同浓度溶液中试件抗蚀系数对比（一）

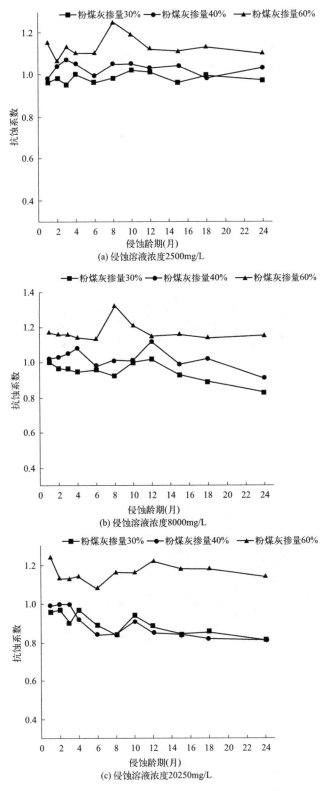

图 2-4　水胶比 0.35 时，在不同浓度溶液中试件抗蚀系数对比（一）

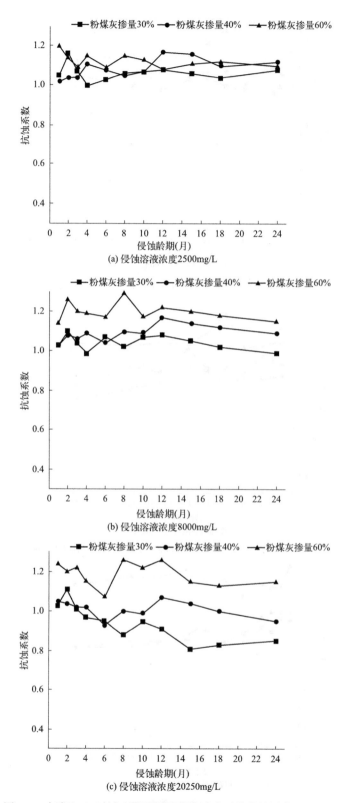

图 2-5 水胶比 0.30 时，在不同浓度溶液中试件抗蚀系数对比（一）

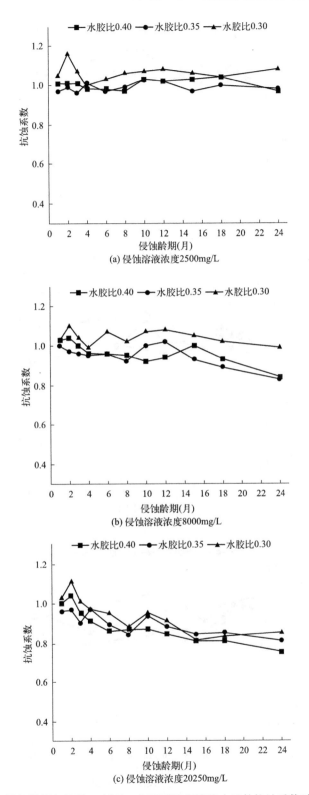

图 2-6　Ⅱ级粉煤灰掺量 30％时，在不同浓度溶液中试件抗蚀系数对比（一）

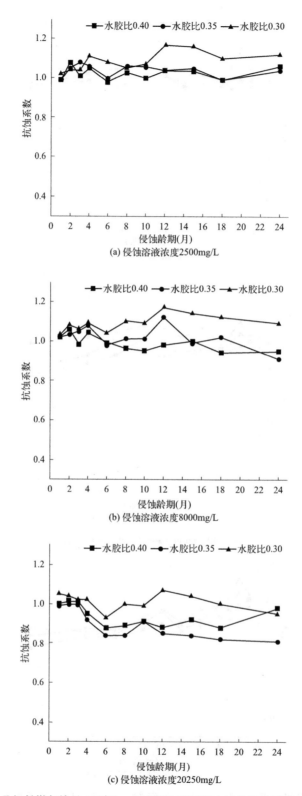

图 2-7　Ⅱ级粉煤灰掺量 40％时，在不同浓度溶液中试件抗蚀系数对比（一）

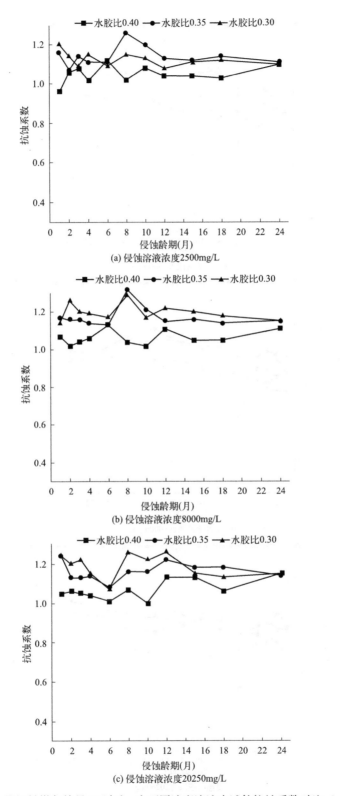

图 2-8　Ⅱ级粉煤灰掺量 60％时，在不同浓度溶液中试件抗蚀系数对比（一）

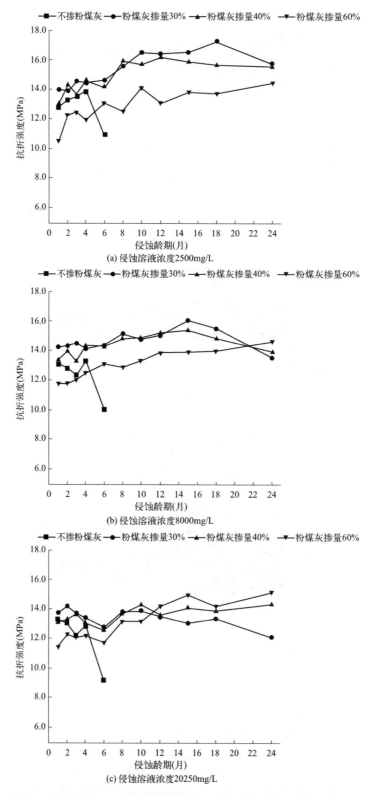

(a) 侵蚀溶液浓度2500mg/L

(b) 侵蚀溶液浓度8000mg/L

(c) 侵蚀溶液浓度20250mg/L

图 2-9　水胶比 0.40 时，在不同浓度溶液中试件抗折强度对比（一）

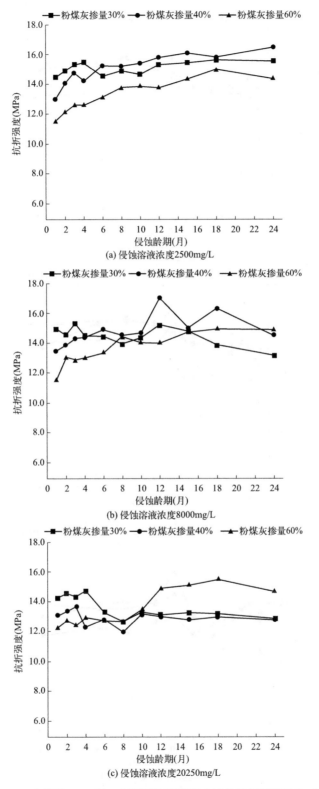

图 2-10　水胶比 0.35 时，在不同浓度溶液中试件抗折强度对比（一）

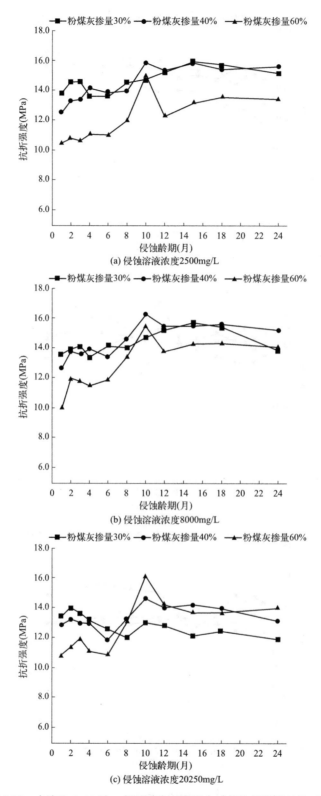

图 2-11　水胶比 0.30 时，在不同浓度溶液中试件抗折强度对比（一）

及图2-5(a)；在硫酸根离子浓度为8000mg/L溶液中浸泡过程中发现：随着侵蚀龄期的延长，试件的抗蚀系数曲线呈缓慢下降趋势，当浸泡时间达到24个月时，除水胶比0.30的试件仍具有较高的抗侵蚀性能外，水胶比为0.40、0.35的试件均接近于破坏状态，见图2-3(b)、图2-4(b)及图2-5(b)；在硫酸根离子浓度为20250mg/L时，随着侵蚀龄期的延长，试件的抗蚀系数曲线呈明显下降趋势，浸泡时间达到15～24个月时，各试件先后表失了抗侵蚀能力或接近于侵蚀破坏状态，见图2-3(c)、图2-4(c)及图2-5(c)。表明当Ⅱ级粉煤灰掺量为30%时，控制水胶比小于0.40，在短龄期养护条件下的试件比不掺粉煤灰的普通胶砂试件，其抗硫酸盐侵蚀性能有明显提高，可以抵抗硫酸根离子浓度不大于2500mg/L溶液的侵蚀，但难以抵抗高浓度侵蚀溶液（硫酸根离子浓度大于8000mg/L）的长期侵蚀。

（2）Ⅱ级粉煤灰掺量为40%，水胶比为0.40、0.35、0.30的三种试件在硫酸根离子浓度为2500mg/L和8000mg/L溶液中经过24个月的浸泡，各水胶比试件的抗蚀系数在各侵蚀龄期一直保持较高的水平，浸泡24个月后仍具有较高的抗硫酸盐侵蚀性能；在硫酸根离子浓度为20250mg/L时，随着侵蚀龄期的延长，试件的抗蚀系数曲线呈缓慢下降趋势，当浸泡时间达到24个月时，除水胶比0.30的试件一直维持较高的抗蚀系数外，其他水胶比试件中的部分试件已接近侵蚀破坏状态。说明当Ⅱ级粉煤灰掺量提高至40%时，混凝土的抗硫酸盐侵蚀性能有明显提高，特别是当水胶比控制在0.30时，其抗硫酸盐侵蚀性能得到大幅度提高，可以抵抗硫酸根离子浓度大于或等于8000mg/L溶液的侵蚀。

（3）Ⅱ级粉煤灰掺量为60%时，各水胶比试件在上述三种浓度侵蚀溶液浸泡24个月过程中，抗蚀系数均保持很高的水平，明显高于其他粉煤灰掺量（30%、40%）试件的抗蚀系数，显现出很强的抗硫酸盐侵蚀能力。当Ⅱ级粉煤灰掺量达到60%时，只要控制水胶比不大于0.40，可以显著提高混凝土的抗硫酸盐侵蚀性能，不仅可以抵抗较低浓度侵蚀，还可以抵抗高浓度（硫酸根离子浓度达到8000～20250mg/L）侵蚀。

（4）在淡水和低浓度（硫酸根离子浓度为2500mg/L）溶液中浸泡时，随着Ⅱ级粉煤灰掺量的增加，试件的抗折强度降低，而在高浓度（硫酸根离子浓度达到8000～20250mg/L）溶液中侵蚀时，大掺量Ⅱ级粉煤灰试件的抗折强度虽然在侵蚀初期小于低掺量Ⅱ级粉煤灰试件抗折强度，但是在侵蚀后期，前者抗折强度发展较后者快，尤其掺量达到60%时试件在高浓度溶液中抗折强度发展明显高于掺量30%、40%。

2.3.1.2 养护3d胶砂试件的抗侵蚀性能

本试验养护3d试件在四种溶液中测得的抗蚀系数随浸泡时间的变化情况见图2-12～图2-17；各组试件的抗折强度随浸泡时间的变化情况见图2-18～图2-21。

由图2-12～图2-21可知：

（1）水胶比0.40、Ⅱ级粉煤灰掺量0%的普通胶砂试件，在硫酸根离子浓度为2500mg/L溶液中，浸泡6个月即发生侵蚀破坏；而在硫酸根离子浓度为8000mg/L、20250mg/L溶液中分别浸泡4个月、3个月就发生侵蚀破坏，说明不掺粉煤灰的普通胶砂试件在短龄期养护条件下抵抗硫酸盐侵蚀的能力很差。

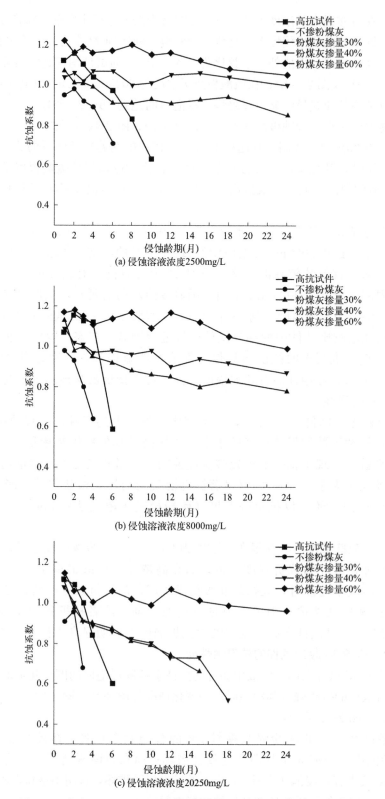

(a) 侵蚀溶液浓度2500mg/L

(b) 侵蚀溶液浓度8000mg/L

(c) 侵蚀溶液浓度20250mg/L

图 2-12　水胶比 0.40 时，在不同浓度溶液中试件抗蚀系数对比（二）

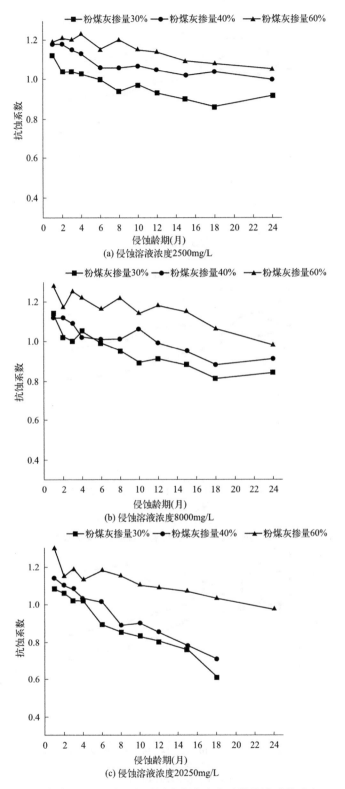

图 2-13 水胶比 0.35 时，在不同浓度溶液中试件抗蚀系数对比（二）

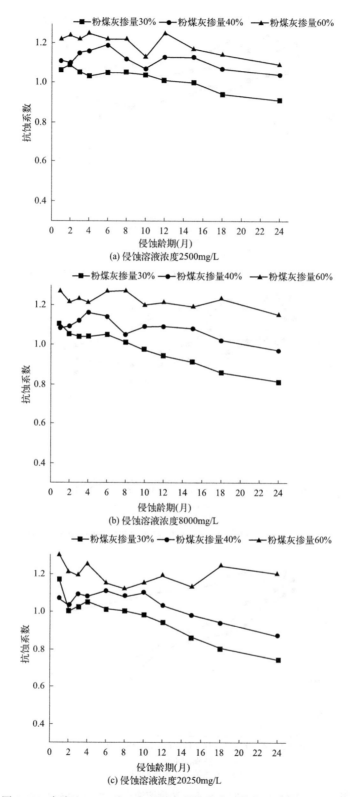

图 2-14 水胶比 0.30 时，在不同浓度溶液中试件抗蚀系数对比（二）

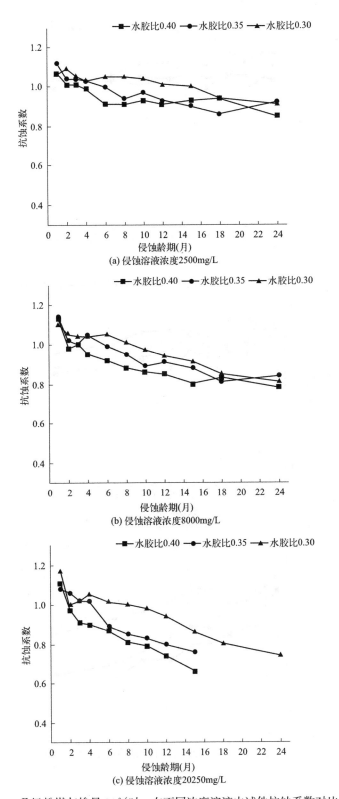

图 2-15　Ⅱ级粉煤灰掺量 30％时，在不同浓度溶液中试件抗蚀系数对比（二）

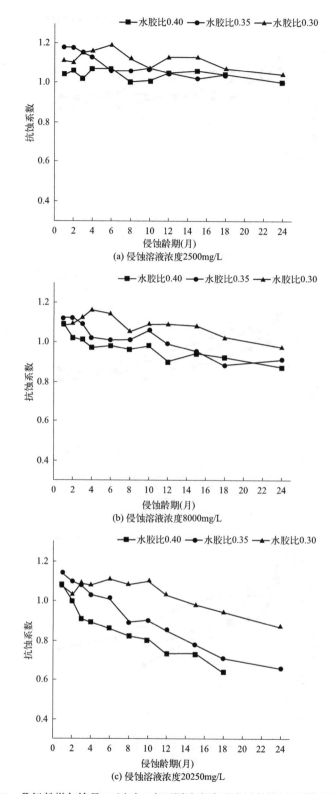

(a) 侵蚀溶液浓度2500mg/L

(b) 侵蚀溶液浓度8000mg/L

(c) 侵蚀溶液浓度20250mg/L

图 2-16　Ⅱ级粉煤灰掺量 40％时，在不同浓度溶液中试件抗蚀系数对比（二）

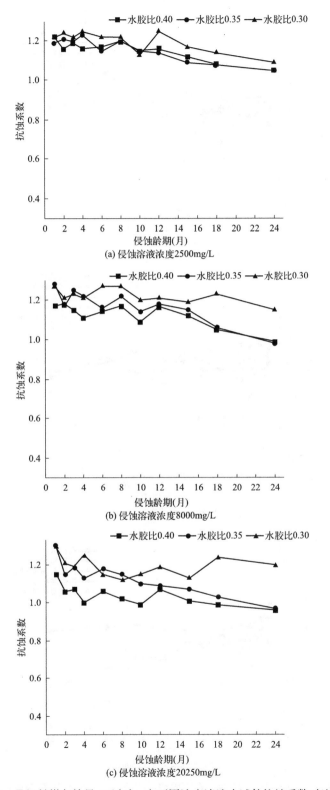

图 2-17　Ⅱ级粉煤灰掺量 60％时，在不同浓度溶液中试件抗蚀系数对比（三）

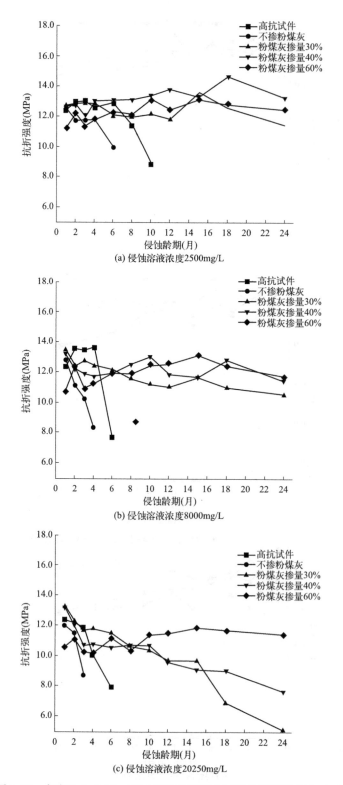

(a) 侵蚀溶液浓度2500mg/L

(b) 侵蚀溶液浓度8000mg/L

(c) 侵蚀溶液浓度20250mg/L

图 2-18 水胶比 0.40 时，在不同浓度溶液中试件抗折强度对比（二）

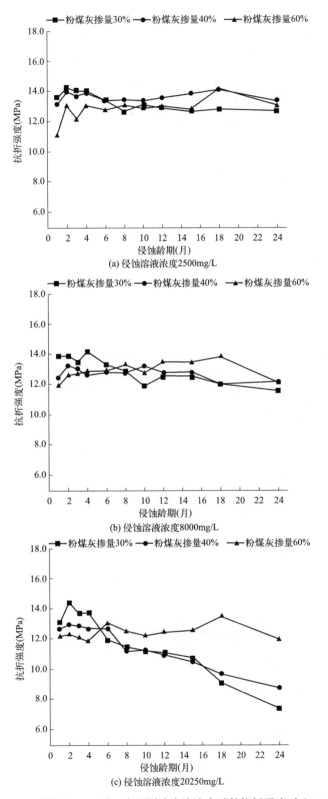

图 2-19　水胶比 0.35 时，在不同浓度溶液中试件抗折强度对比（二）

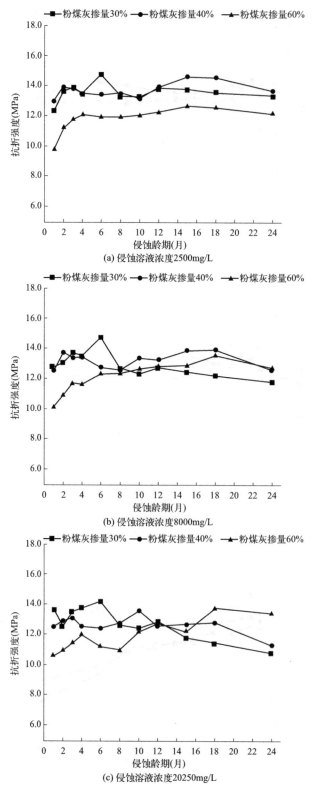

图 2-20 水胶比 0.30 时，在不同浓度溶液中试件抗折强度对比（二）

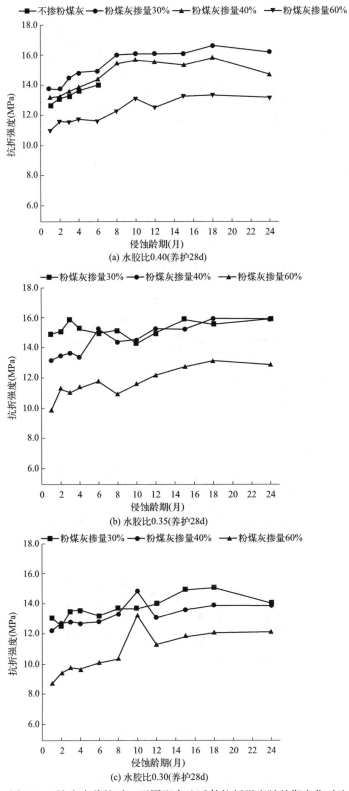

图2-21 淡水中养护时，不同配合比试件抗折强度随龄期变化对比

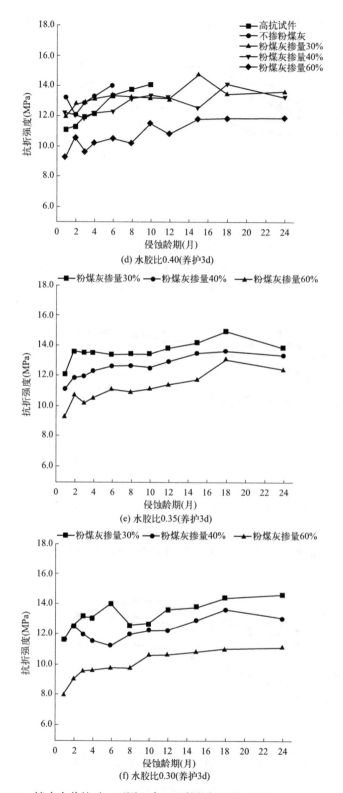

(d) 水胶比0.40(养护3d)

(e) 水胶比0.35(养护3d)

(f) 水胶比0.30(养护3d)

图 2-21　淡水中养护时，不同配合比试件抗折强度随龄期变化对比（续）

（2）高抗硫酸盐水泥胶砂试件在硫酸根离子浓度为 8000mg/L、20250mg/L 两种较高浓度的侵蚀溶液中浸泡 6 个月时，其抗蚀系数已经降至 0.80 以下，丧失了抗蚀能力；在硫酸根离子浓度为 2500mg/L 侵蚀溶液中，随着侵蚀龄期的延长，其抗蚀系数曲线呈明显下降趋势，浸泡 6 个月时，虽仍具有一定的抗蚀能力，但浸泡达到 10 个月时则丧失了抗蚀能力。这说明高抗硫酸盐水泥胶砂试件难以抵抗高浓度硫酸盐溶液的侵蚀，在较低浓度侵蚀溶液中，其长期抵抗硫酸盐侵蚀的能力也较差。这一结论表明，对于具有硫酸盐侵蚀介质环境的混凝土工程，抗硫酸盐水泥的应用具有局限性，仅简单地采用抗硫酸盐水泥拌制混凝土来抵抗硫酸盐侵蚀是危险的。

（3）Ⅱ级粉煤灰掺量 30％时，在硫酸根离子浓度为 2500mg/L 溶液中，经过 24 个月的侵蚀溶液浸泡，各水胶比试件的抗蚀系数虽然有所降低，但仍然保持抗硫酸盐侵蚀能力；在硫酸根离子浓度为 8000mg/L 溶液中，随着侵蚀龄期的延长，各水胶比试件的抗蚀系数曲线呈较明显的下降趋势，当浸泡时间达到 18～24 个月时，各试件先后丧失了抗侵蚀能力或接近侵蚀破坏状态。在硫酸根离子浓度为 20250mg/L 溶液中，各水胶比试件的抗蚀系数随着侵蚀龄期的延长下降很快，其中水胶比 0.40 的试件在第 10 个月丧失了抗侵蚀能力，水胶比 0.35 的试件在第 15 个月丧失了抗侵蚀能力，水胶比 0.30 的试件在第 24 个月丧失了抗侵蚀能力。

（4）Ⅱ级粉煤灰掺量 40％时，在硫酸根离子浓度为 2500mg/L 溶液中，各水胶比试件的抗蚀系数随着侵蚀龄期的延长基本保持平稳，抗硫酸盐侵蚀性能较高；在硫酸根离子浓度为 8000mg/L 溶液中，随着侵蚀龄期的增长，抗蚀系数曲线呈下降趋势，但均未出现破坏。在硫酸根离子浓度为 20250mg/L 溶液中，除了水胶比 0.30 的试件经过 24 个月的侵蚀仍保持抗侵蚀能力，其余试件均丧失了抗硫酸盐侵蚀能力，其中水胶比 0.40 的试件在第 12 个月丧失了抗侵蚀能力，水胶比 0.35 的试件在第 15 个月丧失了抗侵蚀能力。

（5）Ⅱ级粉煤灰掺量 60％时，各水胶比试件在上述三种浓度侵蚀溶液浸泡 24 个月过程中，抗蚀系数均保持很高的水平，显现出很强的抗硫酸盐侵蚀能力。这说明Ⅱ级粉煤灰掺量达到 60％时，控制水胶比不大于 0.40，即使在短龄期养护条件下，仍然具有很强的抗硫酸盐侵蚀能力，可抵抗高浓度（硫酸根离子浓度达到 8000～20250mg/L）侵蚀。

（6）对于Ⅱ级粉煤灰掺量为 30％、40％的各水胶比试件，在上述三种浓度硫酸盐溶液中浸泡 6 个月时，均呈现较强的抗蚀能力，但随着浸泡侵蚀时间的继续延长，在较高浓度溶液中，一些水胶比较大的试件逐渐发生侵蚀破坏。这说明掺入粉煤灰试件，其长期抵抗硫酸盐侵蚀的能力，仅通过短期（如 6 个月）侵蚀试验很难判定。

（7）在淡水和低浓度（硫酸根离子浓度为 2500mg/L）溶液中浸泡时，随着Ⅱ级粉煤灰掺量的增加，试件的抗折强度降低（除个别情况外），而在高浓度（硫酸根离子浓度达到 8000～20250mg/L）溶液中侵蚀时，大掺量Ⅱ级粉煤灰试件的抗折强度虽然在侵蚀初期小于低掺量Ⅱ级粉煤灰试件抗折强度，但是在侵蚀后期，前者抗折强度发展较后者快。尤其掺量达到 60％时试件在高浓度溶液中抗折强度发展明显高于掺量 30％、40％。

2.3.1.3　养护 3d 与养护 28d 试件的抗蚀系数比较

为分析养护龄期对混凝土抗硫酸盐性能的影响，本节对养护 3d 与养护 28d 试件在相同水胶比、相同Ⅱ级粉煤灰掺量条件下的抗蚀系数进行比较，绘出经过不同浓度硫酸盐溶液浸泡后，两种养护情况的试件抗蚀系数随时间变化曲线，如图 2-22～图 2-30 所示。

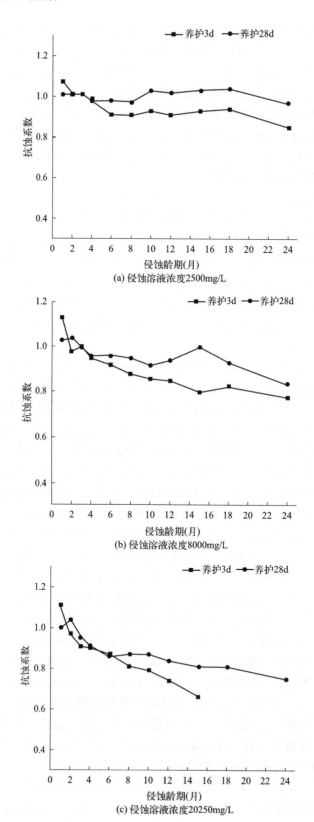

(a) 侵蚀溶液浓度2500mg/L

(b) 侵蚀溶液浓度8000mg/L

(c) 侵蚀溶液浓度20250mg/L

图 2-22　水胶比 0.40、Ⅱ级粉煤灰掺量 30%时，在不同浓度溶液中试件抗蚀系数对比

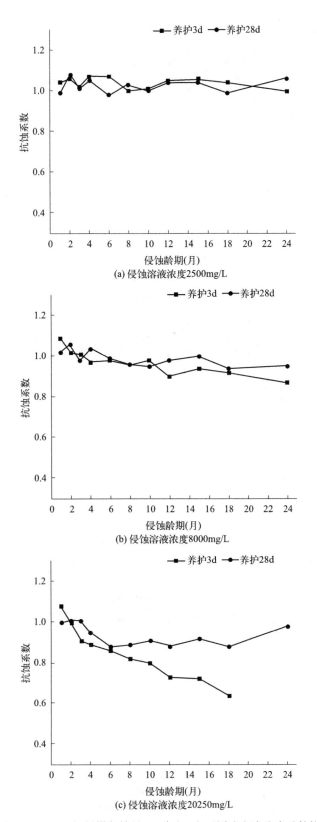

图 2-23　水胶比 0.40、Ⅱ级粉煤灰掺量 40％时，在不同浓度溶液中试件抗蚀系数对比

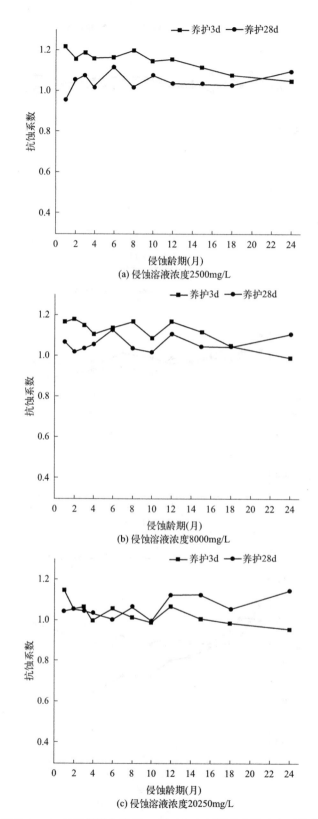

图 2-24　水胶比 0.40、Ⅱ级粉煤灰掺量 60％时，在不同浓度溶液中试件抗蚀系数对比

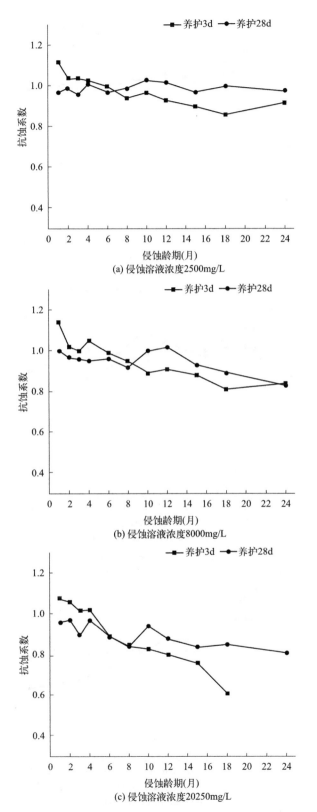

图 2-25 水胶比 0.35、Ⅱ级粉煤灰掺量 30％时，在不同浓度溶液中试件抗蚀系数对比

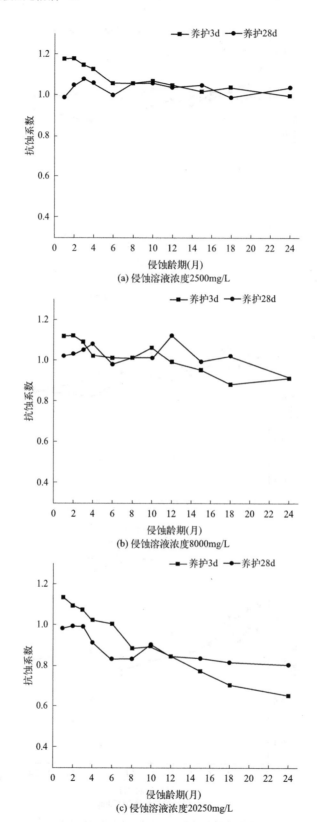

(a) 侵蚀溶液浓度2500mg/L

(b) 侵蚀溶液浓度8000mg/L

(c) 侵蚀溶液浓度20250mg/L

图 2-26　水胶比 0.35、Ⅱ级粉煤灰掺量 40％时，在不同浓度溶液中试件抗蚀系数对比

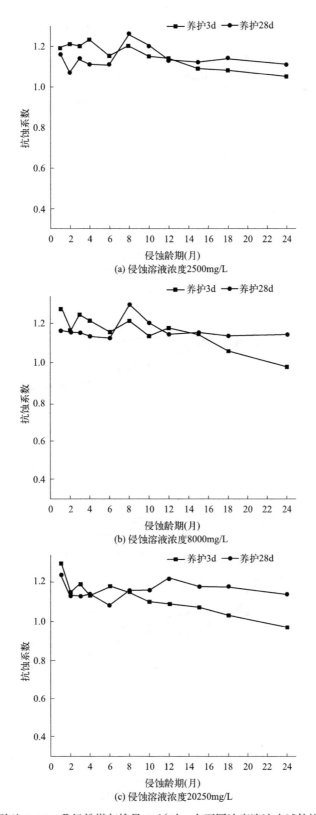

图 2-27　水胶比 0.35、Ⅱ级粉煤灰掺量 60％时，在不同浓度溶液中试件抗蚀系数对比

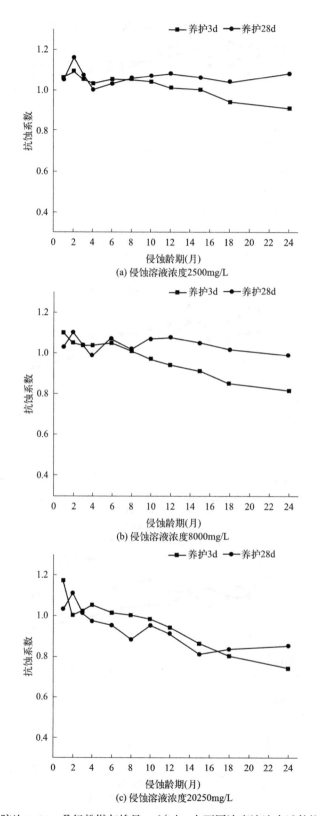

图 2-28　水胶比 0.30、Ⅱ级粉煤灰掺量 30%时，在不同浓度溶液中试件抗蚀系数对比

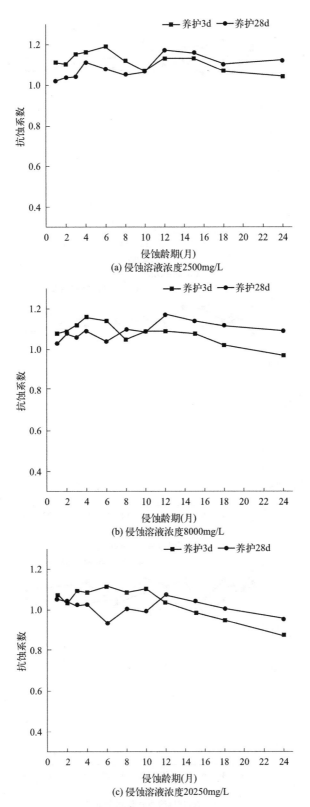

图 2-29　水胶比 0.30、Ⅱ级粉煤灰掺量 40% 时，在不同浓度溶液中试件抗蚀系数对比

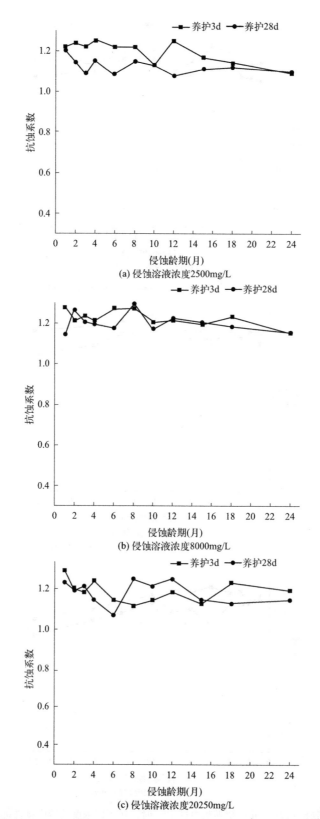

图 2-30　水胶比 0.30、Ⅱ级粉煤灰掺量 60%时，在不同浓度溶液中试件抗蚀系数对比

对比图 2-22~图 2-30 中的曲线可知：

（1）在浸泡 6~8 个月内，短期养护试件与标准养护试件的抗蚀系数比较接近，但后期（浸泡时间超过 8~10 个月）标准养护试件的抗蚀系数明显高于短期养护试件，并且随着水胶比的降低，这种趋势愈加明显，说明养护龄期是影响抗蚀系数的一个主要因素。

（2）在相同粉煤灰掺量、相同水胶比条件下，浸泡于硫酸盐溶液中的短期养护试件与标准养护试件相比，总体而言，前者的抗侵蚀能力低于后者，即养护龄期短，抗侵蚀能力差。但当粉煤灰掺量为 60% 时，两种养护条件下的试件在各种浓度侵蚀溶液中的抗蚀系数随着浸泡时间的变化规律差别较小，均保持很高的抗蚀能力，说明在短龄期养护条件下，采用低水胶比、大掺量Ⅱ级粉煤灰来提高混凝土抵抗高浓度硫酸盐侵蚀的性能是可行的。

2.3.2 掺Ⅱ级粉煤灰高性能混凝土抗硫酸盐侵蚀试验

2.3.2.1 养护 28d 胶砂试件的抗侵蚀性能

本试验养护 28d 试件在四种溶液中测得的抗蚀系数随浸泡时间的变化情况见图 2-31~图 2-35。

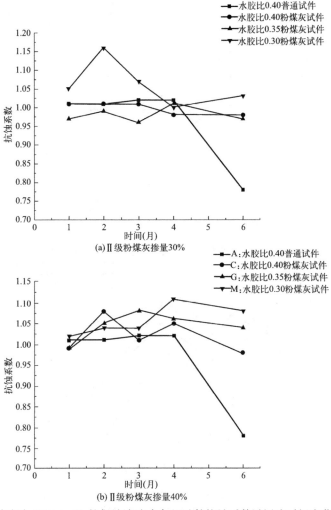

图 2-31 浓度为 2500mg/L 的侵蚀溶液中各组试件抗蚀系数随浸泡时间变化曲线（一）

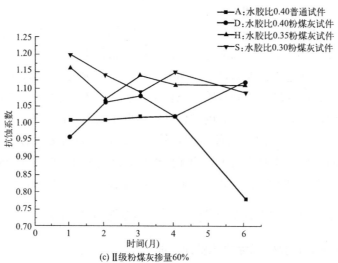

(c) II级粉煤灰掺量60%

图 2-31 浓度为 2500mg/L 的侵蚀溶液中各组试件抗蚀系数随浸泡时间变化曲线（一）（续）

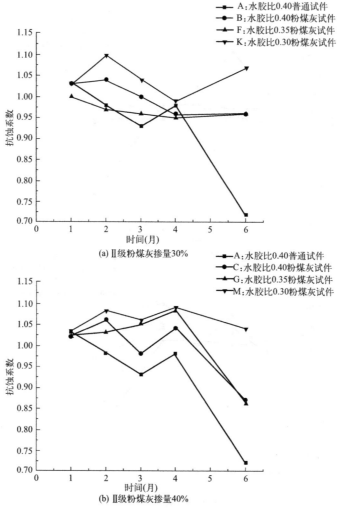

图 2-32 浓度为 8000mg/L 的侵蚀溶液中各组试件抗蚀系数随浸泡时间变化曲线（一）

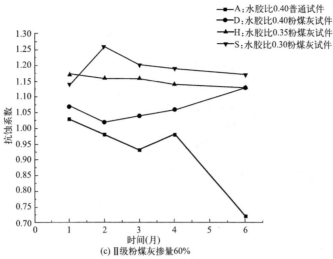

图 2-32 浓度为 8000mg/L 的侵蚀溶液中各组试件抗蚀系数随浸泡时间变化曲线（一）（续）

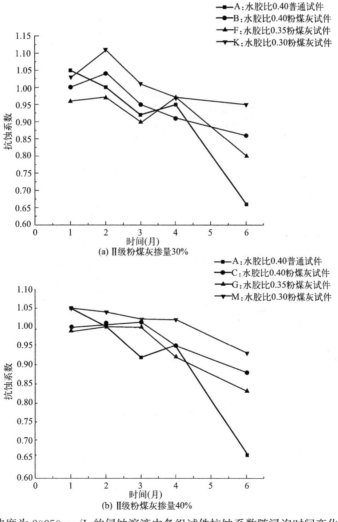

图 2-33 浓度为 20250mg/L 的侵蚀溶液中各组试件抗蚀系数随浸泡时间变化曲线（一）

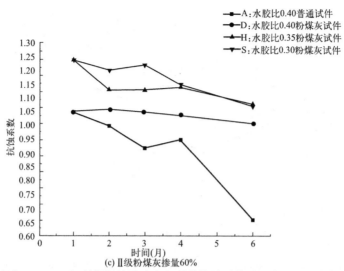

(c) Ⅱ级粉煤灰掺量60%

图 2-33　浓度为 20250mg/L 的侵蚀溶液中各组试件抗蚀系数随浸泡时间变化曲线（二）（续）

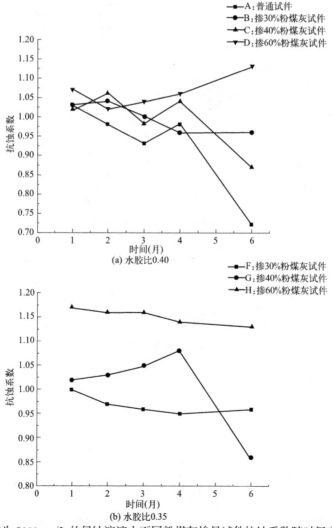

(a) 水胶比0.40

(b) 水胶比0.35

图 2-34　浓度为 8000mg/L 的侵蚀溶液中不同粉煤灰掺量试件抗蚀系数随时间变化曲线（一）

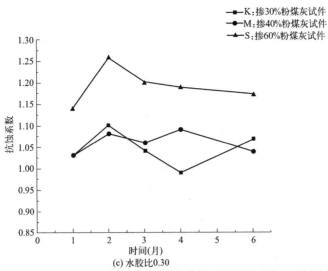

图 2-34　浓度为 8000mg/L 的侵蚀溶液中不同粉煤灰掺量试件抗蚀系数随时间变化曲线（一）（续）

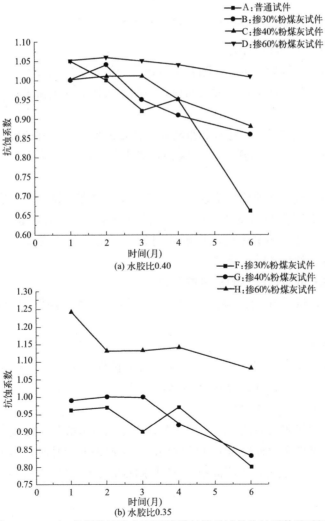

图 2-35　浓度为 20250mg/L 的侵蚀溶液中不同粉煤灰掺量试件抗蚀系数随时间变化曲线（一）

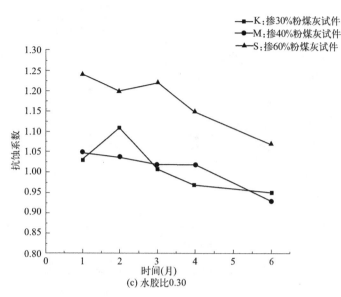

图 2-35　浓度为 20250mg/L 的侵蚀溶液中不同粉煤灰掺量试件抗蚀系数随时间变化曲线（一）（续）

从图 2-31～图 2-35 可以看出：

（1）在Ⅱ级粉煤灰掺量一定时，随着水胶比的降低，试件的抗蚀系数增大，尤其是当水胶比降低 0.1 时，其抗蚀系数增大较明显，说明水胶比对Ⅱ级粉煤灰混凝土的抗硫酸盐侵蚀性能影响较大。

（2）在相同水胶比情况下，随着Ⅱ级粉煤灰掺量的增加，试件的抗蚀系数总体呈逐渐增大趋势，但掺量从 30% 增加到 40%，这种趋势不明显，而掺量从 30% 增加到 60% 时，抗蚀系数增大显著。

（3）掺Ⅱ级粉煤灰试件的抗蚀系数高于不掺粉煤灰的普通试件，特别是Ⅱ级粉煤灰掺量 60% 的试件，其抗蚀系数明显高于其他试件的抗蚀系数。同时，Ⅱ级粉煤灰掺量 60% 试件的抗蚀系数值受侵蚀溶液浓度的影响相对较小，说明Ⅱ级粉煤灰掺量达到 60% 时，可以显著提高混凝土的抗硫酸盐侵蚀性能。

2.3.2.2　养护 3d 胶砂试件的抗侵蚀性能

本试验养护 3d 试件在四种溶液中测得试件的抗蚀系数随浸泡时间的变化情况见图 2-36～图 2-40。

由图 2-36～图 2-40 可以看出：

（1）在水胶比 0.40 情况下，不掺粉煤灰的普通试件（A 组试件）的抗蚀系数随侵蚀溶液中浸泡时间下降很快，在较高浓度侵蚀溶液中，在 3 个月、4 个月时已经降至 0.80 以下（其抗蚀系数分别为 0.68 和 0.64）。

（2）掺有Ⅱ级粉煤灰胶砂试件的抗蚀系数均大于高抗硫酸盐水泥胶砂试件；高抗硫酸盐水泥混凝土胶砂试件在两种较高浓度的侵蚀溶液中浸泡 6 个月时，其抗蚀系数已经降至 0.80 以下，丧失了抗蚀能力，说明高抗硫酸盐水泥混凝土胶砂试件难以抵抗高浓度硫酸盐溶液的侵蚀破坏。

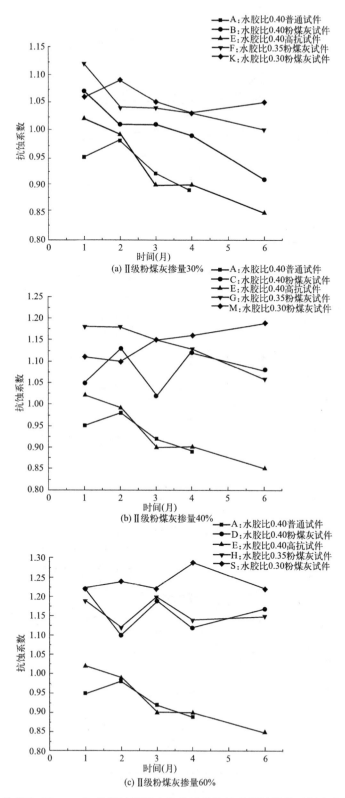

图 2-36 浓度为 2500mg/L 的侵蚀溶液中各组试件抗蚀系数随浸泡时间变化曲线（二）

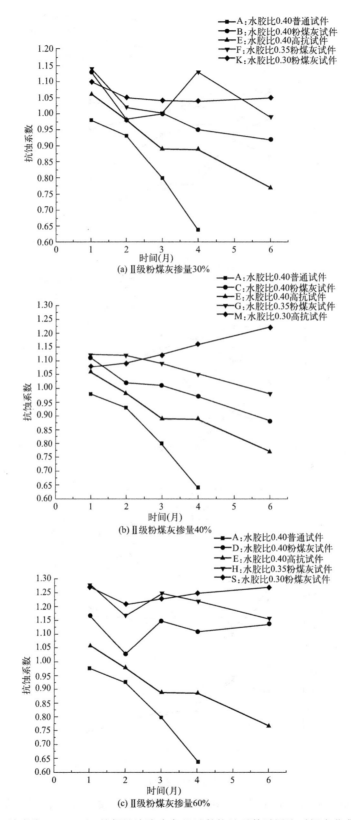

图 2-37　浓度为 8000mg/L 的侵蚀溶液中各组试件抗蚀系数随浸泡时间变化曲线（二）

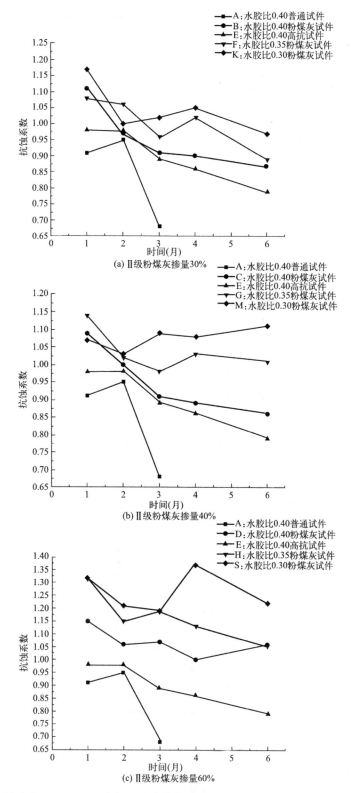

图 2-38　浓度为 20250mg/L 的侵蚀溶液中各组试件抗蚀系数随浸泡时间变化曲线（二）

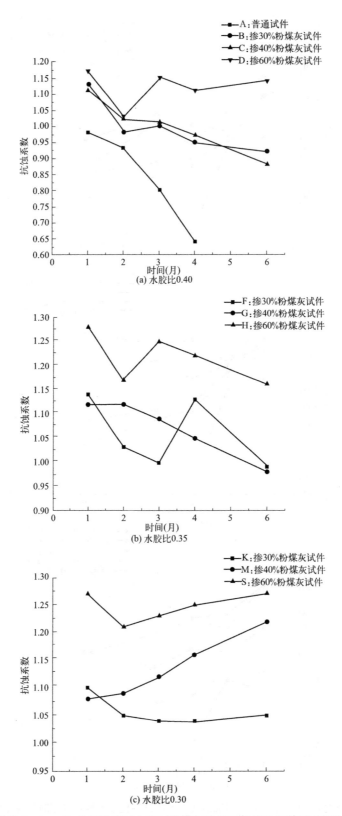

图 2-39 浓度为 8000mg/L 的侵蚀溶液中不同粉煤灰掺量试件抗蚀系数随时间变化曲线（二）

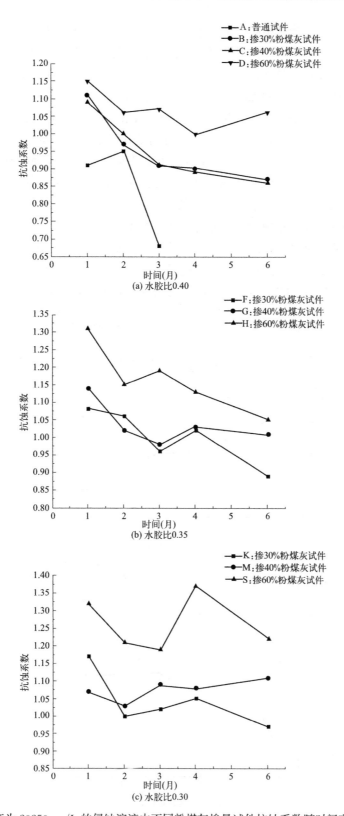

图 2-40 浓度为 20250mg/L 的侵蚀溶液中不同粉煤灰掺量试件抗蚀系数随时间变化曲线（二）

（3）在Ⅱ级粉煤灰掺量相同的条件下，随着水胶比的降低，试件的抗蚀系数增大，说明在短龄期养护条件下，水胶比对混凝土的抗硫酸盐侵蚀性能影响很大。

（4）在相同水胶比情况下，随着Ⅱ级粉煤灰掺量的增加，试件的抗蚀系数增大，特别是当Ⅱ级粉煤灰掺量从 30% 增加到 60% 时，抗蚀系数增大显著。

（5）在同一水胶比条件下，掺Ⅱ级粉煤灰胶砂试件经过 6 个月的侵蚀浸泡，仍然具有较强的抗蚀能力，其抗蚀系数均高于 0.85。特别是Ⅱ级粉煤灰掺量 60% 的胶砂试件经过高浓度侵蚀溶液浸泡 6 个月后，其抗蚀系数不仅没有明显下降，反而略有增长，抗蚀系数一直保持大于 1.0 的状态，说明掺入Ⅱ级粉煤灰可以明显提高混凝土的抗硫酸盐侵蚀性能，并且掺量比例较大时（如掺量 60%）的效果显著。

2.3.2.3　养护 3d 与养护 28d 试件的抗折系数比较

为分析养护龄期对混凝土抗硫酸盐性能的影响，本节对养护 3d 与养护 28d 试件在相同水胶比、相同Ⅱ级粉煤灰掺量条件下的抗折强度进行比较，绘出经过不同浓度硫酸盐溶液浸泡后，两种养护情况的试件抗折强度随时间变化曲线，如图 2-41～图 2-43 所示。

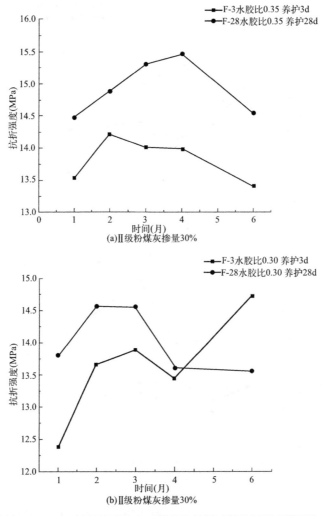

图 2-41　浓度为 2500mg/L 的侵蚀溶液中不同养护龄期试件抗折强度随浸泡时间变化曲线

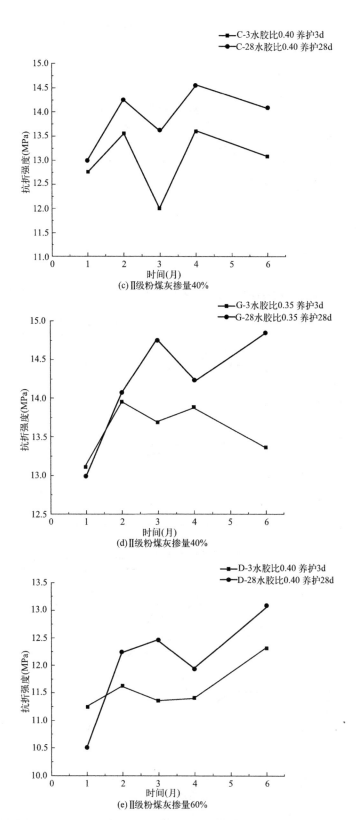

图 2-41 浓度为 2500mg/L 的侵蚀溶液中不同养护龄期试件抗折强度随浸泡时间变化曲线（续1）

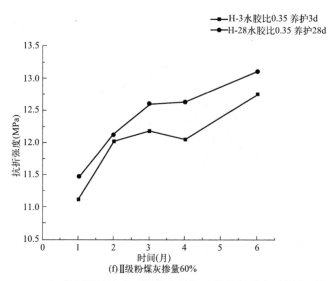

图 2-41　浓度为 2500mg/L 的侵蚀溶液中不同养护龄期试件抗折强度随浸泡时间变化曲线（续 2）

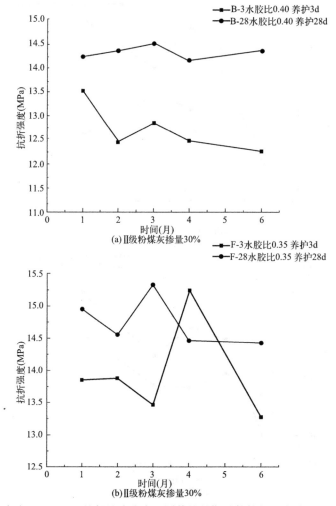

图 2-42　浓度为 8000mg/L 的侵蚀溶液中不同养护龄期试件抗折强度随浸泡时间变化曲线

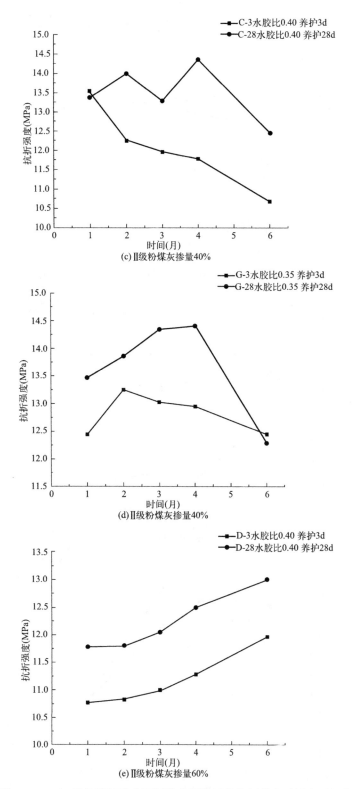

图 2-42 浓度为 8000mg/L 的侵蚀溶液中不同养护龄期试件抗折强度随浸泡时间变化曲线（续 1）

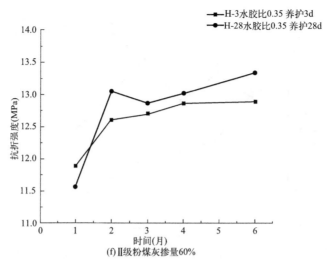

图 2-42　浓度为 8000mg/L 的侵蚀溶液中不同养护龄期试件抗折强度随浸泡时间变化曲线（续 2）

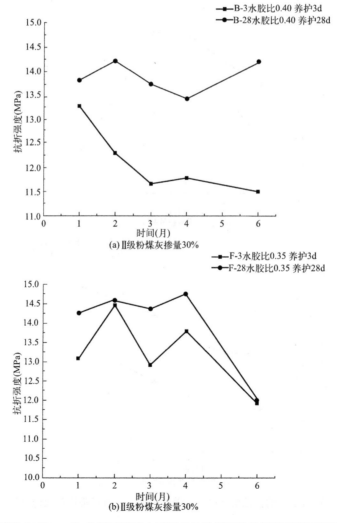

图 2-43　浓度为 20250mg/L 的侵蚀溶液中不同养护龄期试件抗折强度随浸泡时间变化曲线

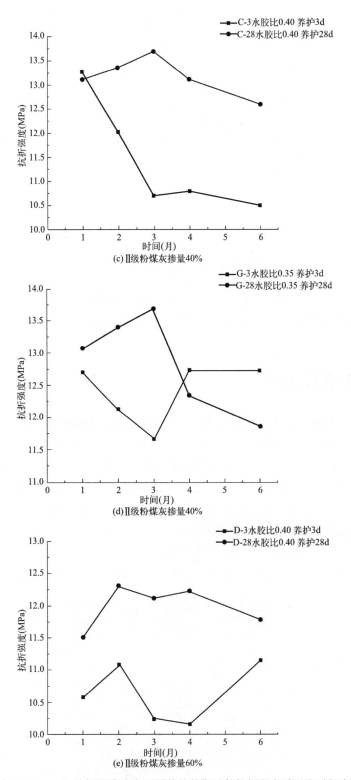

图 2-43 浓度为 20250mg/L 的侵蚀溶液中不同养护龄期试件抗折强度随浸泡时间变化曲线（续 1）

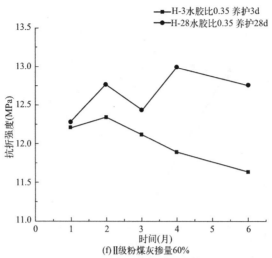

图 2-43　浓度为 20250mg/L 的侵蚀溶液中不同养护龄期试件抗折强度随浸泡时间变化曲线（续 2）

对比图 2-41～图 2-43 中的曲线可知，在不同浓度硫酸盐溶液浸泡下，除个别情况外，养护 28d 试件的抗折强度明显大于养护 3d 试件的抗折强度，说明养护龄期是影响抗折强度的一个主要因素。

2.4　侵蚀机理分析

2.4.1　掺Ⅱ级粉煤灰高性能混凝土的长期抵抗硫酸盐侵蚀性能研究

混凝土宏观性能与其微观结构及组成存在密切关系，如试件发生侵蚀破坏时，试件的内在结构遭受破坏，宏观力学性能如抗折强度会逐渐降低。故本节通过对各配合比胶砂试件的外观形态、破坏特征以及试件内部微观结构的观察，对本章试验结果进行进一步分析，用以分析和揭示粉煤灰高性能混凝土受硫酸盐侵蚀的内在机理。

2.4.1.1　侵蚀试件的宏观外观变化情况

（1）普通混凝土胶砂试件受硫酸盐侵蚀破坏外观

普通混凝土胶砂试件难以抵抗硫酸盐的侵蚀，如图 2-44 所示，普通试件在低浓度

图 2-44　普通试件，水灰比 0.40，养护龄期 3d，在浓度为 2500mg/L 的
硫酸盐溶液中浸泡 6 个月的外观情况（试件掉角、两端磨圆、肿胀溃散、剥蚀）

（硫酸根离子浓度为 2500mg/L）硫酸盐溶液浸泡 6 个月时，试件产生表层起砂、棱边开裂、掉角、肿胀溃散现象，且硫酸盐侵蚀溶液浓度越大，侵蚀龄期越长，试件破坏越严重，现象越明显。

（2）高抗硫酸盐水泥混凝土胶砂试件受硫酸盐侵蚀破坏外观

高抗硫酸盐水泥混凝土胶砂试件浸泡在硫酸盐溶液中外观见图 2-45、图 2-46。

图 2-45　高抗试件，水灰比 0.40，养护龄期 3d，在浓度为 20250mg/L 的
硫酸盐溶液中浸泡 6 个月的外观情况（试件溃裂、胀裂、弓状弯曲）

图 2-46　高抗试件，水灰比 0.40，养护龄期 3d，在浓度为 2500mg/L 的
硫酸盐溶液中浸泡 24 个月的外观情况（试件两端磨圆、边缘大规模肿胀开裂、剥蚀）

图 2-45 反映了高抗硫酸盐水泥混凝土胶砂试件难以抵抗高浓度硫酸盐侵蚀，图 2-46 反映了高抗硫酸盐水泥混凝土胶砂试件难以抵抗低浓度硫酸盐的长期侵蚀。从图 2-45 和图 2-46 中可以看出，其遭受硫酸盐侵蚀的外观破坏与普通混凝土胶砂试件类似，即开始破坏时表层起砂、棱边开裂、掉角，严重时遍体溃散。

（3）粉煤灰混凝土胶砂试件受硫酸盐侵蚀破坏外观

粉煤灰混凝土胶砂试件浸泡在硫酸盐溶液中外观见图 2-47～图 2-49。

图 2-47　水胶比 0.40 粉煤灰试件，掺粉煤灰 30%，在浓度为 20250mg/L 的硫酸盐
溶液中浸泡 6 个月的外观情况（外观完整、棱角整齐、表面光洁）

图 2-48　水胶比 0.40 粉煤灰试件，掺粉煤灰 30%，在浓度为 20250mg/L 的硫酸盐
溶液中浸泡 12 个月的外观情况（大规模掉棱角、棱边开裂、起砂）

图 2-49　水胶比 0.40 粉煤灰试件，掺粉煤灰 60%，在浓度为 20250mg/L 的硫酸盐
溶液中浸泡 24 个月的外观情况（外观完整、棱角整齐、表面光洁）

图 2-47 反映出小掺量 30％粉煤灰试件短期（6 个月）浸泡在高浓度硫酸盐时，抗蚀能力较好，试件表观整洁无破坏，但当掺量 30％粉煤灰试件长期（12 个月）浸泡在高浓度硫酸盐后，抗蚀能力下降，试件表观出现大规模掉角、棱边开裂、起砂的破坏现象，如图 2-48 所示。而大掺量 60％粉煤灰试件长期（24 个月）浸泡在高浓度硫酸盐时，试件表观仍较为完整，如图 2-49 所示。

2.4.1.2　侵蚀试件的微观变化情况

（1）水泥石中的侵蚀产物

硫酸盐对混凝土的侵蚀基本机理是随环境水侵入水泥石中的硫酸盐与水泥石结构内的正常水化产物 $Ca(OH)_2$、水化铝酸钙（CAH）发生化学反应，生成膨胀性侵蚀产物石膏和钙矾石。侵蚀产物 $CaSO_4 \cdot 2H_2O$ 多呈柱状晶体，具有膨胀性；侵蚀产物 AFt 为针状晶体，俗称"水泥杆菌"，具有更大的膨胀性。其对混凝土水泥石的破坏是以过量侵蚀产物的膨胀造成水泥石或混凝土的开裂形式表现的。所以，硫酸盐侵蚀类型又称为膨胀结晶型侵蚀。

在侵蚀情况下观察本章微观试验研究中所获取的侵蚀水泥石微观电镜扫描图，并按照胶砂试件类别、水灰（胶）比、掺合料品种及掺量、相应试验中已发生侵蚀宏观破坏的侵蚀溶液浓度、侵蚀龄期、抗蚀龄期及抗蚀系数，以及试件实际抗蚀能力的大小进行对比分析，得到以下结果：

① 水灰比 0.40 的普通试件，养护龄期无论是 3d 还是 28d，都无法抵抗 SO_4^{2-} 浓度为 2500～20250mg/L 的硫酸盐溶液侵蚀，其水泥石孔隙中侵蚀产物以石膏为主，侵蚀现象主要发生在试件的表层，具体形态表现为试件表层逐渐疏松、剥落。详见图 2-50、图 2-51。

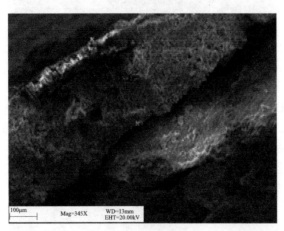

图 2-50　普通试件，水灰比 0.40，使用 P・O42.5R，不掺粉煤灰，养护龄期 3d，
在 SO_4^{2-} 浓度为 8000mg/L 的侵蚀溶液中侵蚀 4 个月，水泥石表层疏松、剥落

② 水胶比 0.40 以下、粉煤灰掺量 40％及其以上的粉煤灰试件，养护龄期 28d，在 SO_4^{2-} 浓度为 20250mg/L 的硫酸盐溶液中侵蚀 24 个月，在其侵蚀试件的水泥石中很难找到有侵蚀产物的孔隙。这说明这类粉煤灰试件水泥石中孔隙多为闭口孔和无害孔。原因一是低水胶比；原因二是超细掺合料在低水胶比下发挥出来的颗粒填充效应，使这类高性能混凝土水泥石、界面过渡区中的孔隙孔径细化、微裂缝减少，大大减少了有害孔和多害

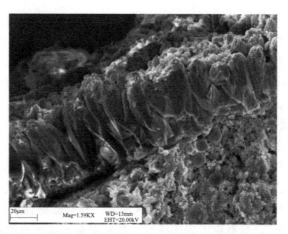

图 2-51　粉煤灰试件，水胶比 0.40，使用 P・O42.5R，掺 30％粉煤灰，养护龄期 3d，
在 SO$_4^{2-}$ 浓度为 8000mg/L 的侵蚀溶液中侵蚀 4 个月，水泥石表层侵蚀产物——柱状石膏（CaSO$_4$・2H$_2$O）

孔，有效地防止了侵蚀介质硫酸盐随载体环境水侵入混凝土内部。详见图 2-52～图 2-55。

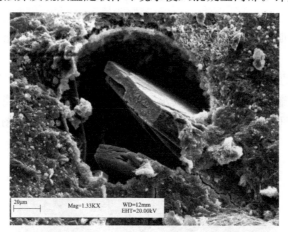

图 2-52　粉煤灰试件，水胶比 0.30，使用 P・O42.5R，掺 40％粉煤灰，养护龄期 3d，
在 SO$_4^{2-}$ 浓度为 20250mg/L 的侵蚀溶液中侵蚀 24 个月，水泥石孔隙内主要是未被侵蚀的板状晶体 Ca(OH)$_2$

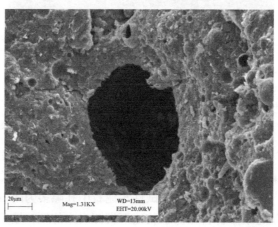

图 2-53　粉煤灰试件，水胶比 0.30，使用 P・O42.5R，掺 30％粉煤灰，养护龄期 28d，
在 SO$_4^{2-}$ 浓度为 20250mg/L 的侵蚀溶液中侵蚀 24 个月，水泥石孔隙内无侵蚀产物

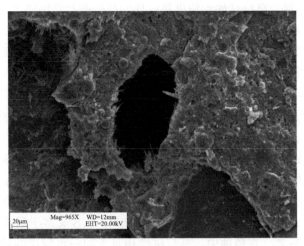

图 2-54　粉煤灰试件，水胶比 0.35，使用 P•O42.5R，掺 30%粉煤灰，养护龄期 28d，在 SO_4^{2-} 浓度为 2500mg/L 的侵蚀溶液中侵蚀 24 个月，水泥石孔隙内只有极少的 AFt 生成

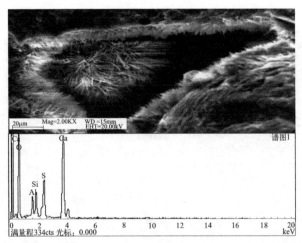

图 2-55　粉煤灰试件，水胶比 0.30，使用 P•O42.5R，掺 60%粉煤灰，养护龄期 28d 的电镜和能谱图，在 SO_4^{2-} 浓度为 20250mg/L 的侵蚀溶液中侵蚀 24 个月，水泥石孔隙边缘有少量的 AFt 生成

　　综上所述，胶砂试件在侵蚀条件下一旦发生侵蚀，其侵蚀的微观特征是水泥石内的开口有害孔和多害孔首先产生，出现侵蚀产物，并随着侵蚀龄期，孔隙中侵蚀产物不断增加积累、结晶膨胀，产生挤压应力，使这些侵蚀孔隙产生胀裂缝，引发水泥石的开裂，导致胶砂试件产生宏观侵蚀破坏症状与现象。因此可以说，胶砂试件侵蚀破坏是水泥石有害孔、多害孔内侵蚀产物由量变到质变的结果。

　　由此可知，防治硫酸盐对胶砂试件侵蚀的根本技术措施是：一方面，有效减少胶砂试件内侵蚀内因 Ca（OH）$_2$ 和 CAH 组分及其数量；另一方面，同时提高混凝土密实度，即尽可能减少混凝土水泥石、界面过渡区内的有害孔和多害孔，二者缺一不可。

　　（2）高抗硫酸盐水泥混凝土胶砂试件侵蚀微观

　　以高抗硫酸盐水泥（以下简称高抗硫水泥）配制的胶砂试件作为侵蚀试验研究的对比

组，对比分析普通试件、高抗试件和粉煤灰试件的抗硫酸盐侵蚀能力。为了与普通试件和粉煤灰试件抗侵蚀性对比，本试验研究确定高抗试件采用 0.40 的水灰比，与水胶比 0.40 的粉煤灰达到同一水灰（胶）比，但不加掺合料，以便充分测试高抗硫水泥在胶砂试件中所能起到的抗蚀作用，其试件配合比已在表 2-9 中列出。

由本书 2.2.2 节宏观侵蚀试验结果知，采用水灰比 0.40 的高抗试件抵抗不了 SO_4^{2-} 浓度为 2500mg/L 的溶液侵蚀，更抵抗不了 SO_4^{2-} 浓度为 8000mg/L 的溶液侵蚀，其抗蚀能力远不如水胶比 0.40 粉煤灰试件。

高抗试件中未掺加超细掺合料，其胶砂中胶凝材料全是高抗硫水泥，尽管胶砂水灰比与水胶比 0.40 的粉煤灰试件相同，由于缺少超细掺合料颗粒在水泥浆（石）中的填充作用，其硬化后的水泥石密实度远不如同一水胶比粉煤灰试件紧密，再加上其所用胶凝材料（高抗硫水泥）中生成侵蚀内因 $Ca(OH)_2$ 的矿物成分 C_3S 又多于后者，实际上就是侵蚀内因 $Ca(OH)_2$ 多于后者。在侵蚀中，高抗试件相对于同一水胶比的粉煤灰试件易被侵蚀溶液入侵和侵蚀，其试件表层侵蚀疏松层自然较厚，抗蚀能力相应较低。另外，从高抗试件表层侵蚀疏松层的微观电镜图中可以清楚看到，其侵蚀产物主要是柱状结晶的石膏，见图 2-56、图 2-57。

图 2-56 高抗试件，水灰比 0.40，使用 P·HSR42.5，不掺粉煤灰，养护龄期 3d，
在 SO_4^{2-} 浓度为 20250mg/L 的侵蚀溶液中侵蚀 6 个月，水泥石表层疏松层厚 96.58～128.9 μm

高抗试件被侵蚀后产生的侵蚀产物以石膏（$CaSO_4 \cdot 2H_2O$）为主，而钙矾石（AFt）很少，原因是：将高抗试件胶凝材料（100％为高抗硫水泥）和同一水胶比粉煤灰试件胶凝材料（包括水泥和所掺加的超细掺合料）中能产生侵蚀内因 $Ca(OH)_2$、CAH 的矿物成分 C_3S 与 C_3A 的含量进行对比，高抗试件胶凝材料中 C_3S 含量为 46.82％，C_3A 含量为 1.58％，但粉煤灰试件胶凝材料中 C_3S 和 C_3A 的含量随Ⅱ级粉煤灰掺量的增加而降低，高抗试件胶凝材料中 C_3S 含量最高，C_3A 含量最低。这意味着胶凝材料水化后，高抗试件所形成的水泥石中 $Ca(OH)_2$ 水化产物较多，而 CAH 水化产物较少。在硫酸盐溶液侵

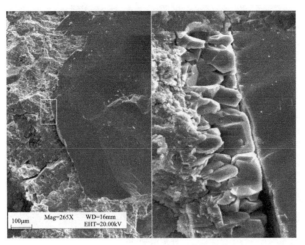

图 2-57　高抗试件，水灰比 0.40，使用 P·HSR42.5，不掺粉煤灰，养护龄期 3d，在 SO_4^{2-} 浓度为 20250mg/L 的侵蚀溶液中侵蚀 6 个月，在水泥石与砂颗粒界面过渡区生成大量侵蚀产物 $CaSO_4 \cdot 2H_2O$

蚀中，首先发生侵蚀反应的是生成石膏，当环境中侵蚀溶液 SO_4^{2-} 浓度越大，水泥石中 $Ca(OH)_2$ 越多，生成的石膏也就越多。侵蚀反应的第二步是已生成的侵蚀产物石膏与水泥石中另一种侵蚀内因 CAH 进行反应，生成新的侵蚀产物钙矾石，当环境中侵蚀溶液浓度相对小，水泥石中 CAH 多，侵蚀生成的 AFt 相对就多；水泥石中 CAH 少，则相应侵蚀生成的 AFt 就少。

　　本试验高抗试件中正好是水泥石中 $Ca(OH)_2$ 水化产物相对最多，CAH 水化产物相对最少，试验采用的侵蚀溶液 SO_4^{2-} 浓度又较高，因此，其在侵蚀中生成的侵蚀产物以石膏居多。

2.4.2　掺 Ⅱ 级粉煤灰高性能混凝土抗硫酸盐侵蚀试验

2.4.2.1　侵蚀试件的宏观变化情况

对水胶比 0.40 的部分试件进行了外观情况观察，其结果见图 2-58～图 2-62。

养护龄期 3d

图 2-58　普通水泥胶砂试件在浓度为 8000mg/L 的硫酸盐溶液中浸泡 4 个月的外观情况

养护龄期 3d

图 2-59　高抗硫水泥胶砂试件在浓度为 8000mg/L 的硫酸盐溶液中浸泡 6 个月的外观情况

(a) 掺30%粉煤灰水泥胶砂试件(养护龄期3d)

(b) 掺60%粉煤灰水泥胶砂试件(养护龄期3d)

图 2-60　掺 30％和 60％粉煤灰试件在浓度为 20250mg/L 的硫酸盐溶液中浸泡 6 个月的外观情况

养护龄期 28d

图 2-61　普通水泥胶砂试件在浓度为 8000mg/L 的硫酸盐溶液中浸泡 6 个月的外观情况

养护龄期 28d

图 2-62　掺 40％粉煤灰水泥胶砂试件在浓度为 20250mg/L 的硫酸盐溶液中浸泡 6 个月的外观情况

通过对不同浓度硫酸盐溶液中浸泡不同时间的各组试件外观情况的观察，可归纳出各组试件的主要外观变化特征如下：

（1）未掺Ⅱ级粉煤灰的普通水泥胶砂试件，在硫酸盐侵蚀溶液中浸泡 3 个月后，绝大多数试件的表面开始出现起砂、剥落、棱角变圆现象，并有裂纹产生。

（2）高抗硫水泥胶砂试件在高浓度硫酸盐侵蚀溶液（硫酸根离子浓度为 8000mg/L、20250mg/L）中浸泡接近 6 个月时，部分试件的表面出现较为明显的起砂、棱角变圆现象，个别试件出现裂纹。

（3）Ⅱ级粉煤灰掺量为 30％和 40％的胶砂试件，在高浓度硫酸盐侵蚀溶液（硫酸根离子浓度为 8000mg/L、20250mg/L）中浸泡接近 6 个月时，大部分试件的外观无明显变化或个别试件起砂弱；仅有水胶比 0.40、养护龄期 3d、掺量为 30％与 40％的个别试件出现棱角掉渣或有微裂纹。

（4）Ⅱ级粉煤灰掺量 60％的胶砂试件，在不同浓度硫酸盐侵蚀溶液中浸泡 6 个月后，其外表保持完整，无任何变化。

2.4.2.2　侵蚀试件的微观变化情况

为进一步探讨、分析在不同侵蚀溶液中，各组试件内部结构的变化情况和侵蚀破坏形态，本试验利用电子显微镜观测技术对水灰（胶）比 0.40 的普通水泥胶砂试件、高抗硫水泥胶砂试件以及掺量为 30% 和 60% 的粉煤灰胶砂试件内部进行了微观观测。

图 2-63 反映了三种试件在淡水中养护 1 个月时水泥石内部孔隙情况的电镜图。

(a) 普通水泥胶砂试件

(b) 高抗硫水泥胶砂试件

(c) 掺30%粉煤灰胶砂试件

图 2-63　各组胶砂试件中水泥石内部孔隙情况

由图 2-63 可知，普通水泥胶砂试件和高抗硫水泥胶砂试件的水泥石中的孔隙较大，其中量测的最大孔隙孔径分别为 225.5μm 和 222.4μm；而掺 30％粉煤灰胶砂试件的水泥中的孔隙较小，量测的最大孔隙孔径为 121.9μm，说明掺入粉煤灰可以细化水泥石中的孔隙，从而减小混凝土的渗透性，改善了混凝土的抗硫酸盐侵蚀性能。

图 2-64～图 2-66 是浓度为 20250mg/L 的侵蚀溶液中，三种试件在靠近试件中心处水泥石的电镜图。

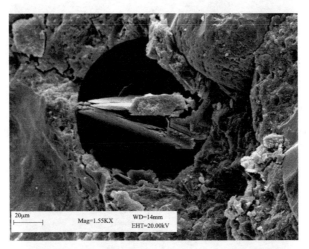

图 2-64　普通水泥胶砂试件在侵蚀溶液中浸泡 3 个月靠近试件中心处水泥石的情况

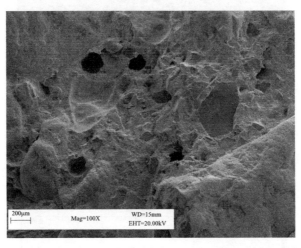

图 2-65　高抗硫水泥胶砂试件在侵蚀溶液中浸泡 6 个月靠近试件中心处水泥石的情况

由图 2-64～图 2-66 可知，普通水泥胶砂试件中心处的水泥石孔隙中存在结晶完全、发育良好的氢氧化钙；高抗硫水泥胶砂试件与掺 30％粉煤灰胶砂试件，靠近试件中心处的水泥石孔隙中没有出现侵蚀产物，说明在低水灰（胶）比条件下，试件较密实，其中心部位的水泥石没有受到硫酸盐的侵蚀。

图 2-67～图 2-68 是四种试件浸泡在浓度为 20250mg/L 的侵蚀溶液中，试件的表层情况以及表层中侵蚀物质的能谱图。

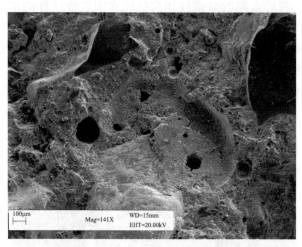

图 2-66　掺 30％粉煤灰胶砂试件在侵蚀溶液中浸泡 6 个月靠近试件中心处水泥石的情况

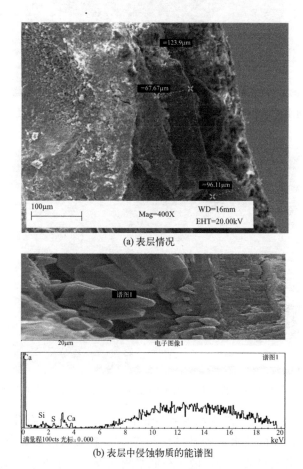

(a) 表层情况

(b) 表层中侵蚀物质的能谱图

图 2-67　在侵蚀溶液中浸泡 3 个月时普通水泥胶砂试件的表层情况及侵蚀物质能谱图

　　由图 2-67、图 2-68 可知，在普通水泥胶砂试件和高抗硫水泥胶砂试件的表层都发现了较厚的疏松层，普通水泥胶砂试件的疏松层厚度超 122μm，高抗硫水泥胶砂试件的疏

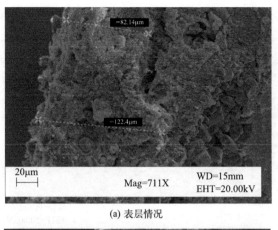

(a) 表层情况

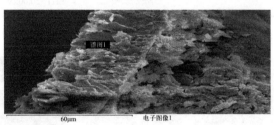

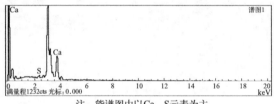

注：能谱图中以Ca、S元素为主

(b) 表层中侵蚀物质的能谱图

图 2-68　在侵蚀溶液中浸泡 6 个月时高抗硫水泥胶砂试件的表层情况及侵蚀物质能谱图

松层厚度为 122.4μm，并且在疏松层和密实层之间有一层柱状的石膏带，见图 2-67(b)、图 2-68(b)，而未发现钙矾石，说明在低水灰比条件下，因混凝土密实度提高使得侵蚀破坏从表层开始，并且在高浓度硫酸盐侵蚀溶液中，以石膏型侵蚀破坏为主。

由图 2-69 可知，掺 30％粉煤灰胶砂试件在侵蚀溶液中浸泡 6 个月后，在试件边缘出现厚度为 107.5μm 的疏松层。由图 2-70 可知，掺 60％粉煤灰胶砂试件在侵蚀溶液中浸泡 6 个月后，出现在试件边缘的疏松层厚度仅为 29.58μm。说明在低水胶比条件下，掺入粉煤灰的试件，其发生侵蚀也是从表层开始的，且粉煤灰掺量越大，改善混凝土的抗蚀性能越明显。

图 2-71 是掺 60％粉煤灰胶砂试件在淡水和浓度为 20250mg/L 的侵蚀溶液中浸泡 1 个月时，试件水泥石中粉煤灰表面变化情况的电镜图。

由图 2-71 可知，掺 60％粉煤灰胶砂试件在淡水中浸泡 1 个月时，水泥石中的粉煤灰颗粒表面还比较光滑，说明尚未水化；而在高浓度硫酸盐侵蚀溶液中浸泡 1 个月时，粉煤灰颗粒表层的外壳已经破损，说明粉煤灰水化已经开始，从而表明在硫酸盐存在的条件下，可以促进粉煤灰的水化。

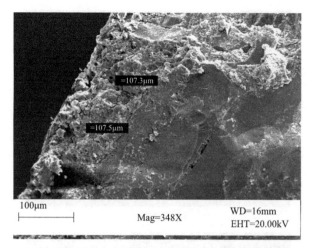

图 2-69　在侵蚀溶液中浸泡 6 个月时掺 30％粉煤灰胶砂试件的表层情况

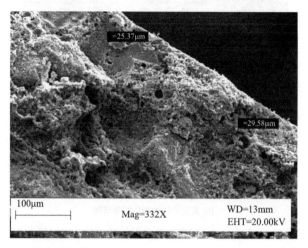

图 2-70　在侵蚀溶液中浸泡 6 个月时掺 60％粉煤灰胶砂试件的表层情况

(a) 在淡水中的情况

图 2-71　在不同溶液中试件内粉煤灰的表面变化情况

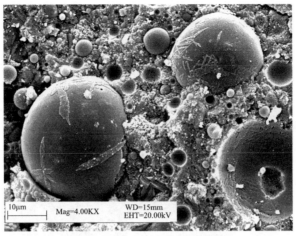

(b) 在浓度为20250mg/L侵蚀溶液中的情况

图 2-71　在不同溶液中试件内粉煤灰的表面变化情况（续）

　　图 2-72、图 2-73 是掺 60％粉煤灰胶砂试件浸泡在浓度为 20250mg/L 的侵蚀溶液中经过不同浸泡时间，靠近试件表层的水泥石与砂颗粒的界面孔隙变化及水化产物能谱图。

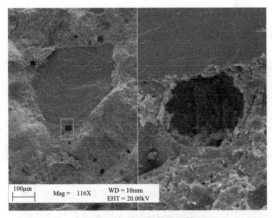

(a) 水泥石与砂颗粒的界面情况

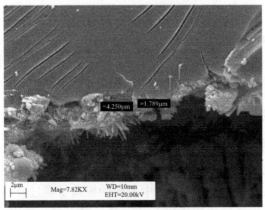

(b) 水泥石与砂颗粒界面孔隙的放大情况

图 2-72　在侵蚀溶液中浸泡 3 个月时靠近试件表层水泥石与砂颗粒的界面情况

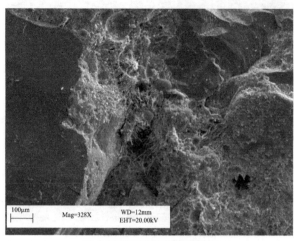

(a) 水泥石与砂颗粒的界面情况

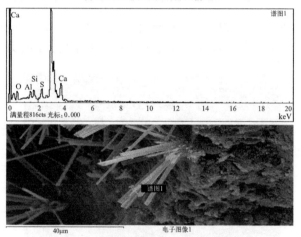

注：能谱图中以Ca、S、Si、Al、O为主
(b) 水泥石与砂颗粒界面孔隙的放大情况及水化物的能谱图

图 2-73　在侵蚀溶液中浸泡 6 个月时靠近试件表层水泥石与砂颗粒的界面情况及能谱图

由图 2-72 和图 2-73 可知，掺 60％粉煤灰胶砂试件在侵蚀溶液中浸泡 3 个月，在靠近试件表层的水泥石与砂颗粒的界面孔隙中有部分水化产物填充孔隙，并且随着浸泡时间的延长，达到 6 个月时，孔隙中的填充物如石膏、钙矾石和水化硅酸钙等不断增多，填充孔隙，使得试件的密实度提高，渗透性减小，从而改善了混凝土的抗硫酸盐侵蚀性能。

2.4.3　掺Ⅱ级粉煤灰试件改善硫酸盐侵蚀机理

混凝土受硫酸盐侵蚀实际上是水泥的侵蚀，更确切地说是水泥石的侵蚀。正常的水泥石包括混凝土中的水化产物如氢氧化钙、铝酸钙、硅酸钙、铁酸钙和少量的钙矾石等物质，还有混凝土中的孔隙。当外界环境水中的硫酸根离子通过开口孔隙进入混凝土内部，与氢氧化钙和铝酸钙发生反应生成钙矾石与石膏，填充在孔隙中，可提高混凝土的密实性。当孔隙被填满到不能再容纳多余的侵蚀物质时，才会使孔隙开裂而破坏混凝土。

本试验通过电镜发现在试件表层中有大量的石膏，这主要是因为氢氧化钙的主要来源是水泥熟料中的硅酸三钙（C_3S），水化铝酸钙的主要来源是铝酸三钙（C_3A）。在水泥熟料中硅酸三钙的含量远高于铝酸三钙的含量。相对来说，试件中氢氧化钙的含量远高于水化铝酸钙的含量，而生成钙矾石必须要有石膏的参与，在硫酸根离子浓度较低情况下，外界环境水中的硫酸根离子与氢氧化钙反应生成少量的石膏，又有足够量的水化铝酸钙与石膏反应，生成钙矾石；当侵蚀溶液中硫酸根离子浓度较高时，外界环境水中的硫酸根离子与氢氧化钙反应生成大量的石膏，而水化铝酸钙的量不足时，试件中的侵蚀物质主要是石膏。

当混凝土中掺入Ⅱ级粉煤灰，第一，减少了水泥熟料中硅酸三钙的含量，从而减少了被侵蚀物质氢氧化钙的含量。根据鲍格（R. H. Bogue）公式计算，可得掺30%、40%与60%粉煤灰胶砂试件的胶凝材料中硅酸三钙（C_3S）的含量分别为30.38%、26.04%与17.36%（普通水泥胶砂试件中C_3S的含量为43.4%，高抗硫水泥胶砂试件中C_3S的含量为45.55%），铝酸三钙（C_3A）的含量分别为3.65%、3.13%与2.09%（普通水泥胶砂试件中C_3A的含量为5.22%，高抗硫水泥胶砂试件中C_3A的含量为2.00%），与高抗硫水泥胶砂试件和普通水泥胶砂试件相比，粉煤灰胶砂试件的胶凝材料中硅酸三钙（C_3S）的含量大幅度降低，大大减少了水泥石中氢氧化钙的含量，尤其是掺量为60%时，不仅硅酸三钙（C_3S）的含量大幅度降低，而且铝酸三钙（C_3A）的含量也大量减少，从而大幅度提高了试件的抗侵蚀性能。第二，改善了混凝土中水泥石的孔径大小，由于粉煤灰颗粒比水泥颗粒细，可以填充到水泥颗粒之间的空隙中，从而使水泥石中的孔隙减小。第三，掺入的Ⅱ级粉煤灰在硫酸盐和碱激发剂的双重作用下，可以与水泥水化产生的氢氧化钙发生反应，生成部分硫酸盐和水化硅酸钙，填充水泥石中的孔隙，使得试件更密实，同时由于水化硅酸钙的生成进一步消耗了被侵蚀物质氢氧化钙的含量，从而改善了混凝土的抗硫酸盐侵蚀性能。

2.5 本章结论

（1）掺Ⅱ级粉煤灰混凝土的抗硫酸盐侵蚀性能主要受粉煤灰掺量、水胶比的影响。其中，Ⅱ级粉煤灰掺量对混凝土抗硫酸盐侵蚀性能的影响更为显著。在水胶比一定的情况下，随着Ⅱ级粉煤灰掺量的增大，试件的抗蚀系数增大；在Ⅱ级粉煤灰掺量一定时，随着水胶比的降低，试件的抗蚀系数逐渐增大，说明采用较大的粉煤灰掺量并控制较小的水胶比，有利于提高混凝土的抗硫酸盐侵蚀性能。

（2）掺Ⅱ级粉煤灰试件的抗蚀系数明显高于不掺粉煤灰的普通水泥试件，特别是Ⅱ级粉煤灰掺量为60%的试件，其抗蚀系数显著高于其他试件的抗蚀系数，说明掺入Ⅱ级粉煤灰可以改善混凝土的抗硫酸盐侵蚀性能，尤其是当Ⅱ级粉煤灰掺量达到60%时，可以显著提高混凝土的抗硫酸盐侵蚀能力。

（3）对于大掺量Ⅱ级粉煤灰试件（如60%）而言，由于Ⅱ级粉煤灰的微集料填充作用和后期水化作用更为明显，使得试件内部结构更加密实。同时，大掺量Ⅱ级粉煤灰对水泥的置换减少了硅酸三钙的含量（即相应减少了水泥水化产生的氢氧化钙），加之粉煤灰本身与水泥水化产生的氢氧化钙发生反应（生成水化硅酸钙），进一步减少了氢氧化钙的含量，即产生侵蚀性产物的内因大大减少，因此其抵抗硫酸盐侵蚀的能力更强。

（4）采用低水灰（胶）比配制的胶砂试件经过高浓度硫酸盐侵蚀溶液浸泡后，发生侵蚀破坏的具体形态主要表现为试件表层逐渐疏松、剥落，在试件表层发生石膏结晶膨胀，造成试件表层逐渐疏松破坏。

（5）通过微观电镜观测发现，不掺粉煤灰的普通胶砂试件水泥石中，孔隙的最大孔径比掺粉煤灰试件的孔隙最大孔径要大，而且孔隙分布也多，由此造成外部侵蚀介质容易侵入普通混凝土中，因此其抗硫酸盐侵蚀能力较差。而掺粉煤灰胶砂试件（特别大掺量粉煤灰试件），由于粉煤灰的微集料填充作用充分和后期水化作用明显，使得试件内部结构更加密实。

第 3 章

高抗硫酸盐水泥混凝土
抗硫酸盐侵蚀研究

3.1 引言

在新疆一些硫酸根离子浓度较高的地区，传统的硅酸盐水泥已不能满足工程需要，而针对此类环境下混凝土构件受硫酸盐侵蚀问题，在工程中往往选取抗硫酸盐水泥来解决问题。现阶段国内外学者针对硫酸盐侵蚀问题已经做了大量的试验研究及模型分析，在该领域也取得了一系列研究成果。针对实际工程应用中的高浓度硫酸盐侵蚀问题，通过采用高抗硫酸盐水泥混凝土降低铝酸三钙、硅酸三钙含量，减少其水化产物氢氧化钙和水化铝酸钙在侵蚀过程中的消耗，达到抗硫酸盐侵蚀的效果。此外，在实际工程应用中，影响抗硫酸盐水泥混凝土侵蚀性能的因素有很多，其中包括水胶比、养护龄期、粉煤灰掺量、侵蚀溶液浓度以及环境温度等，这些因素的改变都将在一定程度上对混凝土在侵蚀过程中离子间的传输性能产生影响。

本章对高抗硫酸盐水泥混凝土的侵蚀性能展开研究，通过测试硫酸盐侵蚀作用下高抗硫酸盐水泥混凝土抗压强度、抗侵蚀性能、孔隙结构演化以及侵蚀产物变化，探明不同水胶比、掺合料掺量的高抗硫酸盐水泥混凝土在硫酸盐侵蚀作用下的力学性能退化规律、侵蚀性能劣化趋势及抗硫酸盐侵蚀机理。研究内容及结论将为伴有硫酸盐侵蚀环境的混凝土结构设计提供理论参考，并为后续水泥基材料在双重侵蚀作用下的劣化过程分析奠定必要的基础。

3.2 原材料与试验方案

3.2.1 试验原材料

（1）粉煤灰

本试验的粉煤灰选用苇湖梁电厂生产的Ⅱ级粉煤灰，其化学成分及物理指标见表 2-4、表 2-5。粉煤灰各项指标均符合《用于水泥和混凝土中的粉煤灰》GB/T 1596—2017

中规定的要求。

（2）水泥

本试验中所用的水泥均采用新疆天山水泥厂生产的高抗硫酸盐硅酸盐水泥，其各项物
理性能指标和化学成分指标见表 2-3，其各项物理和化学指标均符合《抗硫酸盐硅酸盐水
泥》GB/T 748—2023 中规定的要求。

（3）细骨料

在本试验中，抗侵蚀试验的胶砂试件均采用标准砂；抗压强度试验的砂子采用新疆甘
河子面板坝工程中的水洗砂，水洗砂技术指标检测结果见表 2-6、表 2-7，各项指标均满
足《水工混凝土施工规范》SL 677—2014 中规定的要求。

（4）粗骨料

本试验中粗骨料采用乌鲁木齐河中 5～20mm 的河卵石，其各项指标检测结果见表 3-
1、表 3-2，各项指标均满足规范要求。

（5）减水剂

本试验所用的减水剂采用新疆格辉科技有限公司生产的萘系高效减水剂。根据《混
凝土外加剂应用技术规范》GB 50119—2013，对其减水剂与天山 42.5 高抗硫酸盐水泥
进行了外加剂适应性试验。不同水胶比及粉煤灰掺量情况下，减水剂的最佳掺量均
为 0.5%。

河卵石的技术指标　　　　　　　　　　　　　　　表 3-1

骨料品种	饱和面干视密度 (kg/m³)	表观密度 (kg/m³)	吸水率 (%)	堆积密度(kg/m³)		空隙率(%)		含泥量 (%)
				紧密状态	松散状态	紧密状态	松散状态	
河卵石	2670	2688	0.51	1756	1591	34.67	40.81	0.35
"SL 677—2014" 要求	—	—	≤2.5	—	—	—	—	≤1

河卵石的粒径分布　　　　　　　　　　　　　　　表 3-2

筛孔尺寸(mm)	20	10	5	2.5
累计筛余百分数(%)	3.21	71.99	97.29	99.79
标准级配范围(%)	0～10	40～80	90～100	95～100

3.2.2　试验方案

3.2.2.1　粉煤灰掺量及水胶比对高抗硫水泥混凝土抗压强度影响

探究粉煤灰掺量对高抗硫水泥混凝土侵蚀性能影响研究中，本书分别选取水胶比为
0.30 和 0.40，Ⅱ级粉煤灰掺量分别为 0%、15%、25%、35%，混凝土坍落度控制在 150～
180mm，依据《普通混凝土配合比设计规程》JGJ 55—2011 计算混凝土的配合比，然后对混
凝土进行试拌，根据实际情况对混凝土配合比稍加调整，调整后的配合比见表 3-3。

高抗硫水泥混凝土抗压强度试验采用 150mm×150mm×150mm 的标准试件，按《混
凝土物理力学性能试验方法标准》GB/T 50081—2019 分别对 3d、7d、14d、28d、60d 混
凝土试件的抗压强度进行测定。

混凝土试拌调整后的配合比　　　　　　　　　　　　　表 3-3

| 试件编号 | 水胶比 | 砂率(%) | 粉煤灰掺量(%) | 1m³ 混凝土各项材料用量(kg) | | | | | | 坍落度(mm) |
				C	F	W	S	G	减水剂(%)	
A1	0.30	42	0	567	0	170	690	953	0.75	165
A2	0.30	42	15	473	84	167	696	961	0.75	170
A3	0.30	42	25	410	137	164	701	698	0.75	180
A4	0.30	42	35	347	187	160	708	978	0.75	150
B1	0.40	44	0	425	0	170	785	1000	0.75	180
B2	0.40	44	15	351	62	165	793	1009	0.75	175
B3	0.40	44	25	300	100	160	801	1019	0.75	180
B4	0.40	44	35	252	136	155	809	1029	0.75	175

3.2.2.2　水胶比对高抗硫水泥混凝土抗侵蚀性能影响

依据新疆地区实际工程中混凝土常用的水胶比和新疆地区可能遇到的环境水中硫酸根离子浓度，参考《水泥抗硫酸盐侵蚀试验方法》GB/T 749—2008 中的 K 法，本试验分别制备了水胶比为 0.30、0.35、0.40、0.45、0.50 的高抗硫酸盐水泥胶砂试件（各试件的配合比见表 3-4），标准养护 28d 之后，将试件分别浸泡于硫酸根离子浓度为 0mg/L、1000mg/L、2500mg/L、4000mg/L、8000mg/L、10000mg/L、20250mg/L、30000mg/L 的硫酸盐侵蚀溶液中，分别测试浸泡时间为 2 个月、4 个月、6 个月、8 个月、10 个月时的试件抗折强度，并按式(3-1) 计算各组试件的抗蚀系数，当 $K_{蚀} \leqslant 0.8$ 时，认为试件抗侵蚀不合格，即试件遭受侵蚀破坏。

$$K_{蚀} = R_{液}/R_{水} \tag{3-1}$$

式中，$K_{蚀}$——抗蚀系数；

$\quad\quad R_{液}$——试件浸泡在侵蚀溶液中一定龄期时的抗折强度，单位为兆帕（MPa）；

$\quad\quad R_{水}$——同配合比试件浸泡在淡水中一定龄期时的抗折强度，单位为兆帕（MPa）。

为模拟实际工程中基础混凝土浇筑完成后不久就遭受硫酸盐侵蚀的特殊情况，分别设计水胶比为 0.35、0.40、0.45、0.50 的高抗硫酸盐水泥胶砂试件（各试件的配合比见表 3-5），标准养护 3d 后，将试件直接浸泡在硫酸根离子浓度为 0mg/L、1000mg/L、4000mg/L、10000mg/L 的硫酸盐侵蚀溶液中，按上述同样的方法，分别测试各试件在不同硫酸根离子浓度溶液中不同浸泡时间的抗折强度和抗蚀系数。

养护 28d 胶砂试件的配合比　　　　　　　　　　　　　表 3-4

| 编号 | 水胶比 | 胶砂比 | 胶砂试件各项材料用量 | | | |
			水泥(g)	水(mL)	标准砂(g)	FDN(%)
C1	0.30	1∶2.5	300	90	750	1.2
C2	0.35	1∶2.5	300	105	750	1.2
C3	0.40	1∶2.5	300	120	750	0
C4	0.45	1∶2.5	300	135	750	0
C5	0.50	1∶2.5	300	150	750	0

注：采用标准砂是为了消除天然砂的不均匀性，C1、C2 各组试件在拌合时掺入 1.2% 的高效减水剂。

养护 3d 胶砂试件的配合比 表 3-5

| 编号 | 水胶比 | 胶砂比 | 胶砂试件各项材料用量 | | | |
			水泥(g)	水(mL)	标准砂(g)	FDN(%)
D1	0.35	1∶2.5	300	105	750	1.2
D2	0.40	1∶2.5	300	120	750	1.2
D3	0.45	1∶2.5	300	135	750	0
D4	0.50	1∶2.5	300	150	750	0

注：采用标准砂是为了消除天然砂的不均匀性，D1、D2 各组试件在拌合时掺入 1.2% 的高效减水剂。

3.2.2.3 粉煤灰对高抗硫水泥混凝土抗侵蚀性能影响

依据新疆地区实际工程中混凝土常用的水胶比、粉煤灰掺量和新疆地区可能遇到的环境水中硫酸根离子浓度，并参考《水泥抗硫酸盐侵蚀试验方法》GB/T 749—2008 中的 K 法，本试验制备了水胶比为 0.40 时，粉煤灰掺量分别为 0%、15%、25%、35% 的高抗硫酸盐水泥胶砂试件（各试件的配合比见表 3-6），标准养护 28d 之后，分别将试件浸泡于硫酸根离子浓度为 0mg/L、1000mg/L、2500mg/L、4000mg/L、8000mg/L、10000mg/L、20250mg/L、30000mg/L 的硫酸盐侵蚀溶液中，分别测试浸泡时间为 2 个月、4 个月、6 个月、8 个月时的试件抗折强度，并按式(3-1)计算各组试件的抗蚀系数。

掺粉煤灰胶砂试件的配合比 表 3-6

| 编号 | 粉煤灰掺量(%) | 水胶比 | 胶砂比 | 胶砂试件各项材料用量 | | | |
				水泥(g)	水(mL)	标准砂(g)	粉煤灰(g)
E1	0	0.40	1∶2.5	300	120	750	0
E2	15	0.40	1∶2.5	255	120	750	45
E3	25	0.40	1∶2.5	225	120	750	75
E4	35	0.40	1∶2.5	195	120	750	105

注：采用标准砂是为了消除天然砂的不均匀性。

3.3 试验结果与分析

3.3.1 粉煤灰掺量对高抗硫水泥混凝土试件抗压强度的影响

不同粉煤灰掺量的高抗硫水泥混凝土试件抗压强度与养护龄期的关系曲线如图 3-1 所示。

由图 3-1 可知：

（1）水胶比一定时，提高粉煤灰掺量，将导致同龄期的混凝土抗压强度降低，特别是在 28d 养护龄期内，粉煤灰掺量较大的试件抗压强度明显低于粉煤灰掺量较小的试件，说明粉煤灰掺量对高抗硫水泥混凝土的早期抗压强度有较大的影响。

（2）随着养护龄期的延长，混凝土试件的抗压强度逐渐增大，掺粉煤灰的试件其后期（28d 以后）抗压强度增长比不掺粉煤灰试件快，说明掺入粉煤灰虽然对试件的早期抗压强度影响较大，但控制粉煤灰掺量在一定范围内时，高抗硫水泥混凝土的后期（28d 以后）抗压强度也可以达到较大值。

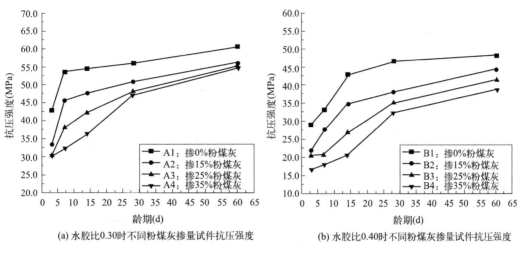

(a) 水胶比0.30时不同粉煤灰掺量试件抗压强度　　(b) 水胶比0.40时不同粉煤灰掺量试件抗压强度

图 3-1　不同粉煤灰掺量下相同水胶比试件在各养护龄期的抗压强度曲线

3.3.2　水胶比对高抗硫水泥混凝土试件抗压强度的影响

不同水胶比下相同粉煤灰掺量的高抗硫水泥混凝土试件在各个养护龄期的抗压强度曲线如图 3-2 所示。

由图 3-2 可知：水胶比、粉煤灰掺量和养护龄期对高抗硫水泥混凝土抗压强度均有一定的影响。同龄期混凝土的抗压强度，随着水胶比或粉煤灰掺量降低而增大；随着养护龄期的延长，混凝土的抗压强度逐渐增长；对于掺粉煤灰的试件，在 28d 以前其抗压强度较低且抗压强度增长缓慢，但 28d 以后至 60d 的过程中，混凝土的抗压强度增长迅速；对于早期强度要求较高的高抗硫水泥混凝土，可通过降低水胶比或减少掺合料掺量的方法，来提高高抗硫水泥混凝土的早期抗压强度。

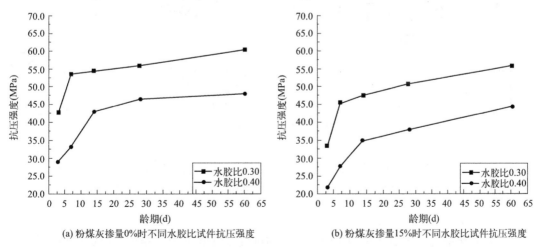

(a) 粉煤灰掺量0%时不同水胶比试件抗压强度　　(b) 粉煤灰掺量15%时不同水胶比试件抗压强度

图 3-2　不同水胶比下相同粉煤灰掺量试件在各养护龄期的抗压强度曲线

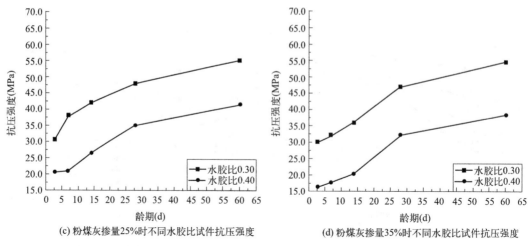

(c) 粉煤灰掺量25%时不同水胶比试件抗压强度　　　(d) 粉煤灰掺量35%时不同水胶比试件抗压强度

图 3-2　不同水胶比下相同粉煤灰掺量试件在各养护龄期的抗压强度曲线（续）

3.3.3　水胶比对高抗硫水泥混凝土抗侵蚀性能的影响

3.3.3.1　养护 3d 的高抗硫水泥混凝土胶砂试件抗侵蚀性能

图 3-3～图 3-8 表示养护 3d 的高抗硫水泥混凝土试件在四种浓度硫酸盐侵蚀溶液中的抗蚀系数及抗折强度，其中图 3-3～图 3-5 为各组试件在不同浸泡时间下的抗蚀系数，图 3-6～图 3-8 为各组试件在不同浸泡时间下的抗压强度。

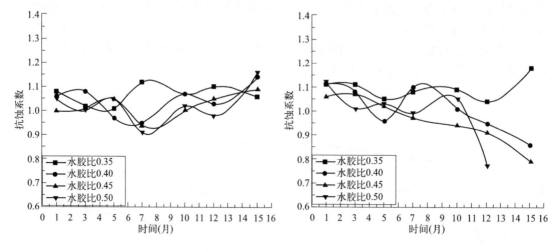

图 3-3　侵蚀溶液浓度为 1000mg/L 时　　　图 3-4　侵蚀溶液浓度为 4000mg/L 时
各组试件抗蚀系数随浸泡时间变化曲线（一）　各组试件抗蚀系数随浸泡时间变化曲线（一）

由图 3-3～图 3-8 可知：

（1）对比前述养护 28d 相同水胶比试件的抗侵蚀性能可知：养护 3d 的试件抗侵蚀性能明显低于养护 28d 试件，说明养护龄期对试件的抗侵蚀性能有很大的影响。

（2）养护 3d 的各组试件在硫酸根离子浓度为 1000mg/L 的侵蚀溶液中浸泡 15 个月后仍然维持较高的抗折强度与抗蚀系数；在硫酸根离子浓度为 4000mg/L 的侵蚀溶液中，除了水胶比 0.35 的试件仍具有较大的抗折强度与抗蚀系数外，其余水胶比大于 0.35 的各试件在浸泡 10 个月以后，陆续丧失了抵抗硫酸盐侵蚀能力；在浓度为 10000mg/L 的侵蚀溶液中，各组试件在浸泡 6 个月之后均发生破坏。

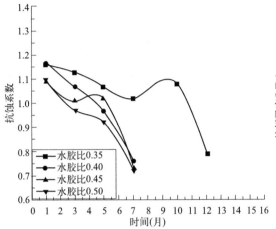

图 3-5　侵蚀溶液浓度为 10000mg/L 时
各组试件抗蚀系数随浸泡时间变化曲线（一）

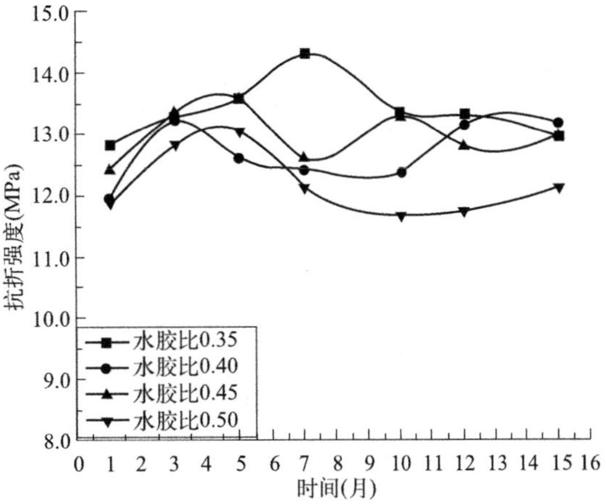

图 3-6　侵蚀溶液浓度为 1000mg/L 时
各组试件抗折强度随浸泡时间变化曲线（一）

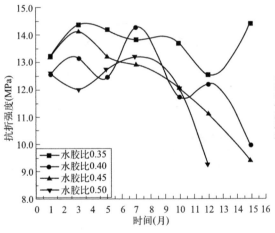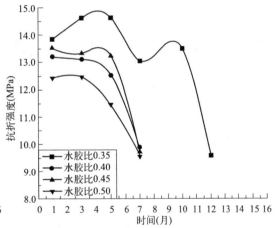

图 3-7　侵蚀溶液浓度为 4000mg/L 时
各组试件抗折强度随浸泡时间变化曲线（一）

图 3-8　侵蚀溶液浓度为 10000mg/L 时
各组试件抗折强度随浸泡时间变化曲线（一）

（3）对于养护 3d 的试件，降低水胶比虽然可在一定程度上提高试件的抗侵蚀能力，但是提高的幅度有限。因此，当遇到基础混凝土浇筑完成后不久就会遭受硫酸盐侵蚀的特殊情况，若环境水中硫酸根离子浓度≥4000mg/L，直接采用高抗硫水泥配制的混凝土会有遭受侵蚀破坏的危险，为避免工程留下安全隐患，宜采用其他更为稳妥的抗侵蚀措施。

3.3.3.2　养护 28d 的高抗硫水泥混凝土胶砂试件抗侵蚀性能

图 3-9～图 3-22 为养护 28d 的高抗硫水泥混凝土试件在不同浓度硫酸盐溶液中的抗蚀系数和抗折强度。其中，图 3-9～图 3-15 为各组试件在不同侵蚀时间下的抗蚀系数，图 3-

16～图 3-22 为各组试件在不同侵蚀时间下的抗折强度。

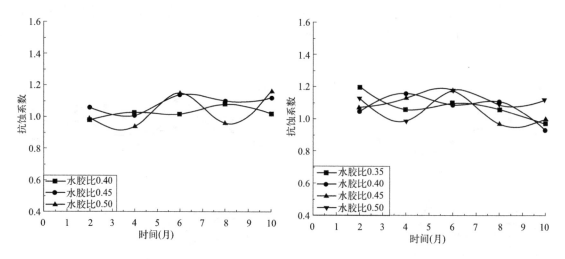

图 3-9　侵蚀溶液浓度为 1000mg/L 时
各组试件抗蚀系数随浸泡时间变化曲线（二）

图 3-10　侵蚀溶液浓度为 2500mg/L 时
各组试件抗蚀系数随浸泡时间变化曲线（一）

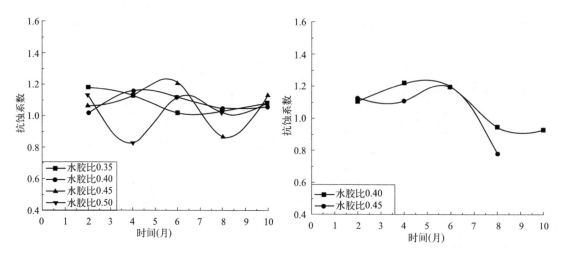

图 3-11　侵蚀溶液浓度为 4000mg/L 时
各组试件抗蚀系数随浸泡时间变化曲线（二）

图 3-12　侵蚀溶液浓度为 8000mg/L 时
各组试件抗蚀系数随浸泡时间变化曲线（一）

由图 3-9～图 3-22 并根据试件外观情况可知：

（1）当硫酸根离子浓度≤4000mg/L 时，各组试件的抗蚀系数均大于 0.8。其中，水胶比较小（0.35、0.40）的试件，其抗折强度与抗蚀系数随浸泡时间的延长均维持较为稳定的值；而水胶比较大（0.45、0.50）的试件，随浸泡时间的延长，其抗折强度与抗蚀系数值波动较大。

（2）当硫酸根离子浓度为 8000～10000mg/L 时，水胶比≥0.45 的试件在浸泡时间达到或超过 8 个月后发生破坏，而水胶比≤0.40 的试件则一直维持较高的抗折强度与抗蚀系数，说明降低水胶比，可明显增强试件的抗侵蚀性能。

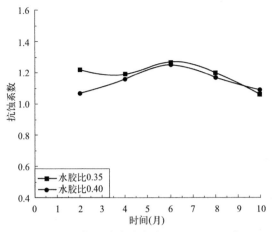

图 3-13　侵蚀溶液浓度为 10000mg/L 时
各组试件抗蚀系数随浸泡时间变化曲线（二）

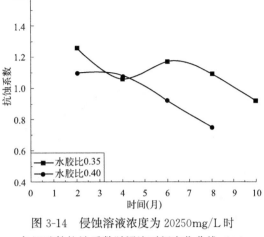

图 3-14　侵蚀溶液浓度为 20250mg/L 时
各组试件抗蚀系数随浸泡时间变化曲线（一）

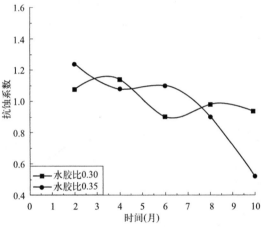

图 3-15　侵蚀溶液浓度为 30000mg/L 时
各组试件抗蚀系数随浸泡时间变化曲线（一）

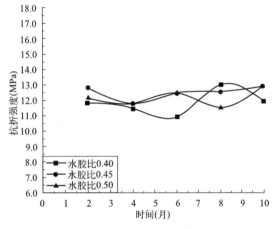

图 3-16　侵蚀溶液浓度为 1000mg/L 时
各组试件抗折强度随浸泡时间变化曲线（二）

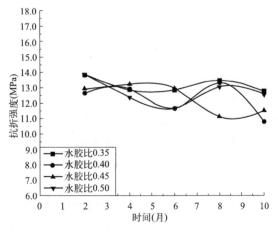

图 3-17　侵蚀溶液浓度为 2500mg/L 时
各组试件抗折强度随浸泡时间变化曲线（一）

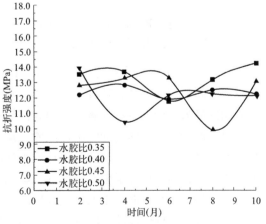

图 3-18　侵蚀溶液浓度为 4000mg/L 时
各组试件抗折强度随浸泡时间变化曲线（二）

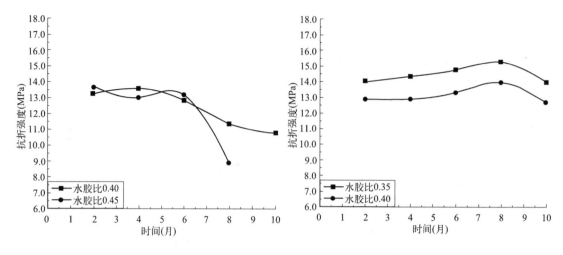

图 3-19　侵蚀溶液浓度为 8000mg/L 时
各组试件抗折强度随浸泡时间变化曲线（一）

图 3-20　侵蚀溶液浓度为 10000mg/L 时
各组试件抗折强度随浸泡时间变化曲线（二）

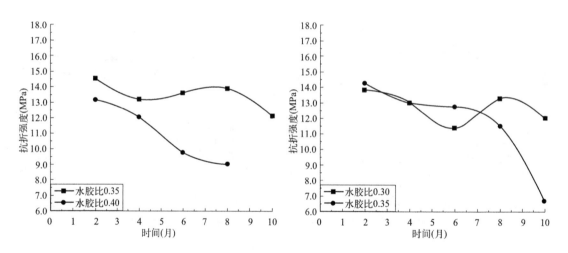

图 3-21　侵蚀溶液浓度为 20250mg/L 时
各组试件抗折强度随浸泡时间变化曲线（一）

图 3-22　侵蚀溶液浓度为 30000mg/L 时
各组试件抗折强度随浸泡时间变化曲线（一）

（3）当硫酸根离子浓度≥20250mg/L 时，水胶比较大的试件（0.40、0.45、0.50）在浸泡时间超过 6 个月后陆续发生破坏，较低水胶比的试件（0.30、0.35）虽然在一定浸泡时间内尚未完全发生侵蚀破坏，但其抗折强度与抗蚀系数随浸泡时间的延长呈现明显下降趋势，部分试件表面已陆续出现起砂、掉角等破坏迹象。这说明，在遭遇高浓度（硫酸根离子浓度≥20250mg/L）硫酸盐环境水情况下，即使降低水胶比，也难以保证高抗硫水泥混凝土在长期侵蚀环境中有较好的抗硫酸盐侵蚀能力。

（4）高抗硫水泥混凝土的抗侵蚀性能，不仅受水胶比的影响，还具有在侵蚀溶液中浸泡的时效性，其抗侵蚀性能随浸泡时间而变化。在硫酸根离子浓度较大的侵蚀溶液中浸泡 6 个月以内时，各组试件均具有较高的抗折强度和抗蚀系数。但是，当浸泡时间超过 6 个月以后，水胶比较大的试件先发生侵蚀破坏，水胶比较小的试件也陆续丧失抗侵蚀性能。

因此，在短期的侵蚀溶液浸泡试验中难以反映胶凝材料试件的真实抗侵蚀性能。

3.3.4 粉煤灰对高抗硫水泥混凝土抗侵蚀性能的影响

图3-23～图3-36表示掺粉煤灰的高抗硫水泥混凝土试件，在不同浓度硫酸盐溶液与不同侵蚀时间下测得的抗蚀系数和抗折强度。其中，图3-23～图3-29为各组试件不同侵蚀时间下的抗蚀系数，图3-30～图3-36为各组试件不同侵蚀时间下的抗折强度。

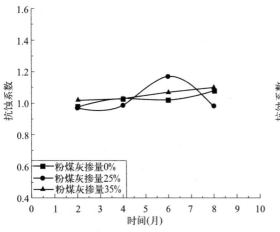

图3-23　侵蚀溶液浓度为1000mg/L时
各组试件抗蚀系数随浸泡时间变化曲线（三）

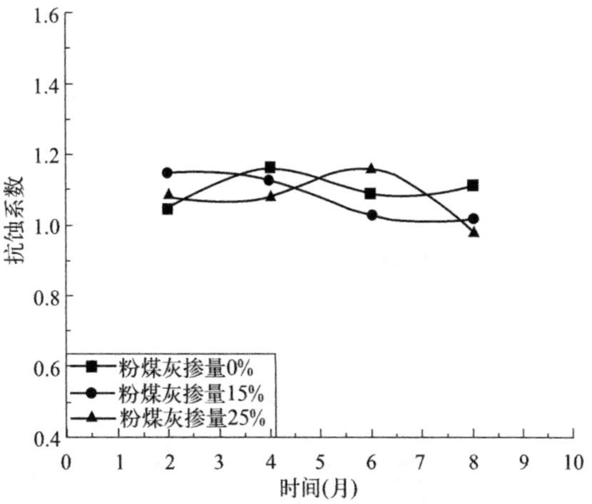

图3-24　侵蚀溶液浓度为2500mg/L时
各组试件抗蚀系数随浸泡时间变化曲线（二）

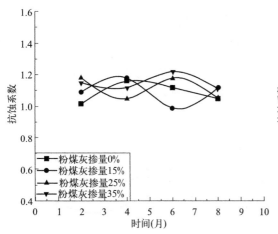

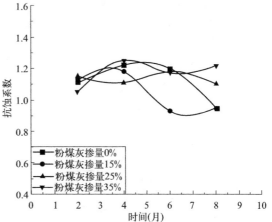

图3-25　侵蚀溶液浓度为4000mg/L时
各组试件抗蚀系数随浸泡时间变化曲线（三）

图3-26　侵蚀溶液浓度为8000mg/L时
各组试件抗蚀系数随浸泡时间变化曲线（二）

由图3-23～图3-36并根据试件外观情况可知：

（1）当硫酸根离子浓度≤10000mg/L时，各组试件的抗蚀系数均大于0.8，且试件的抗蚀系数与抗折强度随侵蚀时间的延长维持较为稳定的值。总体而言，粉煤灰掺量的变化对试件抗侵蚀性能影响不明显。

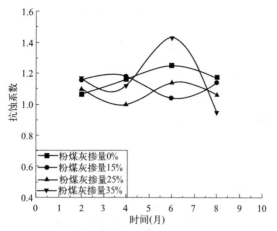

图 3-27 侵蚀溶液浓度为 10000mg/L 时
各组试件抗蚀系数随浸泡时间变化曲线（三）

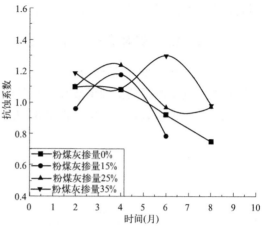

图 3-28 侵蚀溶液浓度为 20250mg/L 时
各组试件抗蚀系数随浸泡时间变化曲线（二）

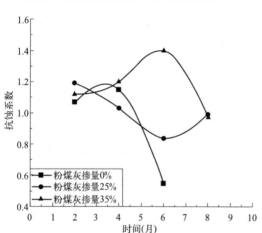

图 3-29 侵蚀溶液浓度为 30000mg/L 时
各组试件抗蚀系数随浸泡时间变化曲线（二）

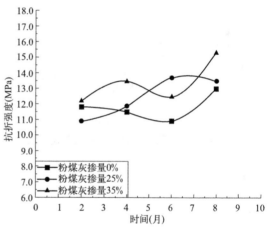

图 3-30 侵蚀溶液浓度为 1000mg/L 时
各组试件抗折强度随浸泡时间变化曲线（三）

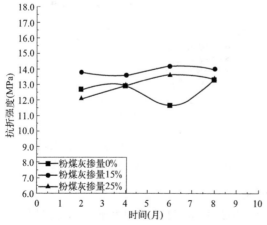

图 3-31 侵蚀溶液浓度为 2500mg/L 时
各组试件抗折强度随浸泡时间变化曲线（二）

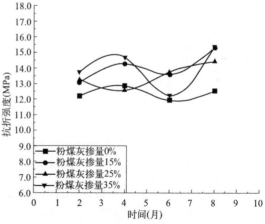

图 3-32 侵蚀溶液浓度为 4000mg/L 时
各组试件抗折强度随浸泡时间变化曲线（三）

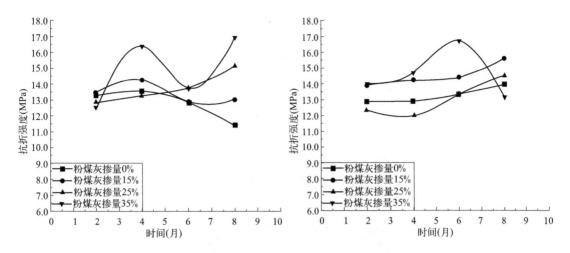

图 3-33　侵蚀溶液浓度为 8000mg/L 时
各组试件抗折强度随浸泡时间变化曲线（二）

图 3-34　侵蚀溶液浓度为 10000mg/L 时
各组试件抗折强度随浸泡时间变化曲线（三）

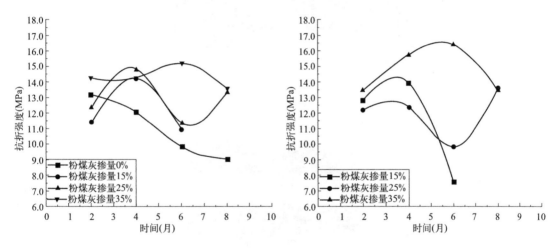

图 3-35　侵蚀溶液浓度为 20250mg/L 时
各组试件抗折强度随浸泡时间变化曲线（二）

图 3-36　侵蚀溶液浓度为 30000mg/L 时
各组试件抗折强度随浸泡时间变化曲线（二）

（2）当硫酸根离子浓度为 10000～20250mg/L 时，粉煤灰掺量较小（0%、15%）的试件在浸泡时间超过 6 个月后陆续发生破坏，而粉煤灰掺量较大（25%、35%）的试件，其抗折强度与抗蚀系数依然维持较高的水平，并且试件表面光滑、完整。这说明，在遭遇较高浓度（硫酸根离子浓度为 10000～20250mg/L）硫酸盐环境水情况下，采用较大掺量（25%、35%）粉煤灰的方法可提高高抗硫水泥混凝土抗侵蚀能力。

3.4　侵蚀机理分析

3.4.1　不同水胶比对高抗硫水泥混凝土孔隙结构的影响

结合本书 3.3 节中试验结果，分别选取水胶比为 0.35、0.40、0.45、0.50，标准养

117

护 3d，且经硫酸根离子浓度为 10000mg/L 的侵蚀溶液中浸泡 7 个月后的高抗硫水泥混凝土试件。首先对试件进行外观形貌的观察，其次通过扫描电子显微镜和能谱分析，对试件内部孔结构、表面情况进行观测，分析试件受硫酸盐侵蚀的主要原因，揭示高抗硫水泥混凝土硫酸盐侵蚀破坏机理。

不同水胶比试件经侵蚀 7 个月后的外观形态侵蚀情况如图 3-37～图 3-40 所示。

图 3-37　水胶比 0.35 试件，未遭受侵蚀破坏

图 3-38　水胶比 0.40 试件，遭受了侵蚀破坏

通过观察侵蚀后的试件，可归纳出其主要外观特征变化如下：

（1）对于水胶比 0.35 试件，外观主要表现：表面平滑，结构完整。

（2）对于水胶比 0.40 试件，外观主要表现：表层起砂、试件掉角、两端磨圆等侵蚀破坏现象。

（3）对于水胶比 0.45 试件，外观主要表现：表层起砂、两端磨圆、肿胀松散等侵蚀破坏现象。

（4）对于水胶比 0.50 试件，外观主要表现：表层起砂、两端磨圆等侵蚀破坏现象。

图 3-39 水胶比 0.45 试件，遭受了侵蚀破坏

图 3-40 水胶比 0.50 试件，遭受了侵蚀破坏

综上所述，在短龄期（3d）养护、侵蚀溶液浓度为 10000mg/L 的条件下，侵蚀 7 个月时，水胶比 0.35 的试件尚未受到侵蚀破坏，而水胶比为 0.40、0.45、0.50 的试件已经遭受侵蚀破坏。

对上述试件的孔结构及孔隙中的主要产物通过扫描电子显微镜进行观察，详见图 3-41～图 3-44。

由图 3-41～图 3-44 微观孔隙结构可知：

（1）对于水胶比 0.35 试件，最大孔隙孔径为 265.2μm，孔隙当中存在大量的正常水化产物水化硅酸钙，未看到侵蚀产物。

（2）对于水胶比 0.40 试件，最大孔隙孔径为 309.4μm，孔隙当中发现少量的钙矾石，并未填满孔隙。

（3）对于水胶比 0.45 试件，最大孔隙孔径为 319.2μm，孔隙当中发现少量的水化产物水化硅酸钙，未发现侵蚀产物。

（4）对于水胶比 0.50 试件，最大孔隙孔径为 675.9μm，孔隙当中未发现水化产物。

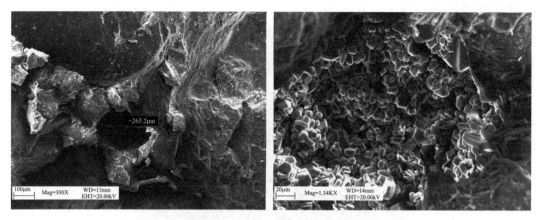

图 3-41　水胶比 0.35 试件孔径结构及水化产物形貌

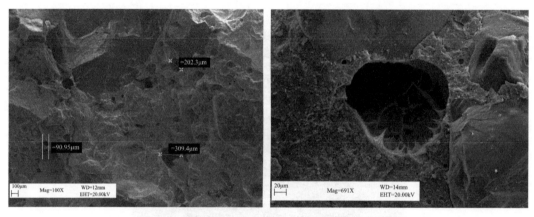

图 3-42　水胶比 0.40 试件孔径结构及水化产物形貌

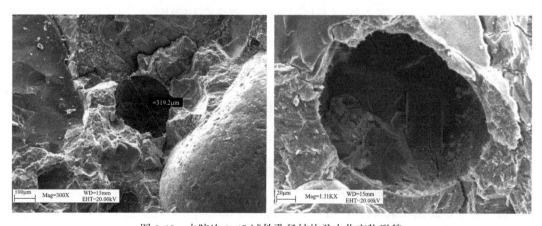

图 3-43　水胶比 0.45 试件孔径结构及水化产物形貌

　　综上所述，水胶比对试件内部孔径大小有一定的影响，随着水胶比降低，试件内部最大孔隙孔径逐渐减小，其内部结构更加密实。当水胶比较小时，侵蚀溶液难以进入试件内部，所以在试件内部孔隙中未发现侵蚀产物填满孔隙，大多数孔隙中甚至没有侵蚀产物。

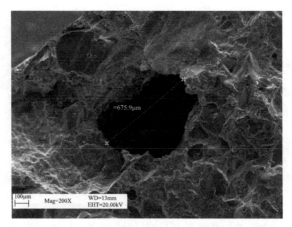

图 3-44 水胶比 0.50 试件孔隙损伤形貌

3.4.2 不同水胶比对高抗硫水泥混凝土表面疏松层的影响

对不同水胶比的高抗硫侵蚀试件的表层进行电镜扫描，如图 3-45～图 3-48 所示。

图 3-45 水胶比 0.35 试件表层损伤情况及侵蚀产物形貌

试件表层的微观损伤情况及侵蚀产物微观特征总结如下：

（1）对于水胶比 0.35 试件，表层疏松层最大厚度为 27.54μm，疏松层主要生成物质为石膏。

（2）对于水胶比 0.40 试件，表层疏松层最大厚度为 354.8μm，疏松层主要生成物质为石膏。

（3）对于水胶比 0.45 试件，表层疏松层最大厚度为 445.7μm，疏松层主要生成物质为石膏。

（4）对于水胶比 0.50 试件，表层疏松层最大厚度为 537.5μm，疏松层主要生成物质为石膏。

试件表面直接与侵蚀溶液接触，在试件表面的砂石界面处最容易与侵蚀物质发生化学反应，生成膨胀性产物钙矾石与石膏，这些侵蚀产物容易在水泥石界面处富集，侵蚀产物达到一定量以后就会使砂石与水泥水化产物分离开，在试件表面形成一定厚度的疏松层。

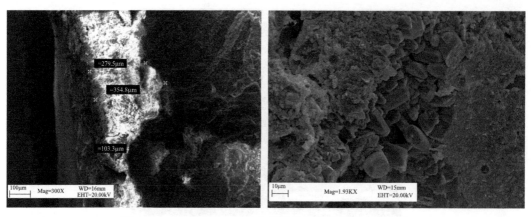

图 3-46　水胶比 0.40 试件表层损伤情况及侵蚀产物形貌

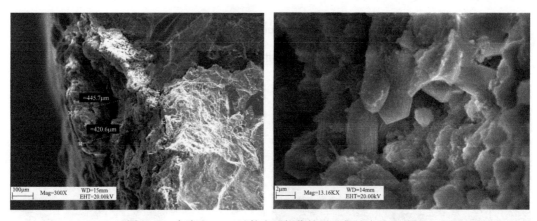

图 3-47　水胶比 0.45 试件表层损伤情况及侵蚀产物形貌

图 3-48　水胶比 0.50 试件表层损伤情况及侵蚀产物形貌

当疏松层厚度增大到一定程度，将导致砂石颗粒从试件表面脱落。从宏观上看，试件表面起砂，砂颗粒疏松脱落。通过对图 3-45～图 3-48 进行综合分析可知，随着水胶比增加，试件表面疏松层厚度逐渐增厚。对于水胶比 0.35 试件，未受到侵蚀破坏，试件表面疏松层厚度较小，在 $20\sim30\mu m$，对于水胶比为 0.40、0.45、0.50 的试件，疏松层厚度明显增厚，厚度均在 $300\mu m$ 以上。在所有试件的疏松层中，主要生成物质为石膏。这说明侵蚀破坏现象主要发生在试件表面，主要破坏类型为石膏型破坏。

因此，根据混凝土中侵蚀产物和破坏形式的不同，可将硫酸盐侵蚀分为钙矾石结晶型和石膏结晶型两种类型。通过对受硫酸盐侵蚀的高抗硫水泥混凝土试件进行微观测试表明，试件受到侵蚀破坏主要是以石膏结晶型破坏为主，其主要侵蚀原理如下：

已有研究表明，在一般情况下，侵蚀产物石膏和钙矾石主要产生在试件内部孔隙及水泥石界面处。本试验通过微观电镜与能谱分析，在受侵蚀破坏的试件表面疏松层的砂石界面处和孔隙当中发现大量的石膏，并未看到钙矾石，而在试件内部孔隙中只看到少量的钙矾石且未填满孔隙，并且试件内部的水泥石界面处结合较为密实。因此试件受到侵蚀破坏主要是以表层的石膏结晶型破坏为主，因试件表面直接与侵蚀溶液接触，试件表面的水泥石界面处与孔隙容易为侵蚀物质提供生成场所，具有膨胀性的侵蚀产物石膏容易在试件表面的水泥石界面处和孔隙中富集，侵蚀产物达到一定量后就会使砂石与水泥水化产物分离开，导致砂石颗粒从试件表面脱落；另外，根据《水泥抗硫酸盐侵蚀试验方法》GB/T 749—2008 的规定，在试验过程中不断用稀硫酸中和侵蚀溶液，导致试件表层所处的碱性环境遭到破坏，为了维持碱性环境，试件表层的正常水化产物水化硅酸钙会不断分解氧化钙提供给溶液，最后生成硅胶，此过程会使水化硅酸钙与砂石颗粒之间的胶结能力降低，致使砂石颗粒容易掉落，因此试件主要破坏类型为石膏结晶型破坏。

本试验所用水泥熟料中铝酸三钙（C_3A）的含量为 1.58%，硅酸二钙（C_2S）的含量为 28.93%，硅酸三钙（C_3S）的含量为 46.82%，铁铝酸四钙（C_4AF）的含量为 16.02%。由于 C_3A 和 C_4AF 含量较低，水化生成的水化铝酸钙（$3CaO \cdot Al_2O_3 \cdot 6H_2O$）含量有限，进一步反应生成的钙矾石（$3CaO \cdot Al_2O_3 \cdot 3CaSO_4 \cdot 32H_2O$）含量就会少。虽然钙矾石具有膨胀性能，但是通过电镜试验发现钙矾石主要是在混凝土内部孔隙当中，而且钙矾石含量很少且不足以填满孔隙，孔隙会有一定的空间能使钙矾石自由膨胀而不足以破坏混凝土结构。铝酸三钙和铁铝酸四钙反应方程式如下：

$$3CaO \cdot Al_2O_3 + 6H_2O \longrightarrow 3CaO \cdot Al_2O_3 \cdot 6H_2O \tag{3-2}$$

$$4CaO \cdot Al_2O_3 \cdot Fe_2O_3 + 7H_2O \longrightarrow 3CaO \cdot Al_2O_3 \cdot 6H_2O + CaO \cdot Fe_2O_3 \cdot H_2O \tag{3-3}$$

$$3CaO \cdot Al_2O_3 \cdot 6H_2O + 3(CaSO_4 \cdot 2H_2O) + 20H_2O \longrightarrow 3CaO \cdot Al_2O_3 \cdot 3CaSO_4 \cdot 32H_2O \tag{3-4}$$

虽然高抗硫酸盐水泥限制了 C_3A 和 C_3S 的含量。但是 C_3S 含量依然占水泥熟料的 40% 以上，C_2S 含量也占水泥熟料的 25% 以上。C_2S 和 C_3S 水化生成大量的氢氧化钙，在试件表面生成的氢氧化钙容易与侵蚀物质进一步反应，生成具有膨胀性能的二水石膏（$CaSO_4 \cdot 2H_2O$）。由于生成的二水石膏含量较大，当二水石膏在水泥石界面处和孔隙当中富集一定量以后，混凝土结构就会遭到破坏。C_2S 和 C_3S 反应方程式如下：

$$2(3CaO \cdot SiO_2) + 6H_2O \longrightarrow 3CaO \cdot 2SiO_2 \cdot 3H_2O + 3Ca(OH)_2$$

$$2(2CaO \cdot SiO_2) + 4H_2O \longrightarrow 3CaO \cdot 2SiO_2 \cdot 3H_2O + Ca(OH)_2$$

$$Ca(OH)_2 + Na_2SO_4 + 2H_2O \longrightarrow CaSO_4 \cdot 2H_2O + 2NaOH \tag{3-5}$$

3.4.3 不同粉煤灰掺量对高抗硫水泥混凝土孔隙结构的影响

本试验选取水胶比 0.40、粉煤灰掺量分别为 0%、15%、25%、35%，标准养护 28d，且经硫酸根离子浓度为 20250mg/L 的侵蚀溶液侵蚀 8 个月的试件。对上述试件进行外观形貌观察，并通过微观电镜（SEM）与能谱（EDS）对试件的内部孔结构、水泥石界面过渡区及表面损伤情况进行微观结构观测，分析掺入粉煤灰影响高抗硫水泥混凝土侵蚀性能的主要原因，阐述掺入粉煤灰改善混凝土抗硫酸盐侵蚀性能的原理。

对上述试件进行外观形态侵蚀情况的观察，其结果见图 3-49～图 3-52。

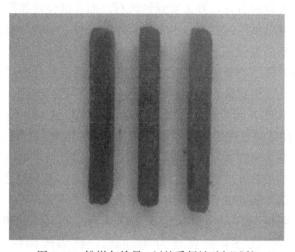

图 3-49　粉煤灰掺量 0% 的受侵蚀破坏试件

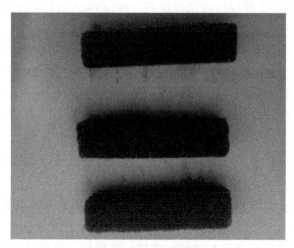

图 3-50　粉煤灰掺量 15% 的受侵蚀破坏试件

通过试件外观观察，可归纳出各个试件的主要外观变化特征如下：

（1）对于粉煤灰掺量 0% 的试件，外观主要表现：表层起砂、试件掉角、两端磨圆等侵蚀破坏现象。

（2）对于粉煤灰掺量 15% 的试件，外观主要表现；表层起砂、试件掉角、两端磨圆

图 3-51 粉煤灰掺量 25% 的未受侵蚀破坏试件

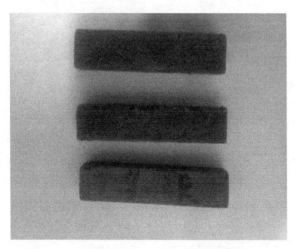

图 3-52 粉煤灰掺量 35% 的未受侵蚀破坏试件

等侵蚀破坏现象。

（3）对于粉煤灰掺量 25% 的试件，外观主要表现：表层平滑，结构完整。

（4）对于粉煤灰掺量 35% 的试件，外观主要表现：表层平滑，结构完整。

由图 3-49～图 3-52 可知，粉煤灰掺量较小（≤15%）的试件在浓度为 20250mg/L 的硫酸盐溶液中侵蚀 8 个月后，已经遭受侵蚀破坏，而粉煤灰掺量较大（≥25%）的试件并未受到侵蚀破坏。

对上述试件的孔结构及孔隙中的主要产物进行微观测定，详见图 3-53～图 3-56。

由图 3-53～图 3-56 中不同粉煤灰掺量的侵蚀试件内部孔隙结构及水化产物形貌微观测定可知：

（1）对于粉煤灰掺量 0% 的试件，大多数孔径在 100～150μm，孔隙当中存在大量的水化硅酸钙和少量的钙矾石。

（2）对于粉煤灰掺量 15% 的试件，大多数孔径在 90～200μm，孔隙当中发现少量的

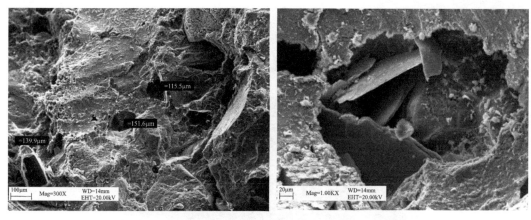

图 3-53　粉煤灰掺量 0% 的试件内部孔结构及水化产物形貌

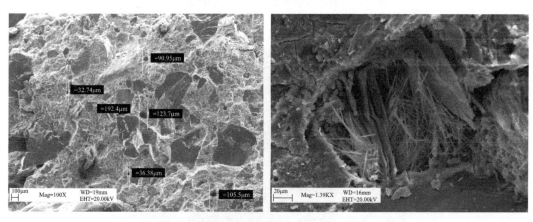

图 3-54　粉煤灰掺量 15% 的试件内部孔结构及水化产物形貌

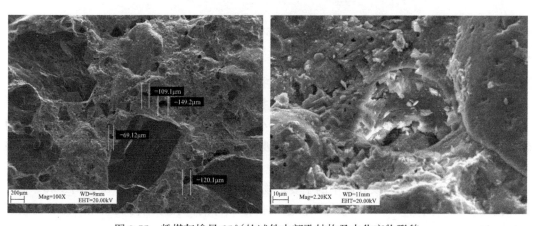

图 3-55　粉煤灰掺量 25% 的试件内部孔结构及水化产物形貌

钙矾石和水化硅酸钙。

（3）对于粉煤灰掺量 25% 的试件，大多数孔径在 60～120μm，孔隙当中发现少量的钙矾石，未填满孔隙。

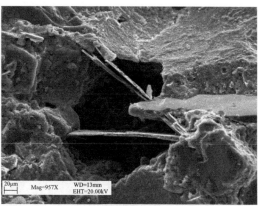

图 3-56　粉煤灰掺量 35％的试件内部孔结构及水化产物形貌

（4）对于粉煤灰掺量 35％的试件，大多数孔径在 30～60μm，孔隙当中发现少量的水化硅酸钙。

通过分析高抗硫水泥混凝土试件的微观形貌变化说明，掺入粉煤灰能够显著改善试件的微结构，使试件内部孔径减小，空隙率降低，并且随着粉煤灰掺量的增大，试件内部孔径逐渐减小，试件内部结构更加密实，侵蚀溶液难以进入试件内部，所以在试件内部空隙中未发现侵蚀产物填满孔隙。

3.4.4　不同粉煤灰掺量对高抗硫水泥混凝土表面疏松层的影响

观察上述不同水胶比高抗硫水泥混凝土侵蚀试件的表层电镜扫描，如图 3-57～图 3-60 所示。

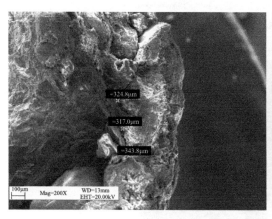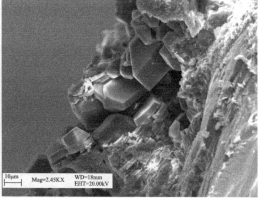

图 3-57　粉煤灰掺量 0％的试件表层损伤情况及侵蚀产物形貌

由上述不同粉煤灰掺量的高抗硫水泥混凝土侵蚀试件表层损伤微观图可知：

（1）对于粉煤灰掺量 0％的试件，表层疏松层厚度在 300～350μm，疏松层中主要生成物质为石膏。

（2）对于粉煤灰掺量 15％的试件，表层疏松层厚度在 400～500μm，疏松层中主要生成物质为石膏。

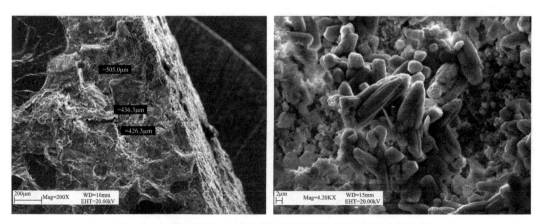

图 3-58　粉煤灰掺量 15％的试件表层损伤情况及侵蚀产物形貌

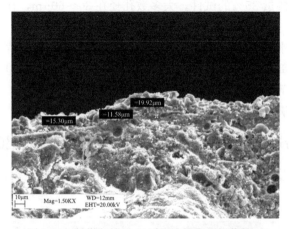

图 3-59　粉煤灰掺量 25％的试件表层损伤情况

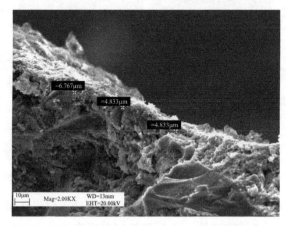

图 3-60　粉煤灰掺量 35％的试件表层损伤情况

（3）对于粉煤灰掺量 25％的试件，表层疏松层厚度在 10～20μm，在疏松层中未发现水化产物。

（4）对于粉煤灰掺量 35% 的试件，表层疏松层厚度在 $4\sim10\mu m$，在疏松层中未发现水化产物。

综上所述，掺入粉煤灰对高抗硫水泥混凝土抗侵蚀性能有一定的影响，较小（$\leqslant15\%$）的粉煤灰掺量对混凝土抗侵蚀性能影响不明显，较大（$\geqslant25\%$）的粉煤灰掺量能够显著提高混凝土的抗侵蚀能力。

当混凝土中掺入粉煤灰；第一，减少了水泥熟料中硅酸三钙（C_3S）、硅酸二钙（C_2S）、铝酸三钙（C_3A）、铁铝酸四钙（C_4AF）的含量，从而减少了水泥生成物质氢氧化钙和水化铝酸钙的含量。根据鲍格（R. H. Bogue）公式计算可得，掺入 15%、25%、35% 的粉煤灰，试件的胶凝材料中硅酸三钙的含量分别为 39.8%、35.1%、30.4%；硅酸二钙的含量分别为 24.6%、21.7%、18.8%；铝酸三钙的含量分别为 1.3%、1.2%、1.0%；铁铝酸四钙的含量分别为 13.6%、12.0%、10.4%。从物质成分上有利于提高试件的抗侵蚀能力。第二，改善了混凝土中水泥石的孔径大小，由于粉煤灰颗粒比水泥颗粒小，可以填充到水泥颗粒之间的空隙中，从而使水泥石中的孔隙减小，使混凝土密实度得到很大的提高。第三，掺入的粉煤灰在碱性环境作用下，可以与水泥水化产生的氢氧化钙发生反应，生成部分水化硅酸钙，提高水泥石之间的胶结能力，使得试件结构更加稳定。由于水化硅酸钙的生成进一步消耗了氢氧化钙的含量，从而减少了侵蚀产物石膏的生成。

3.5　本章结论

本章通过试验研究了粉煤灰掺量及水胶比对高抗硫水泥混凝土强度和侵蚀性能的影响，并对不同水胶比、不同粉煤灰掺量的高抗硫水泥混凝土试件进行了微观结构观测。试验结果表明，高抗硫水泥混凝土的抗侵蚀性能具有局限性，且受水胶比和养护龄期的影响，在较大水胶比或较短养护龄期情况下，难以长期抵抗较高浓度的硫酸盐侵蚀。具体结论如下：

（1）水胶比、粉煤灰掺量和养护龄期对高抗硫水泥混凝土抗压强度均有一定的影响。同养护龄期混凝土的抗压强度，随水胶比或粉煤灰掺量降低而增大。对于掺粉煤灰的高抗硫水泥混凝土，在养护 28d 以前，其抗压强度较低且强度增长缓慢，但 28d 以后至 60d 的过程中，混凝土的抗压强度增长迅速；对于早期强度要求较高的高抗硫水泥混凝土，可通过降低水胶比或减少掺合料掺量的方法，来提高混凝土早期抗压强度。

（2）水胶比对高抗硫水泥混凝土的抗侵蚀性能有一定的影响，在硫酸根离子浓度 $\leqslant10000mg/L$ 的侵蚀溶液中，降低混凝土的水胶比，可增强其抗侵蚀性能；但是，当硫酸根离子浓度 $\geqslant20250mg/L$ 时，即使降低水胶比，高抗硫水泥混凝土也难以保证能够长期抵抗硫酸盐侵蚀。

（3）粉煤灰掺量对高抗硫水泥混凝土的抗侵蚀性能有一定的影响，对于养护 28d，并在高浓度（硫酸根离子浓度为 $10000mg/L\sim20250mg/L$）硫酸盐环境水侵蚀情况下，采用降低水胶比（$\leqslant0.40$），同时掺入较大掺量（$\geqslant25\%$）的粉煤灰，可提高高抗硫水泥混凝土的抗侵蚀能力。

（4）养护龄期对高抗硫水泥混凝土的抗侵蚀性能有很大的影响。在相同水胶比情况下，养护 3d 试件的抗侵蚀性能明显低于养护 28d 试件。因此，当遇到基础混凝土浇筑完成后不久就会遭受硫酸盐侵蚀的特殊情况，若环境水中硫酸根离子浓度≥4000mg/L时，直接采用高抗硫水泥混凝土会伴有侵蚀破坏的危险，为避免工程留下安全隐患，宜采用其他更为稳妥的抗侵蚀措施。

（5）高抗硫水泥混凝土在一定浓度侵蚀溶液中的长期抗侵蚀性能，需要经过较长时间的浸泡才能显现出来。室内试验表明：在硫酸根离子浓度较高的侵蚀溶液中浸泡 6 个月时，试件大多具有较大的抗蚀系数，但是当浸泡时间超过 6 个月，水胶比较大的试件先发生侵蚀破坏，水胶比较小的试件也陆续丧失了抵抗侵蚀的能力。因此，短期的侵蚀试验难以反映试件的真实抗侵蚀性能。

（6）高抗硫水泥混凝土受硫酸盐侵蚀破坏的主要类型为表层石膏结晶型破坏，侵蚀破坏的程度表现为试件表面疏松层厚度的大小，即试件表面疏松层厚度越大，试件的抗蚀系数越小，侵蚀破坏的程度就越严重。水胶比、粉煤灰掺量对表面疏松层厚度及混凝土密实度均有一定的影响，随着水胶比降低或粉煤灰掺量增大，试件表面的疏松层厚度减薄，试件内部最大孔隙的孔径减小，内部结构更加密实。

第4章 ■■■

硫铝酸盐水泥混凝土抗硫酸盐侵蚀研究

4.1 引言

西北高寒干旱区（如新疆地区）某些工程中混凝土受硫酸盐侵蚀问题较为严重。混凝土硫酸盐侵蚀破坏是一个复杂的物理化学过程，机理十分复杂，其实质是外界侵蚀介质中的硫酸根离子进入混凝土的孔隙内部，与水泥石的某些组分发生化学反应生成膨胀性产物，而产生膨胀内应力，当膨胀内应力超过混凝土的抗拉强度时就会使混凝土强度严重下降，导致混凝土结构物的破坏。提高混凝土抗硫酸侵蚀性能通常有两种措施：一是使用抗硫酸盐水泥；二是内掺超细矿物掺合料配制高性能混凝土。然而，抗硫酸盐水泥抗侵蚀性能有限；大掺量掺合料虽然可以显著提高混凝土的抗侵蚀性能，但混凝土早期强度普遍偏低。硫铝酸盐水泥是以适当成分的生料经煅烧所得，以无水硫铝酸钙和硅酸二钙为主要矿物成分的水泥熟料掺加不同量的石灰石、适量石膏共同磨细制成，具有水硬性的胶凝材料。硫铝酸盐水泥具有快硬、早强、耐久性好等特点，在新疆地区有广阔的应用前景。

本章主要探究水灰比、养护龄期、侵蚀溶液浓度、侵蚀龄期等因素对硫铝酸盐水泥混凝土抗侵蚀性能的影响，并结合微观观测，分析和揭示其抗硫酸盐侵蚀特点与机理。同时，通过高抗硫水泥和普通水泥的对比侵蚀试验，评定硫铝酸盐水泥的抗硫酸盐侵蚀能力，以期为有快硬、早强和较高抗硫酸盐侵蚀性能要求的混凝土结构设计提供硫铝酸盐水泥应用的参考依据。

4.2 原材料与试验方案

4.2.1 试验原材料

（1）水泥

试验采用唐山六九水泥有限公司生产的 42.5 快硬硫铝酸盐水泥，新疆青松水泥厂生产的 P·O42.5R 普通硅酸盐水泥和新疆天山水泥厂生产的 42.5 高抗硫酸盐水泥，其物理指标见表 4-1，化学指标见表 4-2。

水泥各项物理性能指标　　　　　　　　　　　　　　　　　　　　表 4-1

水泥	密度 (g/cm³)	比表面积 (m²/kg)	标准稠度用水量(%)	安定性	凝结时间 (h:min)		抗折强度 (MPa)			抗压强度 (MPa)		
					初凝	终凝	1d	3d	28d	1d	3d	28d
青松 42.5R 普通硅酸盐水泥	3.10	408	28.0	合格	2:45	4:25	—	5.7	8.2	—	27.9	49.7
天山 42.5 高抗硫水泥	3.10	400	26.0	合格	2:45	4:25	—	4.2	7.4	—	19.0	50.0
唐山 42.5 快硬硫铝酸盐水泥	2.87	427	24.4	合格	0:28	0:50	7.8	8.4	—	41	49.2	—

注：（1）标准稠度用水量采用调整水量法测定；（2）安定性系沸煮法（饼法）检验结果；（3）"—"表示没有数值。

水泥各项化学性能指标　　　　　　　　　　　　　　　　　　　　表 4-2

化学成分(%)	Loss	SiO₂	Al₂O₃	Fe₂O₃	CaO	MgO	SO₃	Na₂O	K₂O	R₂O	熟料中矿物成分(%)			
											C₃S	C₂S	C₃A	C₄AF
青松 42.5R 普通水泥	0.10	22.46	4.88	3.53	65.03	1.78	0.90	0.39	0.78	0.90	55.09	23.64	6.57	11.27
天山 42.5 高抗硫水泥	0.45	22.40	3.97	5.27	62.83	1.99	2.05	0.30	0.43	0.58	—	—	—	—
唐山 42.5 快硬硫铝酸盐水泥	6.82	16.40	25.83	1.09	37.18	1.82	9.22	0.16	0.31	0.59	—	—	—	—

注："—"表示没有测量数值。

（2）细骨料

混凝土中所使用的细骨料为乌拉泊水库上游乌鲁木齐河中的水洗砂，其技术性质的检测结果见表 4-3、表 4-4，各项技术性质均符合《普通混凝土用砂、石质量及检验方法标准》JGJ 52—2006 的要求。

粗细骨料的技术性质　　　　　　　　　　　　　　　　　　　　表 4-3

骨料品种	饱和面干视密度 (g/cm³)	干燥视密度 (g/cm³)	吸水率 (%)	堆积密度(g/m³)		空隙率(%)		细度模数	含泥量 (%)	云母含量(%)
				紧密状态	疏松状态	紧密状态	疏松状态			
砂	2.62	2.72	1.40	1.82	1.67	33.1	38.6	3.2	2.4	0
卵石	2.70	2.74	1.25	1.68	1.51	38.3	42.3	—	1.3	—

注：（1）"—"表示没有数值；（2）骨料性质检测方法参照《水工混凝土砂石骨料试验规程》DL/T 5151—2014。

砂的颗粒级配　　　　　　　　　　　　　　　表 4-4

筛孔尺寸(mm)	5.00	2.50	1.25	0.63	0.315	0.16
累计筛余百分数(%)	0	30.1	51.7	70.2	82.3	92.3
混凝土用砂级配标准(Ⅰ区)	0~10	5~35	35~65	71~85	80~95	90~100

（3）粗骨料

采用乌拉泊水库上游乌鲁木齐河中 5~20mm 的河卵石，其技术指标和颗粒级配分别见表 4-3、表 4-5，拟用的粗骨料的技术指标基本符合《普通混凝土用砂、石质量及检验方法标准》JGJ 52—2006 的要求。

卵石 5~20mm 连续粒级级配　　　　　　　　　　　表 4-5

筛孔尺寸(mm)	20	10	5	2.5
累计筛余百分数(%)	0.59	88.68	99.66	100
标准级配范围(%)	0~10	40~80	90~100	95~100

（4）水

试验所有养护水和拌合用水均为实验室自来水。

（5）外加剂

减水剂采用新疆中材精细化工有限责任公司生产的萘系高效减水剂和北京海马科技有限公司生产的聚羧酸高效减水剂（固含量为 23%）；缓凝剂采用分析纯硼酸；防冻剂采用新疆中材精细化工有限责任公司生产的亚硝酸盐类防冻剂，防冻温度等级—10℃。

4.2.2　试验内容

本章试验内容主要有以下 3 个方面：

（1）外加剂与硫铝酸盐水泥适应性试验

鉴于硫铝酸盐水泥与外加剂也存在适应性问题，结合混凝土工程实际要求，考虑水灰比因素，通过缓凝剂调凝试验、减水剂适应性试验，以外加剂掺量、净浆流动度及净时损失、强度等为考察指标，对"水泥＋缓凝剂＋减水剂"三元系统适应性进行试验研究。

（2）一级配泵送硫铝酸盐水泥混凝土抗压强度试验

选取凝结时间满足商品混凝土拌制、运输、施工作业时间要求和坍落度满足泵送施工要求，水灰比分别为 0.30、0.40、0.50 的硫铝酸盐水泥混凝土，分别置于 20℃、0℃（—5℃~5℃）、—10℃（—15℃~—5℃）的室外环境中养护，对比研究西北高寒干旱地区混凝土施工中水灰比、自然温度养护对硫铝酸盐水泥混凝土强度发展规律的影响，并提出低温和负温养护环境中提高硫铝酸盐水泥混凝土强度发展的措施。

（3）硫铝酸盐水泥混凝土抗硫酸盐侵蚀试验

结合新疆地区混凝土遭受硫酸盐侵蚀问题较为严重的实际情况，在标准养护 3d 条件下，试验探究水灰比、侵蚀溶液浓度、侵蚀龄期对硫铝酸盐水泥混凝土抗硫酸盐侵蚀性能的影响，并结合微观观测，分析、揭示其抗硫酸盐侵蚀特点和机理；此外，为模拟实际工程的基础混凝土浇筑完成后不久就遭受硫酸盐侵蚀的特殊情况，将试件 8h 拆模后即刻浸泡在硫酸盐溶液中进行侵蚀试验，用于对比评定养护龄期对硫铝酸盐水泥混凝土抗硫酸盐侵蚀性能的影响；另与普通硅酸盐水泥和高抗硫水泥做对比侵蚀试验，用来评定三种水泥的抗硫酸盐侵蚀性能。

4.2.3 试验方法

4.2.3.1 外加剂与水泥适应性试验

缓凝、速凝试验参照《水泥标准稠度用水量、凝结时间、安定性检验方法》GB/T 1346—2011。"水泥＋缓凝剂"缓凝试验是通过改变硼酸缓凝剂的掺量，测定标准稠度水泥浆的初、终凝时间，另选取水灰比 0.30、0.40 系列进行"水泥＋缓凝剂＋减水剂"试验；水泥胶砂强度试验参照《水泥胶砂强度检验方法（ISO 法）》GB/T 17671—2021，试件尺寸 40mm×40mm×160mm，8h 拆模后标准养护，观测 1d、3d、28d 养护龄期时的抗折强度。

减水剂与水泥适应性试验参照《水泥与减水剂相容性试验方法》JC/T 1083—2008。试验选取配制高性能混凝土常用的聚羧酸高效减水剂和萘系高效减水剂（FDN），对水灰比分别为 0.20、0.30、0.40 的水泥净浆进行适应性试验，以探究两种减水剂对硫铝酸盐水泥的作用效果。评价指标为净浆流动度、饱和掺量、经济性。最终通过"水泥＋缓凝剂＋减水剂"三元系统适应性试验，与"水泥＋缓凝剂"和"水泥＋减水剂"的二元体系做对比研究，以外加剂掺量、净浆流动度及经时损失为考察指标。

4.2.3.2 抗压强度试验

参照《普通混凝土用砂、石质量及检验方法标准》JGJ 52—2006 检测砂石骨料性质和配制水灰比为 0.30、0.40、0.50 的混凝土，并通过调整缓凝剂掺量使得混凝土初凝时间控制在 6~8h。参照《混凝土泵送施工技术规程》JGJ/T 10—2011，选取初始坍落度值 180±20mm。强度试件尺寸为 100mm×100mm×100mm，分别置于 20℃和 0℃（−5~5℃）、−10℃（−15~−5℃）的室外环境中养护，按照《混凝土物理力学性能试验方法标准》GB/T 50081—2019 测量养护龄期分别为 1d、3d、7d、14d、28d 时的抗压强度。

4.2.3.3 抗硫酸盐侵蚀试验

试验参考《水泥抗硫酸盐侵蚀试验方法》GB/T 749—2008 中的 K 法（浸泡法），制作了水灰比分别为 0.30、0.40、0.50 的硫铝酸盐水泥胶砂试件（以下简称 SAC 试件），尺寸均为 10mm×10mm×60mm，标准养护 3d 后分别浸泡在淡水，硫酸根离子浓度分别为 1000mg/L、2500mg/L、8000mg/L、20250mg/L 的硫酸盐侵蚀溶液中（参照中抗硫水泥、高抗硫水泥的适用范围以及水泥抗硫酸盐侵蚀测试方法，初步选用硫酸根离子浓度分别为 1000mg/L、2500mg/L、8000mg/L、20250mg/L 的硫酸盐溶液作为模拟侵蚀溶液），进行硫酸盐侵蚀模拟试验；另外模拟实际工程的基础混凝土浇筑完成后不久就遭受硫酸盐侵蚀的情况，选取水灰比 0.40 的 SAC 试件 8h 拆模后即刻进行侵蚀实验，同时水灰比 0.40 的普通水泥胶砂试件（以下简称 P·O 试件）和高抗硫水泥胶砂试件（以下简称 HSR 试件），拆模养护 3d 后进行侵蚀试验；对浸泡的 SAC 试件在不同侵蚀龄期进行宏观观测和微观 SEM、EDS 观测分析。各水泥胶砂试件浸泡时间为 28d、60d、120d、180d、240d，进行抗折强度试验，计算抗蚀系数 $K_{蚀}$（当 $K_{蚀} \leq 0.8$，认为试件抗蚀不合格，即试件遭受侵蚀破坏)。计算公式见式(3-1)。

4.3 试验结果与分析

4.3.1 外加剂与硫铝酸盐水泥的适应性试验

4.3.1.1 "硼酸缓凝剂+水泥"调凝试验

硫铝酸盐水泥的凝结时间短,难以满足商品混凝土拌制、运输、施工作业的时间要求,因此需要进行调凝。试验选取常用的硼酸作为缓凝剂,通过改变硼酸掺量,测量标准稠度水泥净浆的凝结时间,试验结果见表4-6,强度试验结果见表4-7。

硫铝酸盐水泥标准稠度净浆凝结时间试验结果　　　　　　表4-6

试验编号	标准稠度用水量(%)	硼酸掺量(%)	凝结时间(h:min)		
			初凝	终凝	时间间隔 Δt(min)
BT-1		0	0:28	0:55	27
BT-2		0.05	0:32	1:06	34
BT-3	24.40	0.10	1:02	1:32	30
BT-4		0.15	2:17	2:50	33
BT-5		0.175	3:06	3:37	31
BT-6		0.20	4:16	4:41	25

硫铝酸盐水泥胶砂强度试验结果　　　　　　表4-7

试验编号	硼酸掺量(%)	抗折强度(MPa)		
		1d	3d	28d
Q-1	0	7.8	8.4	10.4
Q-2	0.175	8.0	8.9	10.9
Q-3	0.4	—	5.6	7.2

注:"—"表示试件强度不够,无法测量数据。

由试验结果可知:

(1)空白样水泥净浆凝结时间很短,难以满足一般混凝土工程施工时间要求。初凝时间仅28min,而且很快终凝。鉴于此,将硫铝酸盐水泥混凝土应用于一般的混凝土工程,需要掺加缓凝剂调节凝结时间。

(2)硫铝酸盐水泥净浆初、终凝时间随硼酸缓凝剂掺量的增加而延长,较小掺量的硼酸即可获得适宜的凝结时间,硼酸缓凝剂的适宜掺量为0.1%~0.2%。通过调控缓凝剂的掺量,可以调配出满足混凝土工程施工时间要求的混凝土。

(3)适量的硼酸有利于水泥强度的发展,但过量的硼酸会导致水泥浆长时间不凝,并对强度有损害。如硼酸掺量为0.4%时,水泥胶砂长时间不凝,24h尚不能拆模,对比空白样3d、28d抗折强度减损分别达36.35%、30.14%。

(4)硼酸缓凝剂不会拉长初凝和终凝时间间隔。初、终凝时间间隔短,约为30min,

这对硫铝酸盐水泥混凝土浇筑后的强度发展是有利的。

4.3.1.2 "减水剂+水泥"适应性试验

减水剂是配制商品混凝土和高性能混凝土必不可少的成分。减水剂的减水效果与水泥品种和组分有关，存在与水泥相容性问题。因此利用硫铝酸盐水泥配制高性能混凝土，需对减水剂进行适应性试验，试验结果见表4-8～表4-11。

FDN 高效减水剂与硫铝酸盐水泥净浆流动度试验结果 1 表 4-8

水灰比	掺减水剂量(%)						最佳掺量(%)
	0	0.25	0.50	0.75	1.00	1.25	
0.20	—	—	0	152	217	217	1.00
0.30	—	—	198	269	285	297	0.75
0.40	—	187	238	321	325	329	0.75

注：(1) 未添加硼酸缓凝剂；(2) "—"表示没有测量数据。

聚羧酸减水剂与硫铝酸盐水泥净浆流动度试验结果 1 表 4-9

水灰比	减水剂掺量(%)						最佳掺量(%)
	0.05	0.075	0.1	0.25	0.5	0.75	
0.20			189	203	237	235	0.5
0.30			280	314	325	320	0.25
0.40	231	307	315	320	—	—	0.1

注：(1) 未添加硼酸缓凝剂；(2) "—"表示没有测量数据；(3) 聚羧酸减水剂掺量为固含量。

FDN 高效减水剂与硫铝酸盐水泥净浆流动度试验结果 2 表 4-10

水灰比	减水剂掺量(%)						最佳掺量(%)
	0	0.25	0.50	0.75	1.00	1.25	
0.20	—	—	0	123	165	131	1.00
0.30	—	—	252	272	290	291	0.75
0.40	—	232	320	335	341		0.75

注：(1) 添加0.175%硼酸缓凝剂；(2) "—"表示没有测量数据。

聚羧酸减水剂与硫铝酸盐水泥净浆流动度试验结果 2 表 4-11

水灰比	减水剂掺量(%)						最佳掺量(%)
	0.05	0.075	0.1	0.25	0.5	0.75	
0.20	—	—	201	222	247	250	0.5
0.30	—	—	287	308	316	317	0.25
0.40	243	315	332	337	—	—	0.1

注：(1) 添加0.175%硼酸缓凝剂；(2) "—"表示没有测量数据。

由试验结果可知：

（1）随着水灰比的增大，两种减水剂的饱和掺量在降低。水灰比为0.20、0.30、0.40时，FDN饱和掺量分别为1%、0.75%、0.75%，聚羧酸减水剂饱和掺量分别为0.5%、0.25%、0.1%，主要是因为水灰比越大，浆体自身的流动性越大，达到相同流动度所需的减水剂掺量就越少，这与普通硅酸盐水泥的规律是一致的。

（2）相比 FDN，聚羧酸减水剂较小掺量下即可获得较高的净浆流动度，主要是因为聚羧酸减水剂的减水率较高。

（3）水灰比为 0.20 时，减水剂饱和掺量下，聚羧酸减水剂较 FDN 可获得较高的净浆流动度。FDN 减水效果不理想，建议从混凝土工作性能方面考虑使用聚羧酸减水剂。

（4）水灰比为 0.30 时，两种减水剂在最佳掺量时均可获得较高的净浆流动度，掺聚羧酸减水剂比掺 FDN 可获得稍大的水泥净浆流动度，但两者饱和掺量比较接近。

（5）水灰比为 0.40 时，减水剂饱和掺量下，聚羧酸减水剂与 FDN 基本上可获得相同的净浆流动度。

（6）水灰比为 0.30、0.40 时，聚羧酸减水剂、FDN 与水泥均有较好的适应性，拌制混凝土可以获得适宜的工作性能。

（7）减水剂与水泥的适应性受水灰比的影响。水灰比为 0.30、0.40 时，两种减水剂均具有较好的适应性。但水灰比为 0.20 时，净浆引入 0.075% 掺量的硼酸，相对饱和掺 1% 的 FDN，硼酸的加入使得初始净浆流动度由 217mm 减为 165mm，损失了近 25%。而掺入聚羧酸减水剂净浆流动度由 235mm 增大到 250mm。分析原因可能在于，小水灰比时 FDN 掺量较大，而浆体液相中 FDN 的碱性削弱了硼酸发挥效能所需的酸性环境，导致两者适应性不良。而聚羧酸减水剂呈酸性，与硼酸相辅相成，适应性较好。

（8）硼酸缓凝剂具有一定的减水效果，可辅助提高净浆流动度。

4.3.2　三元体系适应性试验

使用硫铝酸盐水泥拌制高性能混凝土，要解决"水泥＋缓凝剂＋减水剂"的三元体系的适应性问题。硼酸缓凝剂具有"缓凝和减水"的双重效果，其工作液相呈弱酸性，而 FDN 通常呈碱性，两者结合可能对净浆凝结时间和流动度有重塑的效果，因此硼酸和 FDN 同样存在适应性问题。试验选取 FDN 进行三元体系统适应性试验，试验结果见表 4-12。

"水泥＋缓凝剂＋减水剂"三元体系适应性试验结果　　　　　　表 4-12

编号		硼酸掺量(%) (初凝/终凝)	FDN 掺量 (%)	凝结时间		流动度(mm)				
				初凝	终凝	0	1h	2h	3h	4h
A	A_1	0.1 (1h:02min /1h:22min)	0.5	2h:45min	3h:07min	188	175	无流动性	—	—
	A_2		0.75	3h:10min	3h:38min	225	265	169	无流动性	—
	A_3		1	3h:10min	3h:35min	255	253	257		
	A_4	0.15 (2h:17min /2h:40min)	0.5	4h:29min	4h:56min	198	156	193	158	—
	A_5		0.75	4h:32min	5h:00min	251	223	265	258	—
	A_6		1	4h:35min	5h:05min	225	225	258	234	225
	A_7	0.175 (3h:06min /3h:27min)	0.75	6h:32min	7h:10min	252	226	217	218	235
B		0.15	0.75	5h:10min	5h:32min	253	252	252	262	253
C		0.15	0.5	5h:40min	6h:02min	280	278	266	223	208

注：（1）A 系列为标准稠度，水灰比 0.244；B 为水灰比 0.30；C 为水灰比 0.40；（2）"—"表示没有测量数据。

由试验结果可知：

（1）硼酸缓凝剂是调控浆体凝结时间的主导因素。对比 A 系列可知：相对于单掺硼酸而言，"硼酸+减水剂"使得原来的凝结时间向后推移，但当硼酸掺量一定时，改变减水剂掺量，初、终凝时间几乎没有改变。

（2）水灰比对凝结时间有影响。对比 A_5、B、C 系列和硼酸掺量相同时，随着水灰比增大，净浆凝结时间也随之延长，说明配制高性能混凝土时，净浆凝结试验应根据不同的水灰比做"水泥+缓凝剂+减水剂"的三元体系适应性试验。

（3）添加硼酸缓凝剂，既对净浆初始流动度影响有一定的叠加作用，又对净浆流动度净时损失有显著影响。不掺或少掺硼酸时，净浆凝结时间较短，浆体流动度损失较快；硼酸掺量增加时，凝结时间拉长，从 A、B、C 系列净浆流动度损失可以看出，在净浆流动度初凝前约 1h 内损失较快，而从初始时刻到初凝前 1h 流动度可以得到较好的保持。原因可能是：缓凝期间，硼酸分子被吸附在水泥颗粒表面形成吸附膜，制衡了水泥浆的水化，再加上减水剂的絮凝分散作用，从而较好地保持了浆体流动性，但随着水泥的缓慢持续水化，浆体液相中不断生成的 $Ca(OH)_2$ 破坏了硼酸分子吸附膜，水化加剧，使得后期流动度损失加剧。

（4）硼酸掺量的变化，没有改变减水剂的最佳掺量，说明确定减水剂的最佳掺量时，仍可只做"水泥+减水剂"的二元体系适应性试验。

4.3.3 硫铝酸盐混凝土强度特性

4.3.3.1 混凝土试验配合比

根据试验方案中初步拟定的混凝土水灰比，利用混凝土表观密度法计算混凝土的配合比，进行混凝土试拌调整后的配合比见表 4-13，混凝土的用水量根据坍落度控制在 180±20mm 确定。

硫铝酸盐水泥混凝土配合比设计及试验结果　　　　　　　　表 4-13

试件编号	水灰比	砂率（%）	1m³ 混凝土各项材料用量（kg）					凝结时间（h：min）			坍落度（mm）	扩散度（mm）	黏聚性	保水性	表观密度（kg/m³）
			C	W	S	G（5～20 mm）	减水剂（%）	硼酸（%）	初凝	终凝					
A	0.5	48	310	155	929	1006	0.7	0.20	6：07	8：30	180	370	良好	良好	2400
B	0.4	46	363	145	871	1002	0.7	0.175	6：21	8：39	170	357	良好	良好	2420
C	0.3	48	473	142	866	938	0.9	0.15	6：13	8：24	200	430	良好	良好	2420

4.3.3.2 凝结时间试验

凝结时间试验目的是通过调整硼酸缓凝剂掺量调整各配合比混凝土的凝结时间，以满足预拌混凝土拌制、运输、施工作业的时间要求。结合乌鲁木齐预拌混凝土一般时间要求特点，拟将各配合比混凝土初凝时间控制在 6h 左右。

为了更好地观测水灰比、缓凝剂掺量对凝结时间的影响，根据试验结果绘制了凝结时间随水灰比、缓凝剂掺量变化的曲线图，见图 4-1～图 4-3。

由图 4-1～图 4-3 可知：

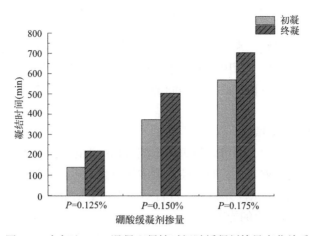

图 4-1　水灰比 0.30 混凝土凝结时间随缓凝剂掺量变化关系

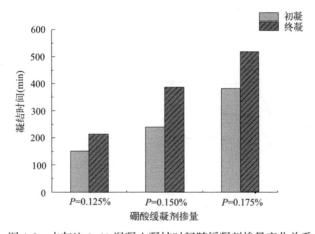

图 4-2　水灰比 0.40 混凝土凝结时间随缓凝剂掺量变化关系

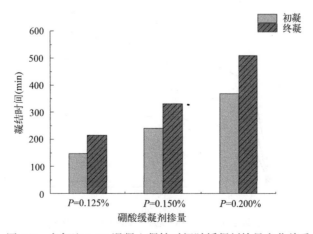

图 4-3　水灰比 0.50 混凝土凝结时间随缓凝剂掺量变化关系

（1）混凝土凝结时间随着硼酸缓凝剂掺量的增加而延长。

（2）水灰比为 0.50、0.40、0.30，初凝时间控制在 6h 左右时，硼酸缓凝剂适宜掺量分别为 0.2%、0.175%、0.15%。

（3）硼酸掺量一定时候，水灰比越大，凝结时间越短。这与普通混凝土凝结时间随水灰比增大而延长的结论相反。原因可能在于，硫铝酸盐水泥混凝土本身凝结时间较短，水灰比越大，水泥水化速度越快，故达到相同的凝结时间，水灰比越大，需要的硼酸缓凝剂量就越多。

4.3.3.3 混凝土强度试验

进行混凝土拌合物试验、调整，使每一个配合比的混凝土拌合物和易性都达到泵送混凝土的要求和施工时间要求（试验通过控制硼酸缓凝剂掺量，选取了初凝时间分别为 2h、6h 的混凝土）。浇筑混凝土试件并养护，进行不同养护龄期抗压强度试验。

4.3.3.4 水灰比对强度的影响

为了更好地反映水灰比对混凝土强度的影响，根据实测数据绘制了初凝时间控制在 6h，未添加防冻剂各水灰比混凝土经过平均温度分别为 20℃、0℃、−10℃ 自然养护时混凝土强度随养护时间变化的关系曲线，见图 4-4。

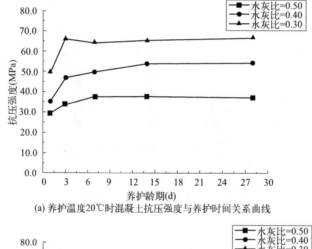

(a) 养护温度20℃时混凝土抗压强度与养护时间关系曲线

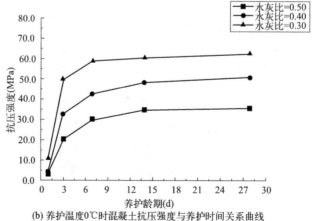

(b) 养护温度0℃时混凝土抗压强度与养护时间关系曲线

图 4-4　不同养护温度情况下混凝土抗压强度与养护时间关系曲线

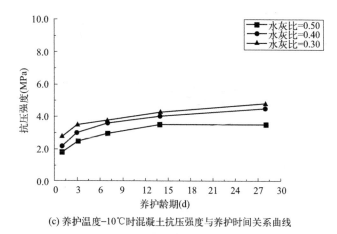

(c) 养护温度-10℃时混凝土抗压强度与养护时间关系曲线

图 4-4 不同养护温度情况下混凝土抗压强度与养护时间关系曲线（续）

由试验结果可知：

（1）混凝土强度的发展仍符合水灰比定则，即硫铝酸盐水泥混凝土强度均随水灰比增大而降低，随水灰比减小而增高。

（2）当养护温度为-10℃时，未掺加防冻剂的混凝土强度基本无发展。这时影响混凝土强度的主要因素是温度，水灰比不再起决定作用。

4.3.3.5 缓凝时间对强度的影响

为了更好地反映缓凝时间对混凝土强度的影响，绘制各水灰比混凝土初凝时间分别控制在 2h、6h 时，经 20℃标准养护后混凝土强度随养护时间变化的关系曲线，见图 4-5。

由试验结果可知：相同水灰比的混凝土，经相同的养护龄期，凝结时间控制在 6h 的混凝土强度均略大于初凝时间控制在 2h 的强度，说明适宜掺量的硼酸缓凝剂既可延长混凝土的凝结时间，也有助于混凝土强度的提高，并未损害混凝土早期强度。

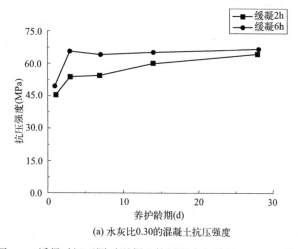

(a) 水灰比0.30的混凝土抗压强度

图 4-5 缓凝时间不同时混凝土抗压强度与养护时间关系曲线

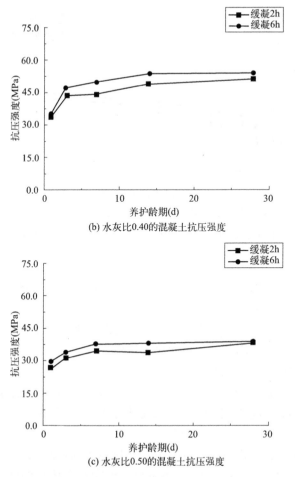

(b) 水灰比0.40的混凝土抗压强度

(c) 水灰比0.50的混凝土抗压强度

图 4-5　缓凝时间不同时混凝土抗压强度与养护时间关系曲线（续）

4.3.3.6　温度对强度的影响

为了更好地反映温度对混凝土强度的影响，根据实测数据绘制了初凝时间控制在 6h 水灰比混凝土在养护温度分别为 20℃、0℃、−10℃时，混凝土强度随养护时间变化的关系曲线，见图 4-6。

由试验结果可知：

（1）20℃标准养护条件下，混凝土早期强度 1d、3d 强度值高，强度发展快；后期强度增长率低，但强度无倒缩。以 3d 强度为基准，水灰比为 0.50、0.40、0.30，混凝土 1d 强度分别达 84.4%、75.1%、75.0%；以 28d 强度为基准，水灰比为 0.50、0.40、0.30，混凝土 1d 强度分别达 69.3、65%、74.0%，3d 强度分别达 90.1%、86.7%、98.2%。

（2）0℃室外养护时，各水灰比混凝土 1d 强度值普遍偏低，但 3d 强度得到良好发展；后期随着养护时间的延长，强度缓慢增长。0℃室外养护的混凝土强度均小于 20℃标准养护的混凝土强度，原因是温度越低，水泥水化越慢，混凝土强度越低。

（3）−10℃室外养护时，混凝土强度基本无强度。这是因为混凝土拌制时没有添加防冻剂。混凝土试件中温度过低，水分呈冰晶状态，导致水泥无法水化，强度得不到发展。

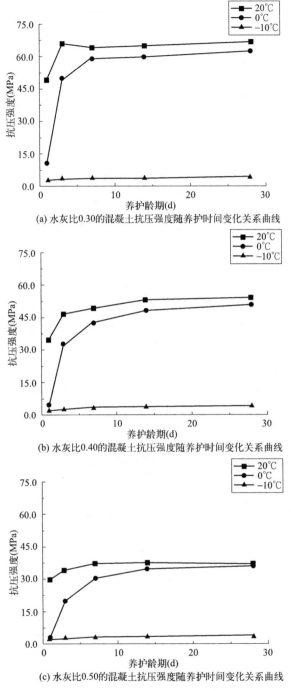

(a) 水灰比0.30的混凝土抗压强度随养护时间变化关系曲线

(b) 水灰比0.40的混凝土抗压强度随养护时间变化关系曲线

(c) 水灰比0.50的混凝土抗压强度随养护时间变化关系曲线

图 4-6 养护温度不同时混凝土抗压强度与养护时间关系曲线

4.3.3.7 防冻剂对强度的影响

选取水灰比 0.40 的混凝土，拌制混凝土拌合物时添加 6% 的防冻剂，用以观测负温室外养护时硫铝酸盐水泥混凝土强度的发展特点，结果见图 4-7。

由图 4-7 可以看出：

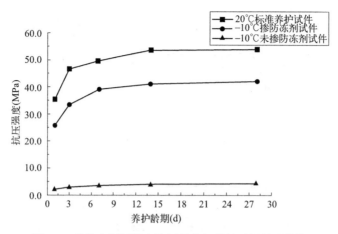

图 4-7 掺防冻剂混凝土抗压强度与养护时间关系曲线

（1）相对于未添加防冻剂的混凝土，添加防冻剂的混凝土强度得到显著发展，说明添加防冻剂可以显著改善硫铝酸盐水泥混凝土负温养护条件下的强度发展。

（2）相对于标准养护的混凝土，负温养护的硫铝酸盐水泥混凝土虽添加了防冻剂，但强度仍有所降低，说明负温养护时，添加防冻剂的硫铝酸盐水泥混凝土，若采取适当的保温措施，会更有利于硫铝酸盐水泥混凝土强度的发展。

4.3.3.8 强度等级

根据混凝土各龄期的强度值，可采用控制水灰比和养护温度的办法，在满足配制强度（$f_配 = f_{设计} + 1.645\sigma$）要求下，配制出各龄期能达到的最高强度等级的混凝土，详见表 4-14。

硫铝酸盐水泥混凝土各龄期可以达到的最高设计强度等级　　　　表 4-14

水灰比	初凝时间	平均养护温度(℃)	各龄期最高设计强度等级				
			1d	3d	7d	14d	28d
0.50	2h	20	C20	C20	C25	C25	C30
	6h	20	C20	C25	C25	C25	C30
		0	—	C10	C20	C25	C25
0.40	2h	20	C25	C35	C35	C40	C40
	6h	20	C25	C35	C40	C45	C45
		0	—	C20	C30	C40	C40
		−10	C15	C25	C30	C30	C30
0.30	2h	20	C35	C45	C45	C50	C55
	6h	20	C40	C55	C55	C55	C55
		0	—	C40	C50	C50	C50

注：（1）表中混凝土强度等级均可达到其相应的配制强度，即表中强度为设计强度等级，其配制强度为 $f_配 = f_{设计} + 1.645\sigma$，式中 σ 值按《混凝土结构工程施工质量验收规范》GB 50204—2015 的规定取值；（2）−10℃养护的水灰比 0.40 混凝土添加了 0.6% 的防冻剂，0℃养护的试件均未添加防冻剂。

从表 4-14 可以看出，如果以 3d 为标准设计龄期，使用硫铝酸盐水泥，控制水灰比在

0.30~0.50，可以配制出 C10~C55 强度等级的混凝土。另外，随着养护龄期的延长，混凝土的实际强度会得到进一步提高。

4.3.4 硫铝酸盐水泥混凝土的抗硫酸盐侵蚀性能

4.3.4.1 侵蚀试验混凝土配合比设计

与抗压强度试验相对应，硫铝酸盐水泥侵蚀试验制作了水灰比为 0.50、0.40、0.30 胶砂试件（以下简称 SAC 试件），试件成型后经标准养护 3d 进行侵蚀试验；另外选取一组水灰比 0.40 胶砂试件经 8h 拆模后即刻进行侵蚀试验。通过试验评定水灰比、养护龄期、侵蚀浓度、侵蚀龄期对硫铝酸盐水泥混凝土抗硫酸盐侵蚀性能的影响。试验还设计了水灰比 0.40 的高抗硫水泥胶砂试件（以下简称高抗试件）和普通硅酸盐水泥胶砂试件（以下简称普通试件），经 3d 养护后即刻进行侵蚀试验，用于对比研究短龄期养护条件下，试件受高浓度硫酸盐侵蚀时以上三种水泥抗硫酸盐侵蚀性能。侵蚀试验的胶砂试件配合比见表 4-15，试件类型见表 4-16。

胶砂试件配合比　　　　　　　　　　　表 4-15

编号	水泥	水灰比	胶砂比	胶砂试件各项材料的用量				
				水泥(g)	标准(g)	水(mL)	硼酸缓凝剂(%)	FDN(%)
SAC-A		0.30	1:2.10	300	630	90		0.5
SAC-B		0.40	1:2.30	300	690	120		0.25
SAC-C	SAC	0.50	1:2.50	300	750	150	0.175	—
SAC-D		0.40	1:2.30	300	690	120		0.25
P·O-E	P·O	0.40	1:2.24	300	672	120	—	0.25
HSR-D	HSR	0.40	1:2.24	300	672	120	—	0.25

注：（1）由于含砂量不是影响强度和抗侵蚀性能的主要因素，砂含量和减水剂用量的选取主要考虑制备试件的便宜性；（2）掺加一定量硼酸缓凝剂对 SAC 水泥调凝；（3）采用标准砂是为了消除天然砂的不均匀性；（4）"—"表示没有添加硼酸外加剂。

抗硫酸盐侵蚀试验的试件类型　　　　　　　　　表 4-16

养护龄期	水灰比	水泥种类	试件类型
	0.50	SAC	SAC 试件
3d		SAC	SAC 试件
	0.40	HSR	高抗试件
		P·O	普通试件
8h	0.40	SAC	普通试件

4.3.4.2 试验结果

SAC 试件在淡水和四种浓度的 SO_4^{2-} 侵蚀溶液中，经不同浸泡时间后测得抗折强度及抗蚀系数。普通试件和高抗试件在淡水和四种高浓度 SO_4^{2-} 侵蚀溶液中，经不同浸泡时间后测得的抗折强度及抗蚀系数结果见图 4-8~图 4-22。

4.3.4.3 标准养护 3d SAC 胶砂试件的抗侵蚀性

为了更直观鲜明地表现各组试件抗侵蚀性能，绘制了各组试件的抗折强度和抗蚀系数随水灰比及侵蚀浓度变化曲线图，分别见图 4-8～图 4-15 和图 4-16～图 4-22。

（1）抗折强度的变化

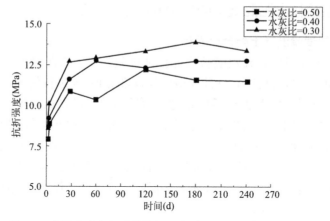

图 4-8　在淡水中各组试件抗折强度随浸泡时间变化曲线（一）

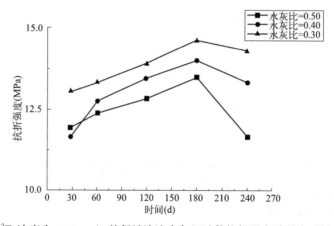

图 4-9　在 SO_4^{2-} 浓度为 1000mg/L 的侵蚀溶液中各组试件抗折强度随浸泡时间变化曲线（一）

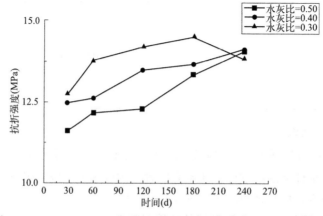

图 4-10　在 SO_4^{2-} 浓度为 2500mg/L 的侵蚀溶液中各组试件抗折强度随浸泡时间变化曲线（一）

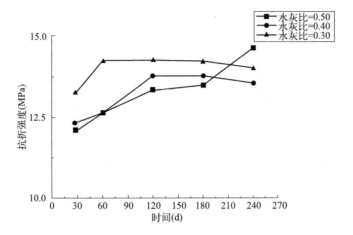

图 4-11　在 SO_4^{2-} 浓度为 8000mg/L 的侵蚀溶液中各组试件抗折强度随浸泡时间变化曲线（一）

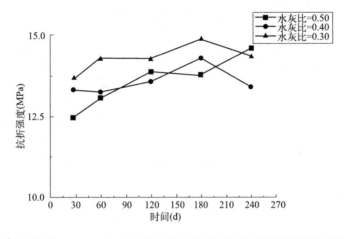

图 4-12　在 SO_4^{2-} 浓度为 20250mg/L 的侵蚀溶液中各组试件抗折强度随浸泡时间变化曲线（一）

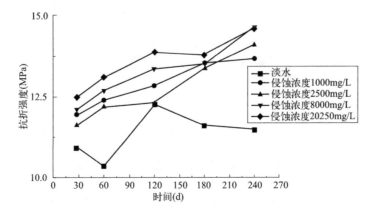

图 4-13　水灰比 0.50 试件在不同浓度溶液中抗折强度随浸泡时间变化曲线

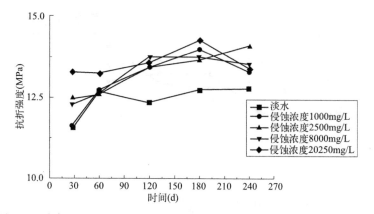

图 4-14 水灰比 0.40 试件在不同浓度溶液中抗折强度随浸泡时间变化曲线

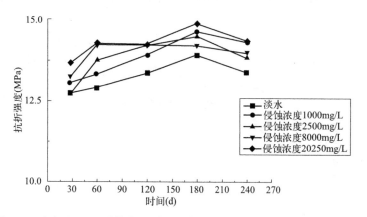

图 4-15 水灰比 0.30 试件在不同浓度溶液中抗折强度随浸泡时间变化曲线

（2）抗蚀系数的变化

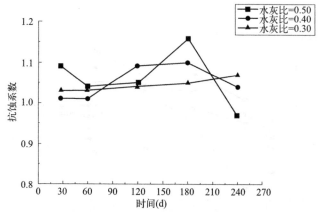

图 4-16 在 SO_4^{2-} 浓度为 1000mg/L 的侵蚀溶液中各组试件抗蚀系数随浸泡时间变化曲线（一）

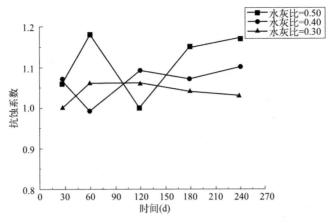

图 4-17 在 SO_4^{2-} 浓度为 2500mg/L 的侵蚀溶液中各组试件抗蚀系数随浸泡时间变化曲线（一）

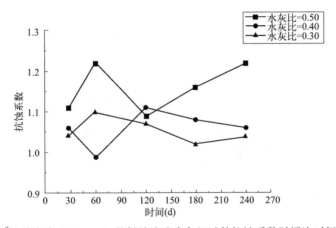

图 4-18 在 SO_4^{2-} 浓度为 8000mg/L 的侵蚀溶液中各组试件抗蚀系数随浸泡时间变化曲线（一）

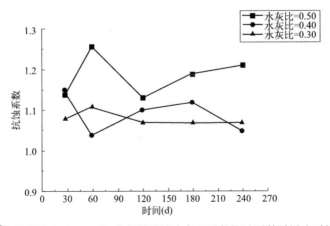

图 4-19 在 SO_4^{2-} 浓度为 20250mg/L 的侵蚀溶液中各组试件抗蚀系数随浸泡时间变化曲线（一）

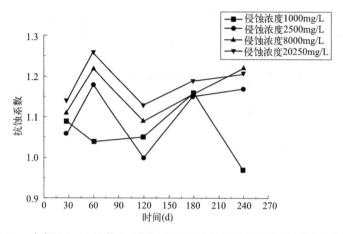

图 4-20　水灰比 0.50 试件在不同浓度溶液中抗蚀系数随浸泡时间变化曲线

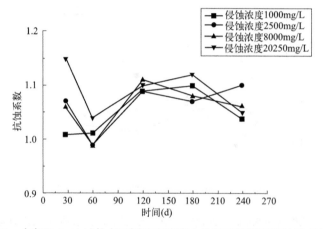

图 4-21　水灰比 0.40 试件在不同浓度溶液中抗蚀系数随浸泡时间变化曲线

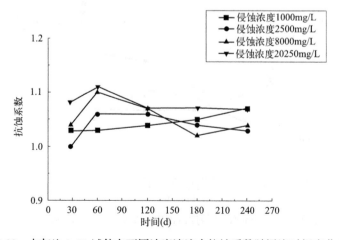

图 4-22　水灰比 0.30 试件在不同浓度溶液中抗蚀系数随浸泡时间变化曲线

从图 4-8～图 4-22 可以看出：

（1）硫铝酸盐水泥混凝土早期（3d）强度高，强度发展快，后期强度发展缓慢。如以 3d 强度为基准，水灰比为 0.50、0.40、0.30，混凝土 1d 抗折强度分别达 89.9%、94.8%、84.8%；以 28d 强度为基准，水灰比为 0.50、0.40、0.30，混凝土 1d 抗折强度分别达 73%、75%、67%，3d 抗折强度分别达 81.2%、79.2%、79.3%，这体现了硫铝酸盐水泥早强的特点。

（2）在侵蚀溶液中，水灰比越大，抗折强度越低，水灰比越小，抗折强度越高；侵蚀溶液浓度越高，抗折强度越高。这表现了硫铝酸盐水泥混凝土优良的抗硫酸盐侵蚀性能。

（3）在侵蚀溶液里，各配合比 SAC 试件的抗蚀系数 $K_{蚀}$ 均大于 1，且同一配合比试件的抗蚀系数 $K_{蚀}$ 随侵蚀溶液浓度的增大而增大，同样表现了硫铝酸盐水泥混凝土优良的抗硫酸盐侵蚀性能，但鉴于侵蚀龄期仅 8 个月，抗蚀系数 $K_{蚀}$ 发展情况尚需持续进行更长龄期的观测。

4.3.4.4 短龄期养护 SAC 胶砂试件的抗侵蚀性能

水灰比 0.40 的 SAC-D 试件养护 8h 后拆模即刻进行侵蚀试验，测其在淡水和四种浓度侵蚀溶液中不同浸泡时间的抗折强度及抗蚀系数。为了更直观鲜明地表现试件抗侵蚀性能，绘制了试件的抗折强度和抗蚀系数随水灰比和侵蚀浓度变化曲线图，见图 4-23、图 4-24。同时，与标准养护 3d 的 SAC-B 进行对比，强度对比见图 4-25～图 4-29，抗蚀系数对比见图 4-30～图 4-33。

（1）8h 拆模 SAC 试件不养护即刻侵蚀情况

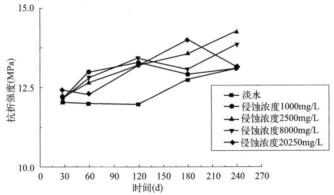

图 4-23　不养护 SAC 试件在不同溶液中抗折强度随浸泡时间变化曲线

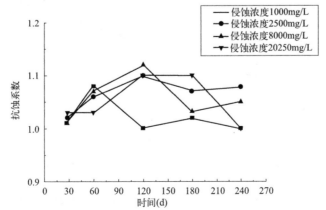

图 4-24　不养护 SAC 试件在不同溶液中抗蚀系数随浸泡时间变化曲线

（2）不养护 SAC 试件与 3d 标准养护 SAC 试件侵蚀情况对比

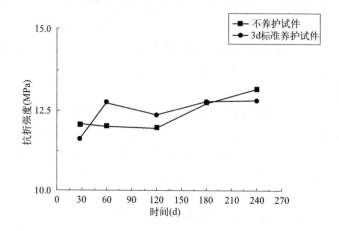

图 4-25　在淡水中各组试件抗折强度随浸泡时间变化曲线（二）

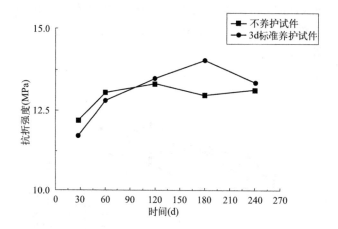

图 4-26　在 SO_4^{2-} 浓度为 1000mg/L 的侵蚀溶液中各组试件抗折强度随浸泡时间变化曲线（二）

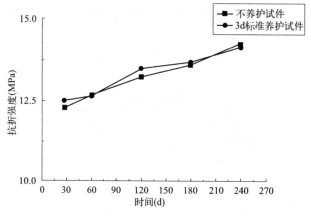

图 4-27　在 SO_4^{2-} 浓度为 2500mg/L 的侵蚀溶液中各组试件抗折强度随浸泡时间变化曲线（二）

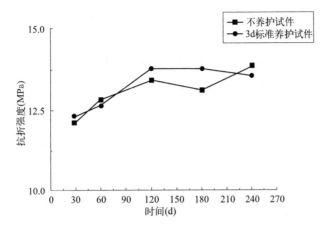

图 4-28 在 SO_4^{2-} 浓度为 8000mg/L 的侵蚀溶液中各组试件抗折强度随浸泡时间变化曲线（二）

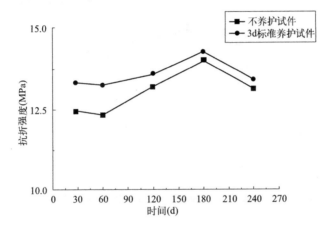

图 4-29 在 SO_4^{2-} 浓度为 20250mg/L 的侵蚀溶液中各组试件抗折强度随浸泡时间变化曲线（二）

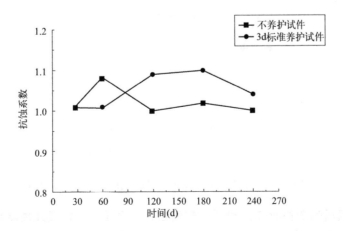

图 4-30 在 SO_4^{2-} 浓度为 1000mg/L 的侵蚀溶液中各组试件抗蚀系数随浸泡时间变化曲线（二）

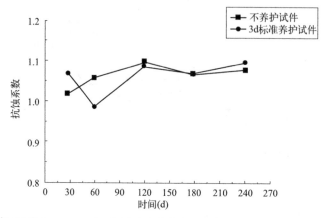

图 4-31　在 SO_4^{2-} 浓度为 2500mg/L 的侵蚀溶液中各组试件抗蚀系数随浸泡时间变化曲线（二）

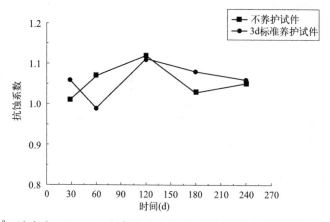

图 4-32　在 SO_4^{2-} 浓度为 8000mg/L 的侵蚀溶液中各组试件抗蚀系数随浸泡时间变化曲线（二）

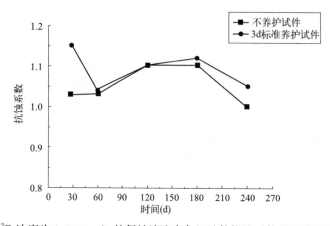

图 4-33　在 SO_4^{2-} 浓度为 20250mg/L 的侵蚀溶液中各组试件抗蚀系数随浸泡时间变化曲线（二）

4.3.4.5　短龄期养护时 SAC 试件、普通试件、高抗试件抗侵蚀性能对比

因为普通硅酸盐水泥混凝土和高抗硫水泥混凝土胶砂试件的强度设计龄期为 28d，而硫铝酸盐水泥混凝土胶砂试件的强度设计龄期为 3d，因此根据工程实际，模拟混凝土建筑基础在拆模后不久即遭受侵蚀的工况，普通试件和高抗试件设计养护龄期为 3d，SAC 试件设计养护龄

期 8h。本小节对短龄期养护条件下，水灰比 0.40 试件在高浓度硫酸盐（硫酸根离子浓度为 2500mg/L、8000mg/L、20250mg/L）侵蚀中的 SAC 试件、普通试件、高抗试件的抗蚀系数进行比较分析，用以评价水泥品种对混凝土抗硫酸盐性能的影响。根据实测数据，绘制各类型试件在侵蚀溶液中抗蚀系数随浸泡时间变化曲线，如图 4-34～图 4-36 所示。

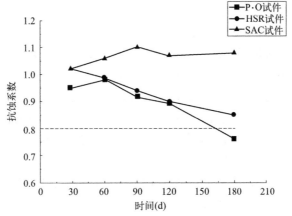

图 4-34　在 SO_4^{2-} 浓度为 2500mg/L 的侵蚀溶液中各组试件抗蚀系数随浸泡时间变化曲线（三）

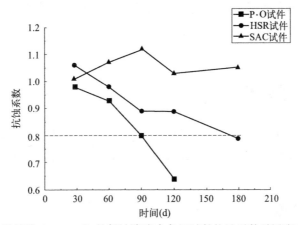

图 4-35　在 SO_4^{2-} 浓度为 8000mg/L 的侵蚀溶液中各组试件抗蚀系数随浸泡时间变化曲线（三）

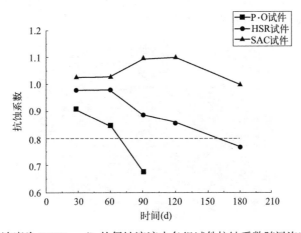

图 4-36　在 SO_4^{2-} 浓度为 20250mg/L 的侵蚀溶液中各组试件抗蚀系数随浸泡时间变化曲线（三）

由结果可知：

（1）水灰比 0.40 的 P·O 试件，在硫酸根离子浓度为 2500mg/L 溶液中，浸泡 6 个月即发生侵蚀破坏；而在硫酸根离子浓度为 8000mg/L、20250mg/L 溶液中分别浸泡 4 个月、3 个月就发生侵蚀破坏，说明不掺粉煤灰的普通水泥混凝土胶砂试件，在短龄期养护条件下抵抗硫酸盐侵蚀的能力很差。

（2）HSR 试件在硫酸根离子浓度为 8000mg/L、20250mg/L 两种较高浓度的侵蚀溶液中浸泡 6 个月时，其抗蚀系数已经降至 0.8 以下，丧失了抗侵蚀性能；在硫酸根离子浓度为 2500mg/L 溶液中浸泡 7 个月时，试件也丧失了抗侵蚀性能，说明高抗硫水泥混凝土胶砂试件难以抵抗高浓度硫酸盐溶液的侵蚀，在较低浓度侵蚀溶液中，其长期抵抗硫酸盐侵蚀的能力也较差。这一结论表明，在具有硫酸盐侵蚀介质环境的混凝土工程中，抗硫酸盐水泥的应用具有局限性，仅简单地采用抗硫酸盐水泥拌制混凝土来抵抗硫酸盐侵蚀是有危险的。

（3）SAC 试件在各浓度侵蚀溶液中 $K_{蚀}$ 均大于 1.0，表现出较好的抗硫酸盐侵蚀性能。鉴于侵蚀时间才 7 个月，时间相对较短，$K_{蚀}$ 的后期发展还有待继续观测。

（4）同一浓度侵蚀溶液中，高抗试件和普通试件的 $K_{蚀}$ 随侵蚀龄期的增长而减小，而 SAC 水泥混凝土 $K_{蚀}$ 随侵蚀龄期的增长而增大。不同浓度侵蚀溶液中，高抗试件和普通试件的 $K_{蚀}$ 随侵蚀溶液浓度增大而减小，SAC 试件 $K_{蚀}$ 总体随侵蚀溶液浓度增大而增大。

4.4 侵蚀机理分析

混凝土的许多宏观性能与其微观结构及组成存在密切关系。本节通过对硫酸盐侵蚀试件的外观形态、破坏特点以及试件内部微观结构的观察，探讨硫铝酸盐水泥的抗硫酸盐侵蚀机理。

4.4.1 宏观观测

试验选取水灰比 0.40 的各类型水泥胶砂试件，对浸泡在不同浓度硫酸盐溶液中一段时间后各组试件外观情况进行观察，如图 4-37～图 4-39 所示。

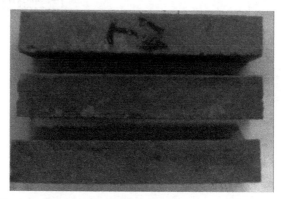

图 4-37　不养护 SAC 试件在 SO_4^{2-} 浓度为 20250mg/L 溶液中浸泡 8 个月的外观情况

图 4-38 3d 养护 P·O 试件在 SO_4^{2-} 浓度为 20250mg/L 溶液中浸泡 3 个月的外观情况

图 4-39 3d 养护 HSR 试件在 SO_4^{2-} 浓度为 20250mg/L 溶液中浸泡 6 个月的外观情况

从图 4-37～图 4-39 可归纳出各组试件的主要外观变化特征如下:

(1) 短龄期养护 (3d) 的普通水泥混凝土胶砂试件,在高浓度硫酸盐侵蚀溶液中浸泡 3 个月后即发生侵蚀破坏,破坏早期特征为试件表层起砂、掉角、棱边开裂等现象;后期破坏特征为试件表层疏松、剥落、遍体溃散等现象。

(2) 短龄期养护 (3d) 的高抗硫水泥混凝土胶砂试件在高浓度硫酸盐侵蚀溶液(硫酸根离子浓度为 8000mg/L、20250mg/L)中浸泡接近 6 个月时,部分试件的表面出现较为明显的起砂、棱角变圆现象,个别试件出现裂纹。

(3) 硫铝酸盐水泥胶砂试件浸泡在不同浓度硫酸盐侵蚀溶液中侵蚀 6 个月,试件表观完整光洁,无破坏特征。

4.4.2 微观观测

4.4.2.1 扫描电镜 (SEM) 微观观测

试验观测的 SAC 试件表观完整,并无任何侵蚀破坏现象。混凝土受硫酸盐侵蚀的内因之一是混凝土有渗水的裂缝和开口的孔隙,环境水携带侵蚀介质首先通过这些渗流裂隙和孔隙侵蚀入混凝土水泥石内部。通过扫描电镜 (SEM) 进一步观测 SAC 试件的微观特征,主要观测水泥石、孔隙、砂颗粒界面、试件表层等部位,寻求硫铝酸盐水泥显著抗硫酸盐侵蚀的内因,见图 4-40～图 4-45。

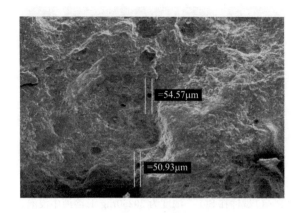

图 4-40　水灰比 0.40 SAC 试件浸泡在淡水 1 个月时孔结构 SEM 照片

图 4-41　水灰比 0.40 SAC 试件浸泡在淡水 6 个月时孔隙特征 SEM 照片

图 4-42　水灰比 0.40 SAC 试件浸泡在淡水 1 个月时水泥石本体 SEM 照片

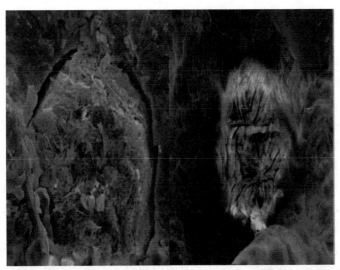

图 4-43　水灰比 0.40 SAC 试件在 SO_4^{2-} 浓度为 20250mg/L 溶液中侵蚀 6 个月时孔隙特征 SEM 照片

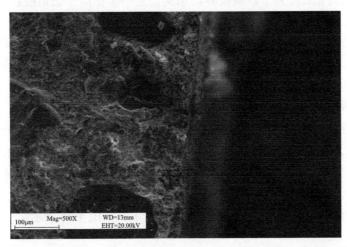

图 4-44　水灰比 0.50 SAC 试件在 SO_4^{2-} 浓度为 20250mg/L 溶液中侵蚀 6 个月时表层特征 SEM 照片

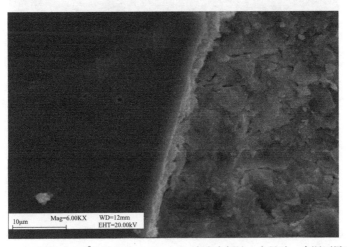

图 4-45　水灰比 0.50 SAC 试件在 SO_4^{2-} 浓度为 20250mg/L 溶液中侵蚀 6 个月砂—水泥石界面过渡区 SEM 照片

通过观测孔隙结构，发现 SAC 试件的孔隙极大孔径普遍小于 $150\mu m$，且孔隙数量极少，如图 4-40 所示，水灰比 0.40 的 SAC 试件的淡水试件 1 个月龄期时，极大孔径仅为 $54.57\mu m$。实测水灰比 0.50 试件，极大孔径为 $149.2\mu m$；水灰比 0.30 试件，极大孔径仅为 $68.5\mu m$。以上说明水泥石本体密实度较高。另外，随着养护龄期的延长，水泥石的开口孔隙被越来越多的水化产物所填充，如图 4-41 所示，淡水养护到 6 个月时的水灰比 0.40 SAC 试件的孔隙中填充着大量的针状 AFt 和片状 $Al_2O_3 \cdot 3H_2O$ 凝胶交织水化产物；而在侵蚀溶液中，试件的孔隙中也有大量的填充物，如图 4-43 所示，试件左侧孔隙中充满了针状 AFt 和片状 $Al_2O_3 \cdot 3H_2O$ 凝胶交织水化产物，属于正常的水化产物；右侧图片的孔隙填充了大量的团簇状 AFt，属于侵蚀产物，但尚未充满孔隙。这进一步提高了试件的密实度，宏观现象显现出试件的强度随水灰比降低、养护龄期延长、侵蚀溶液浓度增大而提高。另外，水泥的主要成分 $C_4A_3\bar{S}$ 遇水快速水化生成 $Al_2O_3 \cdot 3H_2O$ 凝胶和 AFt，两者相互交织构成早期水泥石的致密骨架，如图 4-42 所示，这种水化特点使得水泥石本体具有微膨胀性。当膨胀受到砂石骨料限制时，会将砂石界面挤压得非常密实，如图 4-45 所示，从而显著改善了砂颗粒界面结构，进一步提高了硫铝酸盐水泥混凝土的密实度和强度，也使得侵蚀难以发生在界面过渡区。普通水泥和高抗硫水泥遭受高浓度硫酸盐侵蚀时，往往表现为由表及里的逐层侵蚀剥落的石膏型破坏，但从图 4-44 中观测，SAC 试件表层未发现侵蚀产物。总之，硫铝酸盐水泥石孔特征和砂泥石界面得到显著改善，从而降低了其受硫酸盐侵蚀的可能性。

4.4.2.2　能谱（EDS）观测

混凝土受硫酸盐侵蚀的另一个内因是渗透到混凝土内部的 SO_4^{2-} 会与水泥石的水化产物发生化学反应，生成一些具有破坏水泥石结构的侵蚀产物，如普通水泥混凝土和抗硫水泥混凝土中常遇到的石膏型破坏和 AFt 破坏。因此为了更好地说明和解释硫铝酸盐水泥抗硫酸侵蚀特点，把电镜照片中仅能通过产物形态形貌略加判别和难以从形态形貌识别的水化、侵蚀产物借助能谱（EDS）进行分析，如图 4-46～图 4-49 所示。

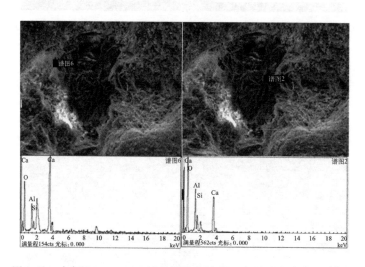

图 4-46　水灰比 0.40 SAC 试件浸泡在淡水 1 个月时孔隙产物能谱图

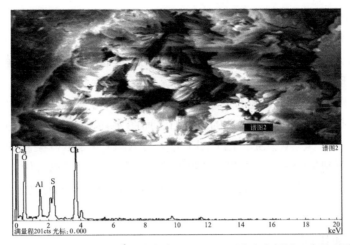

图 4-47 水灰比 0.40 SAC 试件在 SO_4^{2-} 浓度为 20250mg/L 溶液中侵蚀 6 个月时孔隙产物能谱图

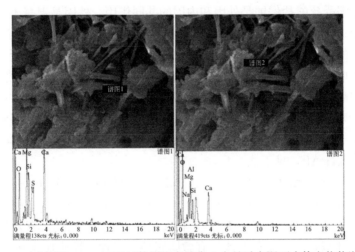

图 4-48 水灰比 0.40 SAC 试件浸泡在淡水 6 个月时水泥石本体产物能谱图

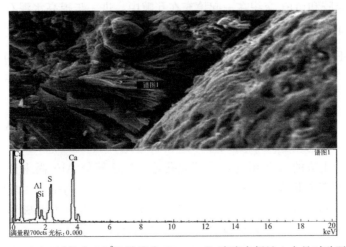

图 4-49 水灰比 0.40 SAC 试件在 SO_4^{2-} 浓度为 2500mg/L 溶液中侵蚀 1 个月时砂石界面产物能谱图

由图 4-46 可知,淡水试件中孔隙中的 AFt 为针状,主要元素为 Ca、S、Al,孔隙边缘和内部均生长大量的片状 $Al_2O_3 \cdot 3H_2O$ 凝胶,其主要元素为 O、Al,但两者交织填充着孔隙。图 4-47 中,侵蚀溶液的孔隙中存在大量的团簇状 AFt,主要元素为 Ca、S、Al,并未在孔隙中发现 $Al_2O_3 \cdot 3H_2O$ 凝胶,说明硫酸盐可能参与了化学反应,从而影响 AFt 的形态和数量。图 4-48 中,水泥石中本体中的针状 AFt 与 $Al_2O_3 \cdot 3H_2O$ 凝胶和 C-S-H 凝胶能交织在一起,形成具有膨胀性的水泥石。而图 4-49 中,砂石界面处所测的水泥石本体主要元素为 Ca、S、Al、Si,是以 AFt 为主的 $Al_2O_3 \cdot 3H_2O$ 凝胶和 C-S-H 结合物,而膨胀性能受到限制是砂—水泥石界面高密实度的原因。通过能谱分析,孔隙中团簇状的 AFt 属于侵蚀产物,这种 AFt 在侵蚀溶液中随侵蚀时间可能会持续生长,从而可能从内部破坏水泥石结构。

4.4.3 侵蚀机理

硫铝酸盐水泥受硫酸盐侵蚀是外因和内因的共同作用。外因是混凝土所处的水环境有硫酸盐侵蚀介质;内因是混凝土内部存在渗水裂缝和开口孔隙,侵蚀水渗透到混凝土内部,会与水泥石的化学成分反应生成侵蚀产物 AFt。而硫铝酸盐水泥混凝土显著的抗硫酸盐侵蚀性能主要取决于良好的内因条件,即物理方面的高密实度和化学侵蚀内因的减少。

物理方面的高密实度主要体现在孔结构和砂颗粒界面结构。孔结构方面,水泥石的开口孔隙少,孔径较小,且孔隙数量和孔径大小随水灰比降低、养护龄期延长、SO_4^{2-} 浓度、侵蚀龄期延长而得到改善。水泥的主要成分 $C_4A_3\bar{S}$ 遇水快速水化生成 $Al_2O_3 \cdot 3H_2O$ 凝胶和钙矾石 AFt,见下式:

$$3CaO \cdot 3Al_2O_3 \cdot CaSO_4 + 2(CaSO_4 \cdot 2H_2O) + 34H_2O \longrightarrow$$
$$3CaO \cdot Al_2O_3 \cdot 3CaSO_4 \cdot 32H_2O + 2(Al_2O_3 \cdot 3H_2O) \tag{4-1}$$

$Al_2O_3 \cdot 3H_2O$ 凝胶和钙矾石 AFt 两者相互交织构成水泥石的致密骨架结构。因水化早期大量的 AFt 生成使得水泥石本体具有微膨胀性,这种早期膨胀会压缩甚至消除水泥石中因水的消耗而残留的孔隙、空隙、缝隙;随着养护龄期的增加,水泥石持续水化的 $Al_2O_3 \cdot 3H_2O$ 凝胶和 AFt 交织在一起填充在孔隙中,进一步提高水泥石密实度;侵蚀溶液浓度越大,SO_4^{2-} 渗透能力越强,当 SO_4^{2-} 渗透到水泥石内部后,会与水泥成分 C_2S 的水化产物 $Ca(OH)_2$ 反应生成 $CaSO_4 \cdot 2H_2O$,进而与 $C_4A_3\bar{S}$ 反应生成 AFt,见下列公式:

$$Ca(OH)_2 + SO_4^{2-} + H_2O \longrightarrow CaSO_4 \cdot 2H_2O \tag{4-2}$$

$$3CaO \cdot 3Al_2O_3 \cdot CaSO_4 + SO_4^{2-} + Ca(OH)_2 + H_2O \longrightarrow 3CaO \cdot Al_2O_3 \cdot 3CaSO_4 \cdot 32H_2O$$
$$\tag{4-3}$$

式(4-3) 反应生成的 AFt 可进一步填充孔隙。当这部分 AFt 尚未充满孔隙时,对水泥石密实度和强度都有提高,当这部分 AFt 完全充满孔隙后仍持续生成时,如果微膨胀的水泥石本体不足以消除 AFt 的膨胀应力时,才会导致水泥石内部破坏。这一点与普通水泥不同,普通水泥水化后主要生成 C-S-H 和 $Ca(OH)_2$,其水泥石不具有膨胀性,水泥石自身无法消除 AFt 的膨胀应力,必然导致水泥石内部破坏;正是因为硫铝酸盐水泥水化的微膨胀性,使砂颗粒界面在膨胀应力的作用下挤压得非常密实,也使得侵蚀难以发生在砂—水泥石界面。总之，较高的密实度易于截断渗透通道，使环境水的侵蚀介质 SO_4^{2-} 难以渗透到水泥石内部，侵蚀不易发生，抗侵蚀性能自然很高。

化学方面，硫铝酸盐水泥的主要熟料矿物成分为和 β-C_2S。在石膏含量充足时，无水硫铝酸钙 $C_4A_3\bar{S}$ 水化生成钙矾石 AFt 和铝胶 $Al_2O_3 \cdot 3H_2O$，见式(4-1)，只是这部分钙矾石 AFt 与铝胶 $Al_2O_3 \cdot 3H_2O$ 和水化硅酸钙（C-S-H）相互交织，对水泥石结构发展起到凝胶和塑性衬垫作用，且在填充孔隙时起着密实结构的作用，不具有破坏性。β-C_2S 水化生成水化硅酸钙（C-S-H）凝胶和 $Ca(OH)_2$。其中，$Ca(OH)_2$ 又与 $Al_2O_3 \cdot 3H_2O$ 和 $CaSO_4 \cdot 2H_2O$ 产生二次反应生成钙矾石 AFt，见式(4-2)、式(4-3)。因为 β-C_2S 水化速度慢，而随着 SO_4^{2-} 的长期侵蚀过程，水泥硬化以后 $Ca(OH)_2$ 较可能在孔隙中析出，并与 SO_4^{2-} 和 $Al_2O_3 \cdot 3H_2O$ 反应生成膨胀性 Aft，见式(4-4)。

$$3Na_2SO_4 + 6Ca(OH)_2 + Al_2O_3 \cdot 3H_2O + 26H_2O \longrightarrow 3CaO \cdot Al_2O_3 \cdot 3CaSO_4 \cdot 32H_2O + 6NaOH$$
$$(4-4)$$

式(4-4)可以解释电镜图淡水孔隙中既有 $Al_2O_3 \cdot 3H_2O$，又有 AFt，而侵蚀溶液中孔隙只有大量的团簇状 AFt。当侵蚀龄期越长，AFt 会持续增长，但 $Ca(OH)_2$ 量较少，β-C_2S 水化生成 1 个 $Ca(OH)_2$，而式(4-4)反应需消耗 6 个 $Ca(OH)_2$，因此侵蚀到一定时间后会停止，如果那时 AFt 尚未充满孔隙，不会破坏水泥石结构；如果 AFt 完全充满孔隙后，膨胀应力可能破坏水泥石结构。另外，$Ca(OH)_2$ 量少也是试件表层未发生侵蚀的原因。还有研究表明，当石膏 $CaSO_4 \cdot 2H_2O$ 含量不足时，式(4-2)可以反应生成单硫型 AFm。正常条件下 AFm 较稳定，但遭遇硫酸盐侵蚀时 AFm 会转化成 AFt。但硫铝酸盐水泥受硫酸盐侵蚀的化学内因相对其他水泥品种要少很多，也保证了其优越的抗硫酸盐侵蚀性能。

4.5 本章结论

本章通过一系列试验研究了外加剂与硫铝酸盐水泥的适应性，研究了水灰比、硼酸缓凝剂掺量、养护温度对混凝土工作性能和强度的影响，并研究了不同养护龄期下、不同水灰比胶砂试件的抗硫酸盐侵蚀性能。主要结论如下：

（1）硼酸缓凝剂和 FDN 与硫铝酸盐水泥具有良好的适应性，在净浆凝结时间和流动度上相互影响。两者复合使用，可以使各水灰比水泥浆保持可控的凝结时间和流动性能，能够保证用硫铝酸盐水泥配制的混凝土满足商品混凝土或预拌混凝土的施工要求。

（2）硼酸缓凝剂掺量是调控混凝土凝结时间的主导因素，通过调整硼酸缓凝剂掺量可以配制满足预拌混凝土拌制、运输、施工作业时间要求的混凝土，且适宜的硼酸掺量不会降低混凝土的早期强度；FDN 可以显著改善混凝土拌合物的和易性。硼酸缓凝剂掺量控制在 0.125%～0.2%，硫铝酸盐水泥混凝土的凝结时间可以达到 2～11h。

（3）硫铝酸盐水泥混凝土具有良好的负温工作性能。通过添加少量防冻剂和辅助简单的保温措施，在环境温度为 −15℃～5℃时，混凝土仍然可以获得快硬、早强的性能，并保证强度的良好发展，相对于 20℃ 养护时，其各龄期强度损失为 5～10MPa。应用硫铝酸盐水泥混凝土负温工作性能好的特点，可以大大延长西北高寒干旱地区混凝土施工的年施工期，由此带来巨大的经济效益和社会效益。

（4）建议温度 $t \geq 20℃$ 的季节，硫铝酸盐水泥混凝土设计龄期宜采用 3d；温度 t 在 $0 \sim 20℃$ 的季节，硫铝酸盐水泥混凝土设计龄期宜采用 7d；温度 t 在 $-10 \sim 0℃$ 的季节，掺加硫铝酸盐水泥混凝土设计龄期宜采用 7d。

（5）影响硫铝酸水泥混凝土抗硫酸盐侵蚀性能的主要因素有水灰比、养护龄期、侵蚀溶液浓度、侵蚀龄期。观测结果表明，硫铝酸盐水泥胶砂试件的抗蚀系数 $K_{蚀}$ 随着水灰比的降低、养护龄期的增长、侵蚀龄期的延长而增大，表现出硫铝酸盐水泥混凝土具有较高的抗硫酸侵蚀性能。水灰比控制在 $0.30 \sim 0.50$，硫铝酸盐水泥混凝土可以抵抗硫酸根离子浓度为 20250mg/L 的侵蚀。

（6）8h 拆模后不经养护即可进行侵蚀的试件，也具有较高的抗硫酸盐侵蚀性能，说明实际工程的基础混凝土浇筑完成后不久就遭受硫酸盐侵蚀，硫铝酸盐水泥混凝土也可以较好地抵抗 20250mg/L 硫酸盐侵蚀，只是养护龄期越长，硫铝酸盐水泥混凝土的抗硫酸盐侵蚀极限能力越高。

（7）对比硫铝酸盐水泥混凝土和高抗硫水泥混凝土的抗硫酸盐侵蚀性能，硫铝酸盐水泥混凝土具有显著高于高抗硫水泥的抗硫酸盐侵蚀性能。高抗硫水泥抗硫酸盐侵蚀性能有限，难以抵抗高浓度（硫酸根离子浓度为 $8000 \sim 20250mg/L$）的硫酸盐侵蚀，也难以抵抗低浓度（硫酸根离子浓度为 2500mg/L）硫酸盐的长期侵蚀。即使拆模后立即被侵蚀的硫铝酸盐水泥混凝土胶砂试件也可较好地抵抗高浓度（硫酸根离子浓度为 20250mg/L）硫酸盐的侵蚀，说明使用硫铝酸盐水泥配制混凝土，可以很好地解决西北高寒干旱区既有快硬、早强要求，又有很好的抗硫酸盐侵蚀性能要求的问题。

（8）硫铝酸盐水泥混凝土显著的抗硫酸盐侵蚀性能主要取决于良好的内因条件，即物理方面的高密实度和化学侵蚀内因的减少。微观上，硫铝酸盐水泥胶砂试件遭受硫酸盐侵蚀时，侵蚀发生在开口孔隙内，侵蚀产物为钙矾石（AFt）。只是这部分 AFt 填充孔隙时，没有产生破坏作用。但鉴于侵蚀应充分重视侵蚀时间效应，最终评定硫铝酸盐水泥抗硫酸盐侵蚀性能，尚需进行更长龄期的观测和研究。

第5章 ▮▮▮

硫酸盐、镁盐双重侵蚀
作用下混凝土性能研究

5.1 引言

新疆是多盐碱地区，盐碱地土壤及其环境水中普遍含有大量的硫酸盐、镁盐。经调查，新疆喀什地区岳普湖县老卡纳渠防渗改建工程中混凝土曾遭受严重的侵蚀破坏，其原因是混凝土遭受了高浓度硫酸盐、镁盐双重侵蚀破坏；叶城县柯克亚菩萨防洪工程第二合同段防洪堤混凝土施工过程中也发生了严重的硫酸盐、镁盐双重侵蚀破坏。随着混凝土硫酸盐、镁盐双重侵蚀问题的日益突出，学术界和工程界对该环境下混凝土的劣化过程和性能提升方法广为关注。

本章就高性能及高抗硫混凝土在不同浓度硫酸盐、镁盐双重侵蚀环境下，水灰（胶）比、侵蚀龄期、掺合料掺量等因素对混凝土抗双重侵蚀性能的影响进行研究，通过计算抗折强度、抗蚀系数直观表征混凝土宏观抗侵蚀性能，并借助微观测试手段扫描电镜（SEM）、能谱（EDS）来观测水泥石内部结构及侵蚀产物，分析其侵蚀破坏机理。

5.2 硫酸盐、镁盐双重侵蚀作用下高性能混凝土研究

高性能混凝土是在 20 世纪 80 年代末、90 年代初出现的，不同国家的不同学者依照各自的认识实践、应用范围和目的要求的差异，对高性能混凝土有不同的定义和解释。吴中伟院士综合了许多专家学者的观点，提出了如下定义：高性能混凝土是一种新型高技术混凝土，是在大幅度提高普通混凝土性能的基础上，采用现代混凝土技术制作的混凝土，它以耐久性作为设计的主要指标。针对不同的用途要求，高性能混凝土在耐久性、工作性、适用性、强度、体积稳定性、经济性等方面有重点地予以保证。本节以高性能混凝土为研究对象，探究水灰（胶）比、侵蚀龄期、矿物掺合料等因素对硫酸盐、镁盐双重侵蚀劣化行为的影响。

5.2.1 原材料与试验方案

5.2.1.1 试验原材料

（1）水泥

本试验中，普通水泥胶砂试件和掺有Ⅱ级粉煤灰水泥胶砂试件均采用新疆青松水泥厂生产的 42.5R 普通硅酸盐水泥，硫铝酸盐水泥采用唐山六九水泥有限责任公司生产的42.5 快硬硫铝酸盐水泥，其各项物理性能指标、化学成分指标见表 4-1、表 4-2。

（2）粉煤灰

本试验中，粉煤灰选用苇湖梁电厂生产的Ⅱ级粉煤灰，其化学成分及物理指标见表 2-4、表 2-5。

由表 2-5 可知，苇湖梁电厂生产的Ⅱ级粉煤灰的细度、需水量比、烧失量、三氧化硫和游离氧化钙五项指标均符合《用于水泥和混凝土中的粉煤灰》GB/T 1596—2017 中规定的要求。苇湖梁电厂的Ⅱ级粉煤灰颗粒含有少部分多孔的粉煤灰，大部分为球形的微玻璃珠颗粒，说明该粉煤灰的"减水作用"和"填充作用"比较好。苇湖梁电厂的Ⅱ级粉煤灰颗粒粒径大部分不超过 4.818μm，说明该粉煤灰的活性比较高，因为粉煤灰的活性主要来自粒径小于 10μm 的部分，另外表 2-5 中数据显示 87.33% 的需水量和 4.01% 的烧失量，说明本试验所用的粉煤灰是质量较好的掺合料。

（3）硅灰

硅灰的物理性能指标见表 5-1。

硅灰物理性能指标					表 5-1
检测指标	比表面积 （m²/kg）	需水量比 （%）	烧失量 （%）	SiO₂ （%）	活性指数 28d （%）
硅灰	22000	—	4.68	87.5	125
"GB/T 1596—2017"要求	≥15000	—	≤6	≥85	≥85

（4）骨料

试验采用标准砂为细骨料，用以配制胶砂试件。

（5）水

试验所用养护水及拌合水采用实验室自来水；侵蚀溶液配制用水采用蒸馏水。

（6）外加剂

试验采用萘系高效减水剂（FDN）。水泥和减水剂适应性试验依据《混凝土外加剂应用技术规范》GB 50119—2013 中附录 A "混凝土外加剂对水泥适应性检测方法"进行，当水灰比为 0.40 时，FDN 最佳掺量为 1.00%；当水灰比为 0.30、0.35 时，FDN 最佳掺量为 1.25%。关于不同掺量粉煤灰的水泥净浆与 FDN 的适应性，在减水剂最佳掺量条件下，增加粉煤灰掺量，水泥净浆的流动度变大，说明粉煤灰掺入水泥中与减水剂的适应性较好。缓凝剂采用硼酸（分析纯）。

5.2.1.2 试验方案

本试验内容主要有以下两个方面：

（1）不同品种的水泥胶砂试件的硫酸盐、镁盐双重侵蚀试验，采用普通硅酸盐水泥、硫铝酸盐水泥配制不同水胶比、不同粉煤灰掺量的水泥胶砂试件，分别浸泡在如表5-2所列浓度的双重侵蚀溶液中，定期测试试件的抗折强度，计算抗蚀系数，观察试件外观形态。

试验所用硫酸盐与镁盐双重侵蚀溶液浓度表　　　　表5-2

侵蚀溶液编号	硫酸根离子浓度(mg/L)	镁离子浓度(mg/L)
1	8000	1000
2	8000	3000
3	8000	6000
4	8000	15200
5	20250	15200
6	30000	15200
7	60000	15200
8	90000	15200
9	0	0

（2）试件内部结构微观观测试验

本节借助微观测试手段扫描电镜（SEM）、能谱（EDS）来观测水泥石内部结构及侵蚀产物。

5.2.1.3 侵蚀试验方法

本试验参照《水泥抗硫酸盐侵蚀试验方法》GB/T 749—2008中的 K 法，即采用水泥胶砂试件浸泡法，通过制作不同水胶比、不同粉煤灰掺量以及不同水泥品种的水泥胶砂试件，试件尺寸均为 $10mm\times10mm\times60mm$，分别进行养护3d、28d后浸泡在淡水和相应侵蚀溶液中进行硫酸盐、镁盐双重侵蚀的模拟试验，定期对水泥胶砂试件表面外观进行观测并将试件进行抗折强度试验，通过测出抗折强度计算试件的抗蚀系数 $K_{蚀}$ 来评定抗侵蚀性能，当 $K_{蚀}\leqslant0.8$，认为试件抗蚀不合格，即试件遭受侵蚀破坏。计算方法如式(5-1)、式(3-1)。

$$R=0.075\times F \tag{5-1}$$

式中，R——试件抗折强度（MPa）；

F——棱柱体折断时中部所受荷载（N）；

0.075——换算系数。

（1）水胶比对试件抗硫酸盐、镁盐双重侵蚀性能影响的试验方案

采用普通硅酸盐水泥配制了粉煤灰掺量30%，水胶比分别为0.25、0.30、0.40、0.50的水泥胶砂试件，分别浸泡在不同浓度硫酸盐、镁盐双重侵蚀溶液中，测定试件的抗折强度，计算抗蚀系数。各试件的配合比见表5-3。

不同水胶比的普通硅酸盐水泥胶砂试件配合比　　　　　表 5-3

| 编号 | 水胶比 | 胶砂比 | 胶砂试件各项材料用量 | | | | | |
			水泥 (g)	粉煤灰 (g)	水 (mL)	标准砂 (g)	FDN (%)	聚羧酸减水剂(%)
B1	0.25	1：2.5	210	90	75	750	—	0.5
B4	0.30	1：2.5	210	90	90	750	1	—
A4	0.40	1：2.5	210	90	120	750	—	—
A5	0.50	1：2.5	210	90	150	750	—	—

注：采用标准砂是为了提高试件均匀性。

（2）粉煤灰、硅灰及其掺量对试件抗双重侵蚀性能的试验方案

为了研究掺合料类型、掺量等因素对普通硅酸盐水泥胶砂试件抗硫酸盐、镁盐双重侵蚀性能的影响，采用普通硅酸盐水泥配制了水（胶）比 0.30、粉煤灰掺量分别为 0%、30%、40%、60% 的水泥胶砂试件；同时配制了水胶比 0.25，粉煤灰掺量＋硅灰掺量分别为 30%＋0%、22%＋8% 的水泥胶砂试件，分别浸泡在不同浓度的硫酸盐、镁盐双重侵蚀溶液中，测定试件的抗折强度，计算抗蚀系数。各试件的配合比见表 5-4。

不同掺合料类型及掺量的普通硅酸盐水泥胶砂试件配合比　　　表 5-4

| 编号 | 水灰(胶)比 | 胶砂比 | 胶砂试件各项材料用量 | | | | | | | |
			水泥 (g)	粉煤灰 (g)	硅灰 (g)	掺合料掺量(%)	水 (mL)	标准砂 (g)	FDN (%)	聚羧酸减水剂(%)
B3	0.30	1：2.5	300	0	—	0	90	750	1	—
B4	0.30	1：2.5	210	90	—	30	90	750	1	—
B5	0.30	1：2.5	180	120	—	40	90	750	1	—
B6	0.30	1：2.5	120	180	—	60	90	750	1	—
B1	0.25	1：2.5	210	90	—	30	75	750	—	0.5
B2	0.25	1：2.5	210	66	24	30	75	750	—	0.5

注：采用标准砂是为了提高试件均匀性。

（3）不同水泥品种试件在硫酸盐、镁盐双重侵蚀溶液中抗侵蚀性能试验方案

本试验分别采用普通硅酸盐水泥、硫铝酸盐水泥配制水泥胶砂试件，浸泡于不同浓度硫酸盐与镁盐双重侵蚀溶液中，进行侵蚀试验。测定试件的抗折强度，计算抗蚀系数，对比分析两种不同水泥品种试件的抗侵蚀性能。各试件的配合比见表 5-5。

不同水泥品种水泥胶砂试件配合比　　　　　　　表 5-5

| 编号 | 水灰(胶)比 | 胶砂比 | 养护龄期(d) | 胶砂试件各项材料用量 | | | | | |
				P·O (g)	SAC (g)	粉煤灰 (g)	水 (mL)	FDN (%)	硼酸 (%)
B6	0.30	1：2.5	28	120	—	180	90	1	—
A1	0.30	1：2.5	28	300	—	—	90	—	—
A3	0.50	1：2.5	28	300	—	—	150	—	—
D1	0.30	1：2.5	3	—	300	—	90	1	0.175
D2	0.50	1：2.5	3	—	300	—	150	—	0.175

注：采用标准砂是为了消除天然砂的不均匀性。P·O 为普通硅酸盐水泥试件；SAC 为硫铝酸盐水泥试件。

5.2.2　试验结果与分析

5.2.2.1　水胶比对试件抗双重侵蚀性能影响的结果与分析

对水胶比分别为 0.25、0.30、0.40、0.50，粉煤灰掺量 30% 的普通硅酸盐水泥胶砂试件进行不同浓度的硫酸盐、镁盐双重侵蚀试验，根据实测试验数据，绘制出各组试件的

抗蚀系数随侵蚀龄期的变化曲线，见图5-1。

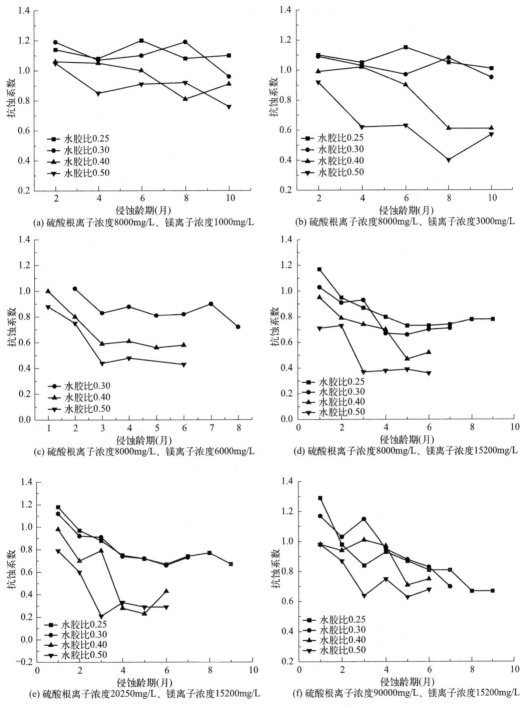

图5-1 粉煤灰掺量30%、不同水胶比试件在不同浓度双重侵蚀溶液中抗蚀系数变化曲线

由图5-1可知，在硫酸根离子浓度为8000mg/L、镁离子浓度<6000mg/L双重侵蚀溶液中，粉煤灰掺量30%的水泥胶砂试件的抗双重侵蚀性能随着水胶比的降低而逐渐增强；但是在硫酸根离子浓度>8000mg/L、镁离子浓度为15200mg/L时，粉煤灰掺量

30%的各种水胶比的普通硅酸盐水泥胶砂试件均发生侵蚀破坏，说明在高浓度硫酸盐、镁盐双重侵蚀环境中，水胶比对普通硅酸盐水泥试件的抗侵蚀能力影响较小，仅通过降低水胶比已无法抵抗高浓度双重侵蚀溶液对试件造成的侵蚀破坏。

5.2.2.2　粉煤灰、硅灰及其掺量对试件抗双重侵蚀性能影响的结果与分析

根据试验实测数据，绘制出各组试件的抗蚀系数随侵蚀龄期的变化曲线，见图5-2、图5-3。

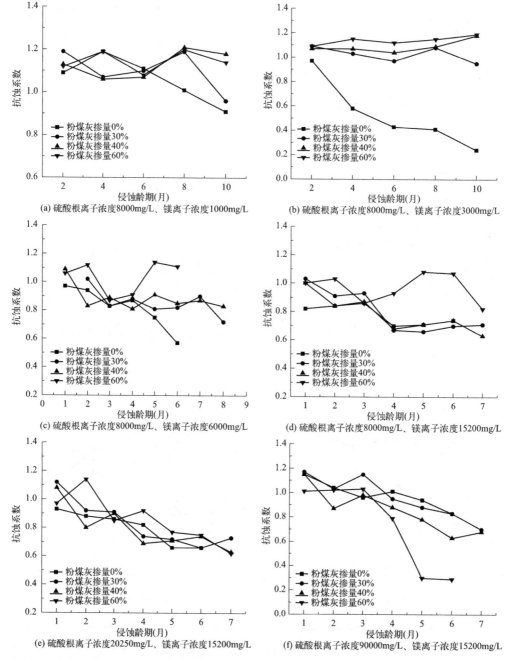

图 5-2　水灰（胶）比 0.30、不同粉煤灰掺量试件在不同浓度双重侵蚀溶液中抗蚀系数变化曲线

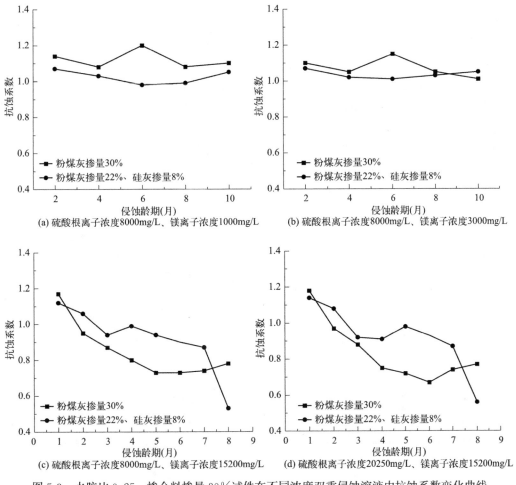

图 5-3 水胶比 0.25、掺合料掺量 30% 试件在不同浓度双重侵蚀溶液中抗蚀系数变化曲线

由图 5-2 可知，在硫酸根离子浓度为 8000mg/L 时，水灰（胶）比 0.30、不同粉煤灰掺量水泥胶砂试件的抗侵蚀能力分为以下几种情况：

镁离子浓度≤3000mg/L 时，粉煤灰掺量对试件的抗侵蚀性能影响不大，都具有较高的抗侵蚀性能，且不掺粉煤灰试件的抗侵蚀性能明显低于掺粉煤灰试件的抗侵蚀性能；当镁离子浓度增大至 6000mg/L 时，粉煤灰掺量对试件抗侵蚀性能的影响逐渐凸显出来，大掺量（掺量达到 60%）粉煤灰试件的抗侵蚀性能明显高于其他掺量的粉煤灰试件的抗侵蚀性能；当镁离子浓度增大至 15200mg/L 时，粉煤灰掺量≤40% 的试件在浸泡 4 个月后的抗侵蚀性能明显低于粉煤灰掺量 60% 的试件，大掺量（60%）粉煤灰试件经过 7 个月的侵蚀，虽然尚有一定的抗侵蚀性能，但其抗蚀系数已接近破坏临界值，说明在硫酸根离子浓度较大且高镁离子浓度的双重侵蚀环境中，普通硅酸盐水泥试件即使增大粉煤灰掺量，也难以抵抗侵蚀破坏。从图中还发现，在高浓度双重侵蚀溶液（镁离子浓度为 15200mg/L，硫酸根离子浓度分别为 20250mg/L、90000mg/L）中，各粉煤灰掺量试件的抗蚀系数均随侵蚀龄期呈明显下降趋势，很快达到破坏状态，并且粉煤灰掺量较大的试件其抗蚀系数下降的速度和程度更严重。

由图 5-3 可知，当水胶比 0.25、掺合料总量均为 30％时，在硫酸根离子浓度为 8000mg/L，镁离子浓度较低（镁离子浓度≤3000mg/L）的侵蚀溶液中浸泡 10 个月，掺硅灰水泥试件与不掺硅灰试件（仅掺粉煤灰）的抗蚀系数均保持着较大值，且两者的抗蚀系数相差不大，均表现出较强的抗侵蚀性能；但在较高浓度双重侵蚀溶液（镁离子浓度为 15200mg/L，硫酸根离子浓度分别为 8000mg/L、20250mg/L）中，两种试件经过一定时间的侵蚀后随即发生破坏。试验结果说明，对普通硅酸盐水泥胶砂试件而言，掺硅灰与否对试件抵抗硫酸盐、镁盐双重侵蚀的影响不大。

5.2.2.3 不同水泥品种试件抗双重侵蚀性能的结果与分析

根据试验结果，绘制出各组试件的抗折强度、抗蚀系数随时间的变化曲线，见图 5-4～图 5-8。

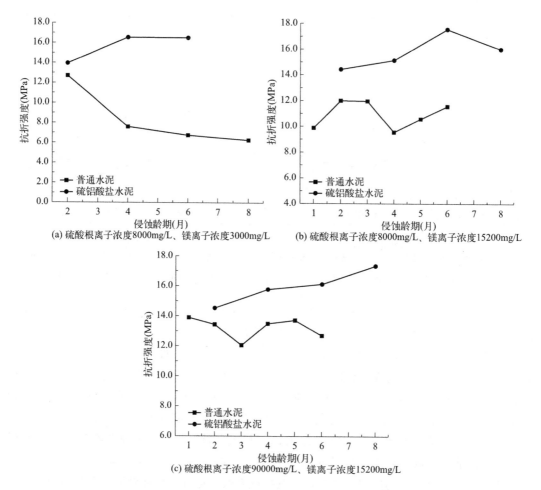

(a) 硫酸根离子浓度8000mg/L、镁离子浓度3000mg/L

(b) 硫酸根离子浓度8000mg/L、镁离子浓度15200mg/L

(c) 硫酸根离子浓度90000mg/L、镁离子浓度15200mg/L

图 5-4　水灰比 0.30、不同水泥品种试件在不同浓度双重侵蚀溶液中抗折强度变化曲线

由图 5-4～图 5-6 可知，在水灰比相同的情况下，硫铝酸盐水泥胶砂试件的抗蚀系数明显大于同水灰比的普通硅酸盐水泥胶砂试件，且抗折强度值在侵蚀后期仍呈上升趋势。说明硫铝酸盐水泥胶砂试件比普通硅酸盐水泥胶砂试件有着更强的抗硫酸盐、镁盐双重侵蚀性能。

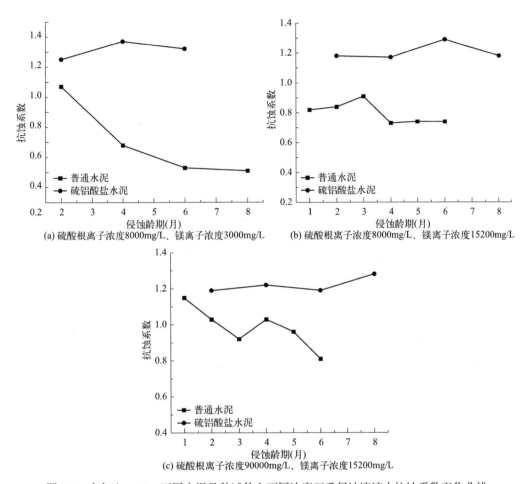

(a) 硫酸根离子浓度8000mg/L、镁离子浓度3000mg/L   (b) 硫酸根离子浓度8000mg/L、镁离子浓度15200mg/L

(c) 硫酸根离子浓度90000mg/L、镁离子浓度15200mg/L

图 5-5 水灰比 0.30、不同水泥品种试件在不同浓度双重侵蚀溶液中抗蚀系数变化曲线

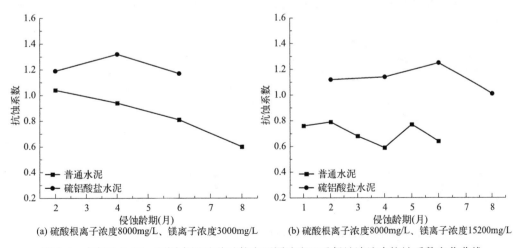

(a) 硫酸根离子浓度8000mg/L、镁离子浓度3000mg/L   (b) 硫酸根离子浓度8000mg/L、镁离子浓度15200mg/L

图 5-6 水灰比 0.50、不同水泥品种试件在不同浓度双重侵蚀溶液中抗蚀系数变化曲线

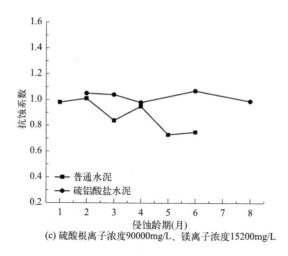

(c) 硫酸根离子浓度90000mg/L、镁离子浓度15200mg/L

图 5-6　水灰比 0.50、不同水泥品种试件在不同浓度双重侵蚀溶液中抗蚀系数变化曲线（续）

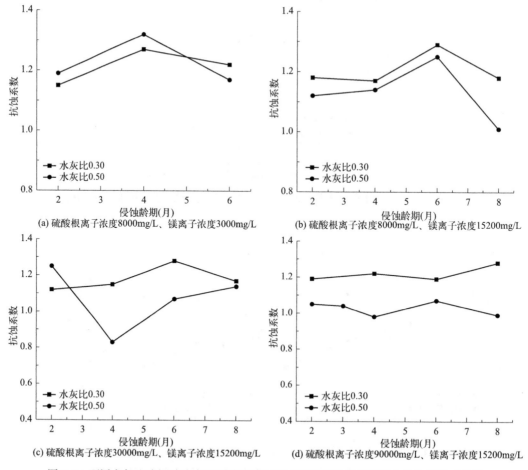

(a) 硫酸根离子浓度8000mg/L、镁离子浓度3000mg/L

(b) 硫酸根离子浓度8000mg/L、镁离子浓度15200mg/L

(c) 硫酸根离子浓度30000mg/L、镁离子浓度15200mg/L

(d) 硫酸根离子浓度90000mg/L、镁离子浓度15200mg/L

图 5-7　不同水灰比硫铝酸盐水泥胶砂试件在不同浓度双重侵蚀溶液中抗蚀系数对比图

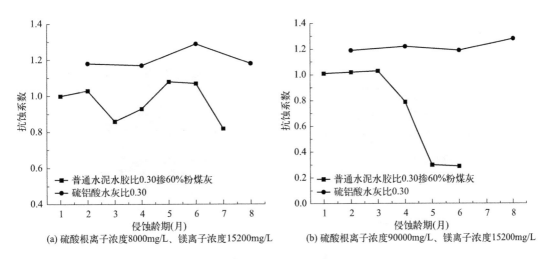

图 5-8　不同水泥品种试件在不同浓度双重侵蚀溶液中抗蚀系数变化曲线

图 5-7 绘出了两种水灰比的硫铝酸盐水泥胶砂试件在不同浓度硫酸盐、镁盐双重侵蚀溶液中抗蚀系数的变化曲线，并从图中曲线可知，在硫酸根离子浓度为 8000mg/L、镁离子浓度分别为 3000mg/L、15200mg/L 的双重侵蚀溶液中，水灰比对硫铝酸盐水泥试件抗侵蚀性能的影响不是十分明显；但当镁离子浓度为 15200mg/L、硫酸根离子浓度增大至 30000mg/L、90000mg/L 时，水灰比 0.30 的试件的抗蚀系数明显大于水灰比 0.50 的试件。这说明，在高浓度双重侵蚀溶液中，降低水灰比对提高硫铝酸盐水泥试件的抗侵蚀性能具有较大的影响。

由图 5-8 中两种相同水灰（胶）比试件的抗蚀系数对比可知，在高浓度硫酸盐、镁盐双重侵蚀溶液中，硫铝酸盐水泥试件的抗侵蚀性能明显高于大掺量粉煤灰普通硅酸盐水泥试件的抗侵蚀性能。

5.2.3　侵蚀机理

5.2.3.1　侵蚀试件破坏形态观测

（1）侵蚀试件的宏观外观观测

对不同配合比试件的外观进行观察，可以发现：

在硫酸根离子浓度为 8000mg/L、镁离子浓度分别为 1000mg/L、3000mg/L、6000mg/L、15200mg/L 溶液中的所有试件，外观表现为：表面光滑，结构完整，无起砂、掉渣现象，见图 5-9（a）。

在硫酸根离子浓度为 20250mg/L、镁离子浓度为 15200mg/L 溶液中的试件，在后期开始发生表面起砂现象，但试件四角完整。

在硫酸根离子浓度为 30000mg/L、镁离子浓度为 15200mg/L 溶液中的试件，普通硅酸盐水泥试件起砂严重，大掺量粉煤灰试件甚至出现掉角现象；硫铝酸盐水泥试件在早期也出现轻微的起砂现象。

在硫酸根离子浓度为 90000mg/L、镁离子浓度为 15200mg/L 溶液中的试件，普通硅酸盐水泥试件发生严重起砂现象，见图 5-9（b），尤其是大掺量掺粉煤灰试件在后期发生掉角且试件两端磨圆等侵蚀现象，见图 5-9(c)；硫铝酸盐水泥试件表面在早期也有起砂现象，但后期各组试件起砂速度明显变慢。

(a) 硫酸根离子浓度为8000mg/L、镁离子
浓度≤15200mg/L

(b) 硫酸根离子浓度为90000mg/L、镁离子
浓度为15200mg/L，普硅水泥试件

(c) 硫酸根离子浓度为90000mg/L、镁离子
浓度为15200mg/L，大掺量掺粉煤灰试件

图 5-9　普通硅酸盐水泥胶砂试件受双重侵蚀后外观形态图

（2）侵蚀试件的微观结构观测

通过电镜可以观察试件内部孔隙，见图 5-10。

普通硅酸盐水泥试件水泥石中的孔隙相对来说较大，水灰比 0.40、不掺粉煤灰试件的最大孔径达到 225.5μm，见图 5-10(a)；水胶比 0.40、粉煤灰掺量 30% 试件的最大孔径达到 140.2μm，大部分孔隙直径约为 100μm，见图 5-10(b)；而水胶比 0.30、粉煤灰掺量 30% 的水泥胶砂试件的最大孔径为 61.4μm，见图 5-10(c)。

其中，掺粉煤灰试件的水泥石的孔结构得到有效改善，且随着水胶比的降低，其孔隙越小。通过对水胶比分别为 0.30、0.40、粉煤灰掺量 30% 的掺粉煤灰普通硅酸盐水泥胶砂试件进行观测，可以发现掺粉煤灰后水胶比 0.40 的试件的孔隙由 225.2μm 降到 121.9μm，说明掺加一定量的粉煤灰可以填充试件内部的孔隙，起到密实孔结构的作用；而通过降低粉煤灰试件的水胶比，即水胶比从 0.40 降至 0.30 时，相同粉煤灰掺量试件的孔隙由 121.9μm 降至 61.4μm，此配合比的孔结构与硫铝酸盐水泥胶砂试件的孔结构相当，说明通过降低水胶比可以改善试件内部的孔结构。而试件孔隙的结构对试件有着重要的影响。通过改善试件的孔结构，对提高试件的抗侵蚀性能较为显著。

将水胶比 0.40、粉煤灰掺量 30% 的普通硅酸盐水泥试件在硫酸根离子浓度为 90000mg/L、镁离子浓度为 15200mg/L 溶液中浸泡 8 个月后进行 SEM 及 EDS 观测，发现在靠近试件表面处生成大量的石膏侵蚀产物，并掺杂部分氢氧化镁，见图 5-11。

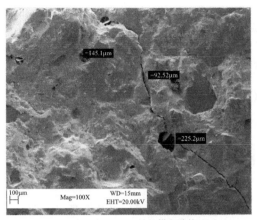

(a) 水灰比0.40，不掺粉煤灰试件

(b) 水胶比0.40，粉煤灰掺量30%试件

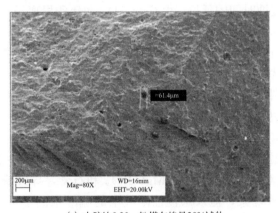

(c) 水胶比0.30，粉煤灰掺量30%试件

图 5-10　水泥胶砂试件内部孔结构图

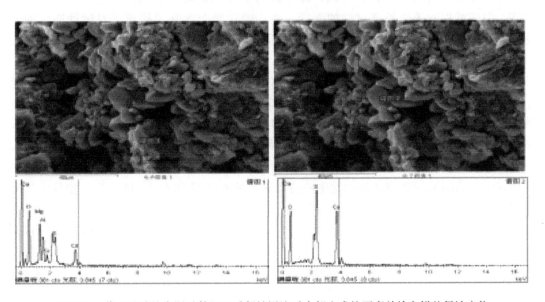

图 5-11　普通硅酸盐水泥试件经双重侵蚀浸泡后内部生成的石膏并掺杂镁盐侵蚀产物

5.2.3.2　侵蚀破坏机理分析

对于普通硅酸盐水泥试件，在硫酸盐、镁盐侵蚀溶液对试件侵蚀过程中，试件水化生成的 $Ca(OH)_2$ 与双重侵蚀溶液中的镁离子发生化学反应，生成 $Mg(OH)_2$，同时，$Ca(OH)_2$ 还与双重侵蚀溶液中的硫酸根离子反应生成石膏，反应方程式如下：

$$Ca(OH)_2 + MgSO_4 + 2H_2O \longrightarrow CaSO_4 \cdot 2H_2O + Mg(OH)_2 \downarrow \tag{5-2}$$

$$3CaO \cdot Al_2O_3 + CaSO_4 \cdot 2H_2O + Ca(OH)_2 + 26H_2O \longrightarrow$$
$$3CaO \cdot Al_2O_3 \cdot CaSO_4 \cdot 32H_2O \downarrow + CaOH \tag{5-3}$$

$$3CaO \cdot SiO_2 \cdot nH_2O + 3MgSO_4 + mH_2O \longrightarrow$$
$$CaSO_4 \cdot 2H_2O + Mg(OH)_2 \downarrow + 2SiO_2 \cdot (m+n-3)H_2O \tag{5-4}$$

试件中生成的侵蚀产物主要为 $Mg(OH)_2$、水化硅酸镁（MSH）以及石膏（$CaSO_4 \cdot 2H_2O$），这三种侵蚀物质往往交织在一起，并会弱化试件表层水泥石的胶结力和强度，产生破坏作用。随着侵蚀时间的延长，由 $Ca(OH)_2$ 和硫酸根离子反应生成的石膏越来越多，使试件表层发生膨胀，造成试件表层本已产生 $Mg(OH)_2$ 的薄弱环节处出现裂缝、剥落，同时也为侵蚀物质镁离子和硫酸根离子的进一步渗入试件内部提供了通道。因此，经过两种侵蚀溶液的交替进行，逐渐对试件造成侵蚀破坏。

硫铝酸盐水泥试件在高浓度硫酸盐、镁盐双重侵蚀溶液中，表现出较高的抗侵蚀性能，这是由于硫铝酸盐水泥成分中仅含有少量的硅酸二钙含量，即正常水化产物中仅有少量的侵蚀内因 $Ca(OH)_2$，又由于硫铝酸盐水泥试件的高密实度，使试件更难以发生侵蚀破坏。所以，硫铝酸盐水泥试件具有更高的抗双重侵蚀性能。虽然硫铝酸盐水泥试件在双重侵蚀溶液中也会生成少量 $Mg(OH)_2$ 和石膏，导致硫铝酸盐水泥试件表面在早期出现轻微的起砂现象，但双重侵蚀溶液中的硫酸根离子进入试件后会参与硫铝酸盐水泥的水化反应，进一步促使水泥的水化，生成一定量的对硫铝酸盐试件强度和密实度有促进作用的钙矾石。所以，即使镁离子对硫铝酸盐水泥试件造成一定的轻微损伤，但硫酸根离子会提高试件的强度，在一定程度上弥补了镁离子对试件造成的弱化影响。综上所述，硫铝酸盐水泥试件有着比普通硅酸盐水泥试件更好的抗硫酸盐、镁盐双重侵蚀性能。

在低浓度双重侵蚀溶液中，采用降低水胶比同时掺入一定量的掺合料，可在一定程度上提高普通硅酸盐水泥试件的抗侵蚀性能。首先，降低水胶比可以提高水泥石的密实度，掺加掺合料不但可以进一步提高混凝土的密实度，同时水泥石与集料的界面也得到改善，从而使侵蚀溶液更难进入混凝土内部，从而减缓了侵蚀物质对混凝土的侵蚀过程。其次，在拌合物中掺加掺合料有利于提高其抗侵蚀性能，这是由于掺合料（粉煤灰、硅灰）中的活性 SiO_2、Al_2O_3 可以和水泥水化生成的高碱度的 C-S-H 和 $Ca(OH)_2$ 进一步反应生成低碱度的 C-S-H 凝胶，化学反应方程式为：

$$(0.8 \sim 1.5)Ca(OH)_2 + SiO_2 + [n-(0.8 \sim 1.5)]H_2O \longrightarrow (0.8 \sim 1.5)CaO \cdot SiO_2 \cdot nH_2O \tag{5-5}$$

$$(1.5 \sim 2.0)CaO \cdot SiO_2 \cdot nH_2O + xSiO_2 + yH_2O \longrightarrow z[(0.8 \sim 1.5)CaO \cdot SiO_2 \cdot 9H_2O] \tag{5-6}$$

从式(5-5)、式(5-6) 可以看出，掺合料水化后实际上减少了试件水化产物中的

$Ca(OH)_2$ 含量，更重要的是掺合料水化可以生成低碱度的 C-S-H 凝胶，从而增加 C-S-H 含量，使胶凝物质大幅度增加，且这种低碱度的 C-S-H 比水泥水化生成的高碱度的 C-S-H 的强度要高很多，稳定性也更好，而且掺入掺合料可以改善水泥石中胶凝物质的组成，进一步减少 $Ca(OH)_2$ 的含量，从而进一步减少试件中的侵蚀内因。

试验结果还发现，掺粉煤灰的普通硅酸盐水泥试件在高浓度硫酸盐、镁盐双重侵蚀环境中发生侵蚀破坏的速度和程度较严重，一些试件表面经过短期侵蚀浸泡就发生较明显的起砂、剥离现象，这是由于粉煤灰的球形玻璃体比较稳定，且玻璃体表面又相对致密，在早期不易发生水化，即粉煤灰颗粒在早期并不能与试件中的 $Ca(OH)_2$ 发生反应生成具有胶结能力的水化硅酸钙，处于较弱胶结状态，粉煤灰掺量越大，试件中的水泥含量越少，导致试件水泥石的黏结力变弱。此时，在高浓度硫酸盐、镁盐双重侵蚀下，镁离子在试件表层又生成氢氧化镁软化层，会使试件表面的黏结力进一步降低。同时，硫酸根离子在试件表面生成石膏，使试件表面发生微膨胀，从而导致试件表面疏松、起砂，没有胶结力的粉煤灰颗粒就会随即剥落。因此，大掺量粉煤灰试件在高浓度硫酸盐、镁盐双重侵蚀溶液中，较短时间出现了较严重的侵蚀破坏现象。故而，在高浓度硫酸盐、镁盐双重侵蚀环境中，对于普通硅酸盐水泥混凝土而言，采用加大粉煤灰掺量来抵抗侵蚀的方法并不可取。

5.2.4 小结

至此，通过试验主要研究了水灰（胶）比、粉煤灰及硅灰掺量、水泥品种等因素对试件抵抗硫酸盐、镁盐双重侵蚀性能的影响，通过宏观试验及微观测试分析，得出以下结论：

（1）在硫酸盐、镁盐双重侵蚀下，在硫酸根离子浓度为 8000mg/L、镁离子浓度≤6000mg/L 双重侵蚀溶液中，粉煤灰掺量 30% 的普通硅酸盐水泥胶砂试件的抗双重侵蚀性能随着水胶比的降低而逐渐增强。但是，在硫酸根离子浓度≥58000mg/L、镁离子浓度为 15200mg/L 时，水胶比对普通硅酸盐水泥试件的抗侵蚀性能影响较小，仅通过降低水胶比已无法抵抗高浓度双重侵蚀溶液对试件造成的侵蚀破坏。

（2）在较低浓度硫酸盐、镁盐（硫酸根离子浓度≤8000mg/L、镁离子浓度≤6000mg/L）双重侵蚀环境中，增大粉煤灰掺量有利于提高普通硅酸盐水泥胶砂试件的抗侵蚀性能。但是在高浓度硫酸盐、镁盐双重侵蚀环境中，普通硅酸盐水泥试件即使增大粉煤灰掺量也难以抵抗双重侵蚀破坏；对普通硅酸盐水泥胶砂试件而言，掺硅灰与否对试件抵抗硫酸盐、镁盐双重侵蚀的影响不大。

（3）硫铝酸盐水泥胶砂试件具有比普通硅酸盐水泥胶砂试件更强的抗侵蚀性能，特别是在高浓度硫酸盐、镁盐双重侵蚀溶液中，硫铝酸盐水泥试件的抗侵蚀性能明显高于普通硅酸盐水泥试件（包括大掺量粉煤灰试件）的抗侵蚀性能。

（4）在硫酸盐、镁盐双重侵蚀环境中，普通硅酸盐水泥试件的破坏特征与侵蚀溶液有关，当镁离子浓度为 15200mg/L 时，试件的侵蚀破坏形态主要是与硫酸根离子浓度有关，当硫酸根离子浓度≤20250mg/L 时，表现为镁盐侵蚀破坏形态，即试件表面较完整但抗蚀系数下降；当硫酸根离子浓度≥20250mg/L 时，表现为硫酸盐侵蚀破坏形态，试件表面生成大量的石膏及氢氧化镁，造成剥蚀破坏。

5.3 硫酸盐、镁盐双重侵蚀作用下高抗硫混凝土研究

抗硫酸盐硅酸盐水泥按其抗硫酸盐侵蚀程度，分为中抗硫酸盐硅酸盐水泥和高抗硫酸盐硅酸盐水泥两类。以适当成分的硅酸盐水泥熟料，加入适量石膏，磨细制成的具有抵抗较高浓度硫酸根离子侵蚀的水硬性胶凝材料，称为高抗硫酸盐硅酸盐水泥，简称高抗硫水泥，代号 P·HSR。高抗硫水泥主要是通过控制胶凝材料中矿物成分铝酸三钙（C_3A）和硅酸三钙（C_3S）的含量来降低侵蚀中间产物氢氧化钙［$Ca(OH)_2$］的量，进而达到抗硫酸盐侵蚀效果。《抗硫酸盐硅酸盐水泥》GB/T 748—2023 规定，高抗硫水泥的 C_3A 含量不得超过 3%，C_3S 含量小于 50%，原因在于 C_3A、C_3S 本身及水化产物极容易被硫酸盐侵蚀。正是因为 C_3A、C_3S 含量低，可以减少水泥石的腐蚀，所以高抗硫酸盐水泥混凝土在工程界常用于抵抗单因素硫酸盐的侵蚀。本节以高抗硫混凝土为研究对象，探究水灰（胶）比、侵蚀龄期、矿物掺合料等因素对其硫酸盐、镁盐双重侵蚀劣化行为的影响。

5.3.1 原材料与试验方案

5.3.1.1 原材料

本试验所用水泥采用博乐市青松南岗建材有限责任公司生产的高抗硫 42.5 水泥和布克赛尔县青松南岗屯南建材有限责任公司生产的高抗硫 42.5 水泥，水泥的各项物理指标见表 5-6，化学成分指标见表 5-7；砂采用标准砂；萘系高效减水剂（FDN）为乌鲁木齐市建宝天化新材料科技有限公司生产（标准型）；拌合材料所用水采用实验室自来水；配制侵蚀溶液所用水采用蒸馏水。主要根据《混凝土耐久性检验评定标准》JGJ/T 193—2009 和《水利水电工程地质勘查规范（2022 年版)》GB 50487—2008 的相关规定，结合新疆区域化环境特点，设定不同的浓度等级。

5.3.1.2 侵蚀试验方法

对于宏观试验，按式(5-1)对胶砂试件定期进行抗折强度 R 的测量，各组试件的抗蚀系数 $K_蚀$ 按式(3-1)计算得出，结果保留到 0.01。利用抗蚀系数 $K_蚀$ 是否小于 0.80 作为试件是否遭受侵蚀破坏的评定指标，当 $K_蚀 \leqslant 0.80$ 时，认为试件遭受侵蚀破坏。

对于微观试验，利用 SEM 对胶砂试件表面的侵蚀层、胶砂试件界面过渡区、胶砂试件内部孔隙等部位进行微观观测，并利用 EDS 对混凝土的侵蚀产物进行成分分析。

（1）水灰比对试件抗硫酸盐、镁盐双重侵蚀性能影响的试验方案

依据新疆地区实际工程中混凝土常用的水灰比和新疆地区可能遇到的环境水中硫酸根离子和镁离子浓度，并参考《水泥抗硫酸盐侵蚀试验方法》GB/T 749—2008 中"浸泡抗蚀性能试验方法"（K 法），用和布克赛尔县青松南岗屯南建材有限责任公司生产的高抗硫 42.5 水泥（水泥中含 46.37% 的 C_3S），制作了水灰比为 0.30、0.40、0.50 的高抗硫酸盐水泥胶砂试件，各试件的配合比见表 5-8。标准养护 28d 之后，将试件分别浸泡于不同浓度双重侵蚀溶液中，具体的侵蚀溶液配制浓度见表 5-9。分别测试侵蚀龄期为 2 个月、4 个月、6 个月、7 个月、8 个月时的试件抗折强度 R，计算出抗蚀系数 $K_蚀$。

水泥各项物理指标　　　　　　　　　　表 5-6

水泥	密度 (g/cm³)	比表面积 (m²/kg)	标准稠度用水量 (%)	凝结时间(min)		安定性	强度			
				初凝	终凝		抗折强度（MPa）		抗压强度（MPa）	
							3d	28d	3d	28d
1号高抗硫酸盐水泥42.5	3.16	307	26.2	166	214	合格	4.5	7.6	20.4	46.5
2号高抗硫酸盐水泥42.5	—	325	26.7	189	256	合格	5.9	8.3	25.1	47.6

注：1. 1号高抗硫酸盐水泥42.5为博乐市青松南岗建材有限责任公司生产；

2. 2号高抗硫酸盐水泥42.5为和布克赛尔县青松南岗屯南建材有限责任公司生产；

3. 标准稠度用水量采用调整水量法测定；

4. 安定性为沸煮法（饼法）检测结果；

5. "—"表示没有数值。

水泥各项化学成分指标　　　　　　　　表 5-7

化学成分	烧失量	MgO	C_3S	C_3A	SO_3	石膏	f-CaO	不溶物
1号高抗硫酸盐水泥42.5	1.74	0.65	35.66	2.54	2.2	5	0.5	1.33
2号高抗硫酸盐水泥42.5	1.47	1.79	46.37	1.78	1.98	4	—	0.75

注：1. 1号高抗硫酸盐水泥42.5为博乐市青松南岗建材有限责任公司生产；

2. 2号高抗硫酸盐水泥42.5为和布克赛尔县青松南岗屯南建材有限责任公司生产；

3. "—"表示没有数值。

胶砂试件配合比表 1　　　　　　　　表 5-8

编号	水灰比	胶砂比	胶砂试件各项材料用量			
			水泥(g)	水(mL)	标准砂(g)	FDN(%)
C1、D1	0.30	1：2.5	300	90	750	1.2
C2、D2	0.40	1：2.5	300	120	750	0
C3、D3	0.50	1：2.5	300	150	750	0

注：采用标准砂是为了消除天然砂的不均匀性，C1、D1各组试件在拌合时掺入1.2%的高效减水剂。

试验所用硫酸盐、镁盐双重侵蚀溶液浓度表 1（单位：mg/L）　表 5-9

溶液浓度	R0	R1	R2	R3	R4	R5	R6
硫酸根离子	0	2500	4000	8000	8000	8000	20250
镁离子	0	600	1000	1000	3000	6000	6000

（2）粉煤灰掺量对试件抗硫酸盐、镁盐双重侵蚀性能影响的试验方案

依据新疆地区实际工程中混凝土常用粉煤灰掺量和新疆地区可能遇到的环境水中硫酸根离子和镁离子浓度，并参考《水泥抗硫酸盐侵蚀试验方法》GB/T 749—2008 中"浸泡抗蚀性能试验方法"（K 法），用博乐市青松南岗建材有限责任公司生产的高抗硫 42.5 水泥（水泥中 C_3S 含量为 35.66%），制作水灰（胶）比 0.40，Ⅱ级粉煤灰掺量分别为 0%、15%、25%、35%的水泥胶砂试件，依据《普通混凝土配合比设计规程》JGJ 55—2011计算混凝土的配合比，各试件的配合比见表 5-10。标准养护 28d 之后，将试件分别浸泡于

不同浓度双重侵蚀溶液中，具体的侵蚀溶液配制浓度见表5-11。分别测试侵蚀龄期为2个月、4个月、6个月、7个月、8个月时的试件抗折强度R，计算出抗蚀系数$K_{蚀}$。

掺粉煤灰胶砂试件的配合比表 表 5-10

编号	粉煤灰掺量（%）	水灰（胶）比	胶砂比	胶砂试件各项材料用量			
				水泥(g)	水(mL)	标准砂(g)	FDN(%)
E0	0	0.40	1：2.5	300	120	750	0
E1	15	0.40	1：2.5	255	120	750	45
E2	25	0.40	1：2.5	225	120	750	75
E3	35	0.40	1：2.5	195	120	750	105

注：采用标准砂是为了消除天然砂的不均匀性。

试验所用硫酸盐、镁盐双重侵蚀溶液浓度表2（单位：mg/L） 表 5-11

溶液浓度	R0	R1	R2	R3	R4	R5	R6
硫酸根离子	0	2500	4000	8000	8000	8000	20250
镁离子	0	600	1000	1000	3000	6000	6000

（3）水泥中C_3S含量对试件抗硫酸盐、镁盐双重侵蚀性能影响的试验方案

用博乐市青松南岗建材有限责任公司生产的高抗硫42.5水泥（水泥中C_3S含量为35.66%）与和布克赛尔县青松南岗屯南建材有限责任公司生产的高抗硫42.5水泥（水泥中C_3S含量为46.37%）进行对比，两种水泥在同配合比、同龄期、同浓度硫酸盐、镁盐双重溶液中进行浸泡侵蚀试验。首先依据新疆地区实际工程中混凝土常用的水灰比和新疆地区可能遇到的环境水中硫酸根离子浓度、镁离子浓度，并参考《水泥抗硫酸盐侵蚀试验方法》GB/T 749—2008中"浸泡抗蚀性能试验方法"（K法），用这两种C_3S含量不同的水泥制作了水灰比为0.30、0.40、0.50的水泥胶砂试件，各试件的配合比见表5-12。标准养护28d之后，将试件分别浸泡于不同浓度硫酸盐、镁盐双重侵蚀溶液中，具体的侵蚀溶液配制浓度见表5-13。分别测试侵蚀龄期为2个月、4个月、6个月、7个月、8个月时的试件抗折强度R，计算出抗蚀系数$K_{蚀}$。

胶砂试件配合比表2 表 5-12

编号	水灰比	胶砂比	胶砂试件各项材料用量			
			水泥(g)	水(mL)	标准砂(g)	FDN(%)
C1、D1	0.30	1：2.5	300	90	750	1.2
C2、D2	0.40	1：2.5	300	120	750	0
C3、D3	0.50	1：2.5	300	150	750	0

注：采用标准砂是为了消除天然砂的不均匀性，C1、D1各组试件在拌合时掺入1.2%的高效减水剂。

试验所用硫酸盐、镁盐双重侵蚀溶液浓度表3（单位：mg/L） 表 5-13

溶液浓度	R0	R1	R2	R4	R6
硫酸根离子	0	2500	4000	8000	20250
镁离子	0	600	1000	3000	6000

5.3.2　试验结果与分析

5.3.2.1　水灰比对试件抗双重侵蚀性能影响试验的结果与分析

根据实测结果绘制各组试件抗蚀系数随侵蚀龄期的变化情况，见图 5-12～图 5-15。可以看出，在不同浓度双重侵蚀溶液中，胶砂试件的抗侵蚀性能呈现一定的规律性。

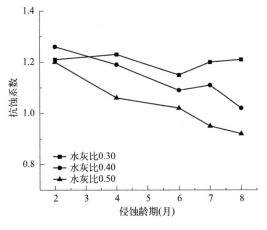

图 5-12　各组试件在 R1 中抗蚀系数
随侵蚀龄期变化曲线

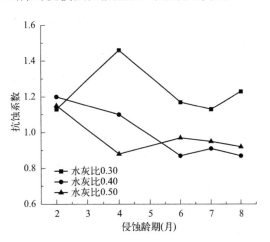

图 5-13　各组试件在 R2 中抗蚀系数
随侵蚀龄期变化曲线

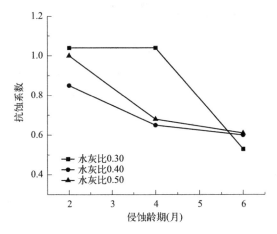

图 5-14　各组试件在 R4 中抗蚀系数
随侵蚀龄期变化曲线

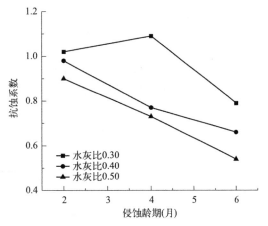

图 5-15　各组试件在 R6 中抗蚀系数
随侵蚀龄期变化曲线

在较低浓度的 R1（硫酸根离子浓度为 2500mg/L，镁离子浓度为 600mg/L）、R2（硫酸根离子浓度为 4000mg/L，镁离子浓度为 1000mg/L）双重侵蚀溶液中，各组高抗硫酸盐水泥胶砂试件的抗蚀系数随水灰比降低而增大，并且高抗硫酸盐水泥胶砂试件的抗蚀系数随侵蚀龄期的变化曲线虽然略呈下降趋势，见图 5-12、图 5-13，但经过 8 个月的侵蚀，其抗蚀系数 $K_{蚀}>0.8$，未遭受侵蚀破坏，说明高抗硫酸盐水泥胶砂试件能够抵抗低浓度（硫酸根离子浓度≤4000mg/L，镁离子浓度≤1000mg/L）双重侵蚀破坏作用。特别是当水灰比降低至 0.30 时，试件的抗蚀系数增大较明显，说明在较低浓度双重侵蚀情况下，降低水灰比有利于增强高抗硫酸盐水泥混凝土抵抗硫酸盐、镁盐双重侵蚀的能力。

在两种高浓度双重侵蚀溶液 R4（硫酸根离子浓度为 8000mg/L，镁离子浓度为 3000mg/L）、R6（硫酸根离子浓度为 20250mg/L，镁离子浓度为 6000mg/L）中，各组高抗硫酸盐水泥胶砂试件的抗蚀系数随侵蚀龄期的变化曲线呈明显下降趋势，在侵蚀龄期达到 6 个月时，各组不同水灰比试件的抗蚀系数均小于 0.8（发生侵蚀破坏），见图 5-14、图 5-15，说明高抗硫酸盐水泥胶砂试件不能抵抗高浓度（硫酸根离子浓度≥8000mg/L，镁离子浓度≥3000mg/L）双重侵蚀破坏作用。

为了更明确地表达不同浓度双重侵蚀溶液中胶砂试件之间的关系，根据实测数据绘制了各水灰比试件的抗折强度，见图 5-16～图 5-18。

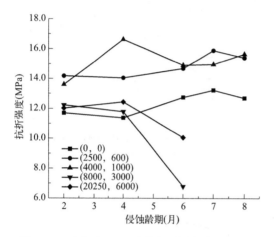

图 5-16　水灰比 0.30 试件在不同硫酸根离子、
镁离子浓度下抗折强度曲线

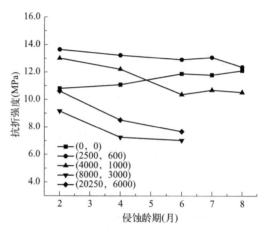

图 5-17　水灰比 0.40 试件在不同硫酸根离子、
镁离子浓度下抗折强度曲线

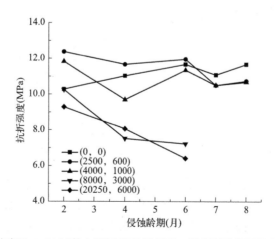

图 5-18　水灰比 0.50 试件在不同硫酸根离子、镁离子浓度下抗折强度曲线

对比图 5-16、图 5-17 和图 5-18 可以发现，淡水中的胶砂试件抗折强度值比较稳定，水灰比 0.30 的胶砂试件在（硫酸根离子浓度≤4000mg/L，镁离子浓度≤1000mg/L）双重侵蚀溶液中的抗折强度要比淡水中高；到 6 个月试件发生侵蚀破坏的时候，在较高浓度

（硫酸根离子浓度≥8000mg/L，镁离子浓度≥3000mg/L）双重侵蚀溶液中试件的抗折强度才低于淡水中试件的抗折强度。水灰比为 0.40、0.50 的胶砂试件在低浓度（硫酸根离子浓度≤4000mg/L，镁离子浓度≤1000mg/L）双重侵蚀溶液中的抗折强度，前期要比淡水中高，后期侵蚀溶液中试件的抗折强度低于淡水中试件的抗折强度；在较高浓度（硫酸根离子浓度≥8000mg/L，镁离子浓度≥3000mg/L）双重侵蚀溶液中，试件的抗折强度始终低于淡水中试件的抗折强度，说明低水灰比试件的抗折强度要大于高水灰比试件的抗折强度。

5.3.2.2　粉煤灰掺量对试件抗双重侵蚀性能影响的结果与分析

为了更直观地反映各组试件的抗硫酸盐、镁盐双重侵蚀性能，根据试验测得数据绘制不同浓度侵蚀溶液中各组试件抗蚀系数随侵蚀龄期的变化曲线，见图 5-19～图 5-24。可以看出，在不同浓度双重侵蚀溶液中，试件的抗侵蚀性能呈现一定的规律性。

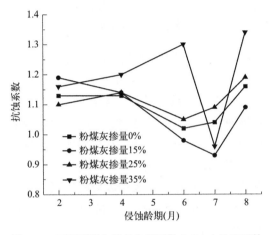

图 5-19　不同粉煤灰掺量各组试件在 R1 中抗蚀系数随侵蚀龄期变化曲线

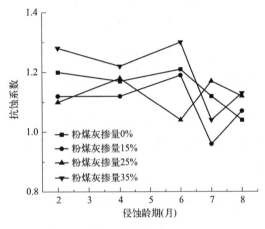

图 5-20　不同粉煤灰掺量各组试件在 R2 中抗蚀系数随侵蚀龄期变化曲线

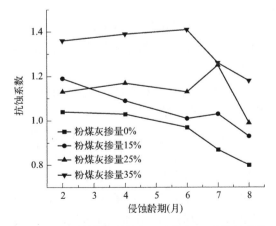

图 5-21　不同粉煤灰掺量各组试件在 R3 中抗蚀系数随侵蚀龄期变化曲线

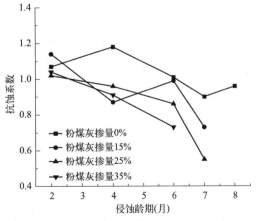

图 5-22　不同粉煤灰掺量各组试件在 R4 中抗蚀系数随侵蚀龄期变化曲线

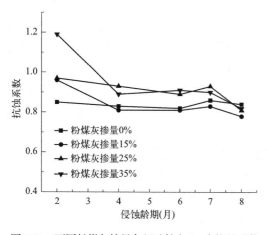

图 5-23　不同粉煤灰掺量各组试件在 R5 中抗蚀系数
随侵蚀龄期变化曲线

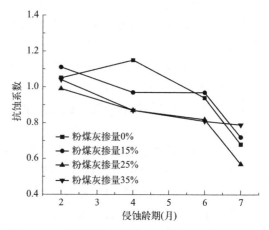

图 5-24　不同粉煤灰掺量各组试件在 R6 中抗蚀系数
随侵蚀龄期变化曲线

从试验实测数据和图 5-19、图 5-20 中可以看出,在低浓度侵蚀溶液 R1(硫酸根离子浓度为 2500mg/L,镁离子浓度为 600mg/L)、R2(硫酸根离子浓度为 4000mg/L,镁离子浓度为 1000mg/L)中,各组水泥混凝土胶砂试件的抗蚀系数随侵蚀龄期的变化曲线,前期虽然略呈下降趋势,但侵蚀龄期为 8 个月时抗蚀系数 $K_{蚀}$ 还保持在 1.00 以上,说明各掺量粉煤灰试件均可抵抗低浓度硫酸盐、镁盐的双重侵蚀破坏作用;从试验实测数据和图 5-21 中可以看出,各掺量粉煤灰试件在双重侵蚀溶液 R3(硫酸根离子浓度为 8000mg/L,镁离子浓度为 1000mg/L)中,抗蚀系数 $K_{蚀}$ 明显呈降低趋势。不掺粉煤灰胶砂试件,在侵蚀龄期 8 个月时,抗蚀系数 $K_{蚀}$ =0.80,已经濒临破坏,很难再具有抗侵蚀性能。掺 15%、25% 粉煤灰的胶砂试件,在侵蚀龄期 8 个月时,抗蚀系数 $K_{蚀}$ <1.00,随着侵蚀龄期的延长,很可能面临侵蚀破坏。掺 35% 粉煤灰的胶砂试件,在侵蚀龄期 8 个月时,抗蚀系数 $K_{蚀}$ 一直保持在 1.00 以上,仍具有很好的抗侵蚀性能,说明在此浓度下,增大粉煤灰掺量,有利于增强高抗硫酸盐水泥的抗侵蚀性能。

综上所述,双重侵蚀溶液浓度在一定范围内(硫酸根离子浓度≤8000mg/L,镁离子浓度≤1000mg/L)时,掺入粉煤灰可在一定程度上增强高抗硫酸盐水泥混凝土的抗侵蚀性能,且随着粉煤灰掺量的增大,其抗蚀系数增大。

从试验实测数据和图 5-22、图 5-23 中可以看出,在侵蚀溶液浓度 R4(硫酸根离子浓度为 8000mg/L,镁离子浓度为 3000mg/L)、R5(硫酸根离子浓度为 8000mg/L,镁离子浓度为 6000mg/L)中,各组试件的抗蚀系数随侵蚀龄期呈明显下降趋势,在侵蚀龄期 8 个月时就发生侵蚀破坏或将面临侵蚀破坏;从试验实测数据和图 5-24 中可以看出,在侵蚀溶液浓度 R6(硫酸根离子浓度为 20250mg/L,镁离子浓度为 6000mg/L)中,各掺量粉煤灰试件的抗蚀系数 $K_{蚀}$ 值都不高,有明显的下降趋势,在侵蚀龄期 7 个月时,各掺量粉煤灰试件的抗蚀系数 $K_{蚀}$ 均小于 0.80(遭到侵蚀破坏)。面对如此高浓度的双重侵蚀溶液,即使增大粉煤灰掺量,也难以抵抗双重侵蚀破坏。

综上所述,在高浓度双重侵蚀溶液情况下(硫酸根离子浓度≥8000mg/L,镁离子浓度≥3000mg/L),掺入粉煤灰不再能够增强高抗硫酸盐水泥混凝土的抗侵蚀性能。

5.3.2.3　水泥中 C_3S 含量对试件抗双重侵蚀性能影响的结果与分析

表5-14列出了本试验所用博乐市青松南岗建材有限责任公司生产的高抗硫42.5水泥（含35.66％的 C_3S）制作的胶砂试件在不同浓度硫酸盐、镁盐双重侵蚀溶液中的抗折强度和抗蚀系数。表5-15列出了本试验所用和布克赛尔县青松南岗屯南建材有限责任公司生产的高抗硫42.5水泥（含46.37％的 C_3S）制作的胶砂试件在不同浓度硫酸盐、镁盐双重侵蚀溶液中的抗折强度和抗蚀系数。

含35.66％ C_3S 的高抗硫酸盐水泥胶砂试件抗双重侵蚀试验结果　　　　表 5-14

试验编号	侵蚀溶液浓度（mg/L）	抗折强度(MPa)/抗蚀系数				
		2个月	4个月	6个月	7个月	8个月
D1	0、0	10.90/1.00	12.68/1.00	12.31/1.00	12.09/1.00	11.83/1.00
	2500、600	13.63/1.25	14.34/1.13	14.98/1.22	13.18/1.09	15.27/1.29
	4000、1000	13.95/1.30	14.66/1.16	15.15/1.23	14.50/1.20	14.68/1.24
	8000、3000	13.13/1.22	14.27/1.13	14.30/1.16	13.92/1.15	12.34/1.04
	20250、6000	14.03/1.30	12.15/0.96	12.15/0.99	13.37/1.11	10.54/0.89
D2	0、0	12.44/1.00	14.70/1.00	12.83/1.00	12.86/1.00	13.50/1.00
	2500、600	14.01/1.13	14.40/1.13	13.05/1.02	13.34/1.04	15.60/1.16
	4000、1000	14.88/1.20	14.91/1.17	15.49/1.21	14.37/1.12	13.98/1.04
	8000、3000	13.34/1.07	15.04/1.18	12.99/1.01	11.57/0.90	12.99/0.96
	20250、6000	13.05/1.05	14.63/1.15	12.05/0.94	8.78/0.68	
D3	0、0	12.08/1.00	13.24/1.00	12.79/1.00	13.11/1.00	13.98/1.00
	2500、600	13.82/1.14	14.63/1.10	14.82/1.16	15.33/1.17	15.75/1.13
	4000、1000	12.98/1.07	14.50/1.10	14.56/1.14	15.59/1.19	14.50/1.05
	8000、3000	10.81/0.87	7.86/0.58	6.33/0.49	—	—
	20250、6000	12.83/1.06	8.61/0.65	6.85/0.54	—	—

注：表中抗折强度与抗蚀强度均保留两位小数，"—"表示试件在前期已遭受破坏。

含46.37％ C_3S 的高抗硫酸盐水泥胶砂试件抗双重侵蚀试验结果　　　　表 5-15

试验编号	侵蚀溶液浓度（mg/L）	抗折强度(MPa)/抗蚀系数				
		2个月	4个月	6个月	7个月	8个月
C1	0、0	11.70/1.00	11.38/1.00	12.75/1.00	13.23/1.00	12.70/1.00
	2500、600	14.18/1.21	14.05/1.23	14.69/1.15	15.89/1.20	15.40/1.21
	4000、1000	13.61/1.13	16.63/1.46	14.91/1.17	14.96/1.13	15.65/1.23
	8000、3000	12.23/1.04	11.79/1.04	6.79/0.53	—	—
	20250、6000	12.02/1.02	12.44/1.09	10.06/0.79	—	—
C2	0、0	10.80/1.00	11.09/1.00	11.89/1.00	11.80/1.00	12.12/1.00
	2500、600	13.65/1.26	13.24/1.19	12.92/1.09	13.08/1.11	12.38/1.02
	4000、1000	13.01/1.20	12.21/1.10	10.38/0.87	10.70/0.91	10.54/0.87
	8000、3000	9.16/0.85	7.26/0.65	7.04/0.60	—	—
	20250、6000	10.61/0.98	8.52/0.77	7.68/0.66	—	—
C3	0、0	12.28/1.00	11.03/1.00	11.67/1.00	11.08/1.00	11.67/1.00
	2500、600	12.38/1.20	11.67/1.06	11.96/1.02	10.50/0.95	10.74/0.92
	4000、1000	11.83/1.15	9.70/0.88	11.35/0.97	10.50/0.95	10.68/0.92
	8000、3000	10.25/1.00	7.52/0.68	7.23/0.61	—	—
	20250、6000	9.29/0.90	8.07/0.73	6.42/0.54	—	—

注：表中抗折强度与抗蚀强度均保留两位小数，"—"表示试件在前期已遭受破坏。

用博乐市青松南岗建材有限责任公司生产的高抗硫42.5水泥（含35.66％的 C_3S）制

作的 D 组胶砂试件的抗双重侵蚀试验结果，与和布克赛尔县青松南岗屯南建材有限责任公司生产的高抗硫 42.5 水泥（含 46.37% 的 C_3S）制作的 C 组胶砂试件抗双重侵蚀试验结果进行对比，见表 5-16。

两种水泥抗双重侵蚀试验结果对比表

表 5-16

水灰比	侵蚀溶液浓度(mg/L)	试验编号	抗折强度(MPa)/抗蚀系数				
			2个月	4个月	6个月	7个月	8个月
0.30	2500、600	C1	14.18/1.21	14.05/1.23	14.69/1.15	15.89/1.20	15.40/1.21
		D1	13.63/1.25	14.34/1.13	14.98/1.22	13.18/1.09	15.27/1.29
	4000、1000	C1	13.61/1.13	16.63/1.46	14.91/1.17	14.96/1.13	15.65/1.23
		D1	13.95/1.30	14.66/1.16	15.15/1.23	14.50/1.20	14.68/1.24
	8000、3000	C1	12.23/1.04	11.79/1.04	6.79/0.53	—	—
		D1	13.13/1.22	14.27/1.13	14.30/1.16	13.92/1.15	12.34/1.04
	20250、6000	C1	12.02/1.02	12.44/1.09	10.06/0.79	—	—
		D1	14.03/1.30	12.15/0.96	12.15/0.99	13.37/1.11	10.54/0.89
0.40	2500、600	C2	13.65/1.26	13.24/1.19	12.92/1.09	13.08/1.11	12.38/1.02
		D2	14.01/1.13	14.40/1.13	13.05/1.02	13.34/1.04	15.60/1.16
	4000、1000	C2	13.01/1.20	12.21/1.10	10.38/0.87	10.70/0.91	10.54/0.87
		D2	14.88/1.20	14.91/1.17	15.49/1.21	14.37/1.12	13.98/1.04
	8000、3000	C2	9.16/0.85	7.26/0.65	7.04/0.60	—	—
		D2	13.34/1.07	15.04/1.18	12.99/1.01	11.57/0.90	12.99/0.96
	20250、6000	C2	10.61/0.98	8.52/0.77	7.68/0.66	—	—
		D2	13.05/1.05	14.63/1.15	12.05/0.94	8.78/0.68	—
0.50	2500、600	C3	12.38/1.20	11.67/1.06	11.96/1.02	10.50/0.95	10.74/0.92
		D3	13.82/1.14	14.63/1.16	14.82/1.16	15.33/1.17	15.75/1.13
	4000、1000	C3	11.83/1.15	9.70/0.88	11.35/0.97	10.50/0.95	10.68/0.92
		D3	12.98/1.07	14.50/1.10	14.56/1.14	15.59/1.19	14.50/1.04
	8000、3000	C3	10.25/1.00	7.52/0.68	7.23/0.61	—	—
		D3	10.81/0.87	7.86/0.58	6.33/0.49	—	—
	20250、6000	C3	9.29/0.90	8.07/0.73	6.42/0.54	—	—
		D3	12.83/1.06	8.61/0.65	6.85/0.54	—	—

注：表中抗折强度与抗蚀强度均保留两位小数，"—"表示试件在前期已遭受破坏。

对比表 5-16 中 C 组和 D 组试验数据可以看出，在较低浓度的 R1（硫酸根离子浓度为 2500mg/L，镁离子浓度为 600mg/L）、R2（硫酸根离子浓度为 4000mg/L，镁离子浓度为 1000mg/L）双重侵蚀溶液中，经过 8 个月的侵蚀，C_3S 含量高的 C 组胶砂试件抗蚀系数逐渐小于 1.00，而 C_3S 含量低的 D 组胶砂试件抗蚀系数始终大于 1.00；在高浓度的 R6（硫酸根离子浓度为 20250mg/L，镁离子浓度为 6000mg/L）双重侵蚀溶液中，C_3S 含量低、水灰比 0.30 的 D 组水泥胶砂试件在侵蚀龄期 8 个月时仍然保持一定的抗侵蚀性能。C_3S 含量高的 C 组水泥胶砂试件在侵蚀龄期 4～6 个月时就已经遭受高浓度硫酸盐、镁盐双重侵蚀破坏。

为了更直观地对比两组胶砂试件的抗硫酸盐、镁盐双重侵蚀性能，根据试验测得数据绘制水灰比为 0.30、0.40 在较高浓度双重侵蚀溶液（硫酸根离子浓度为 8000mg/L，镁离子浓度为 3000mg/L）中胶砂试件的抗蚀系数随侵蚀龄期的变化对比曲线，见图 5-25、图 5-26。

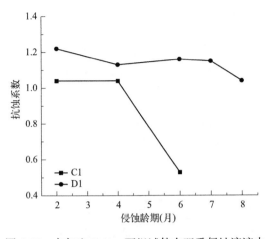

图 5-25 水灰比 0.30,两组试件在双重侵蚀溶液中抗蚀系数随侵蚀龄期变化对比曲线

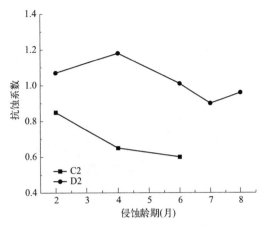

图 5-26 水灰比 0.40,两组试件在双重侵蚀溶液中抗蚀系数随侵蚀龄期变化对比曲线

从图 5-25、图 5-26 中可以看到两组试件对比结果的明显差异性,C_3S 含量低的 D 组水泥胶砂试件抗蚀系数 $K_蚀$ 明显大于 C_3S 含量高的 C 组水泥胶砂试件抗蚀系数。在较高浓度双重侵蚀溶液 R4(硫酸根离子浓度为 8000mg/L,镁离子浓度为 3000mg/L)中,水灰比为 0.30、0.40 的两组试件,C_3S 含量高的 C 组试件在侵蚀龄期为 6 个月时均发生侵蚀破坏,C_3S 含量低的 D 组试件在侵蚀龄期 8 个月时抗蚀系数 $K_蚀$ 却始终大于或等于 0.90,仍然保持一定的抗侵蚀性能,说明试件抗双重侵蚀性能随着 C_3S 含量的提高而降低。

5.3.3 侵蚀机理

混凝土的宏观性能与水泥石微观结构及化学组成存在密切联系。根据前述试验结果及其分析,本节挑选具有一定代表性的 5 组试件,借助 SED 和 EDS 等手段对胶砂试件进行微观结构观测和分析,对高抗硫酸盐水泥混凝土抗硫酸盐、镁盐双重侵蚀若干问题进行探讨。所选用胶砂试件组见表 5-17。其中,选取 C_3S 含量高的 C2 组试件与 C_3S 含量低的 D2 组试件,对比分析 C_3S 含量对胶砂试件微观结构影响;选取粉煤灰掺量 0% 的 D2 组试件与粉煤灰掺量 35% 的 E3 组试件,对比分析粉煤灰掺量对胶砂试件微观结构的影响;选取水灰比 0.30 的 D1 组试件与水灰比 0.50 的 D3 组试件,对比分析水灰比对胶砂试件微观结构的影响。

电镜试验所用试件组 表 5-17

试验组编号	水灰(胶)比	溶液浓度(mg/L)	粉煤灰掺量	侵蚀龄期(月)
C2	0.40	(8000,3000)	0%	6
D2	0.40	(8000,3000)	0%	6
E3	0.40	(8000,3000)	35%	6
D1	0.30	(8000,3000)	0%	6
D3	0.50	(8000,3000)	0%	6

5.3.3.1　水灰比对试件抗双重侵蚀性能影响的机理分析

为探讨水灰比对混凝土试件抗硫酸盐、镁盐双重侵蚀性能的影响，选择水灰比 0.30 的 D1 组试件和水灰比 0.50 的 D3 组试件，共同放在相同浓度双重侵蚀溶液（硫酸根离子浓度为 8000mg/L，镁离子浓度为 3000mg/L）中，侵蚀龄期 6 个月，微观形貌见图 5-27～图 5-30。

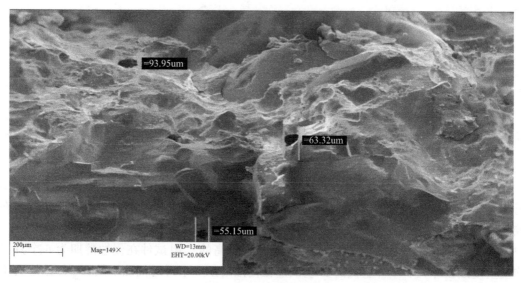

图 5-27　水灰比 0.30 的 D1 组试件内部孔隙最大直径 93.95μm

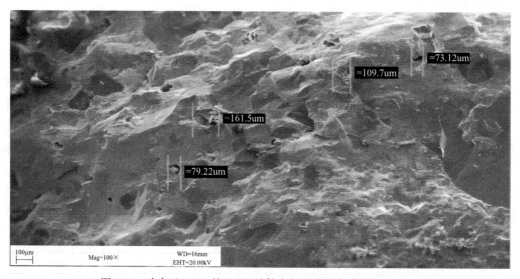

图 5-28　水灰比 0.50 的 D3 组试件内部孔隙最大直径 161.5μm

由工程经验及试验数据可知，水灰比对混凝土的抗侵蚀性能具有很大的影响，主要是因为水灰比影响着水泥混凝土的密实性。水灰比越大，混凝土内部孔隙数量越多，孔隙直径越大越不密实。降低水灰比可以有效减少内部有害孔的存在，孔径可以得到缩减，可以有效遏制双重侵蚀介质向胶砂试件内部渗透。对比分析图 5-27、图 5-28 可知，水灰比 0.50

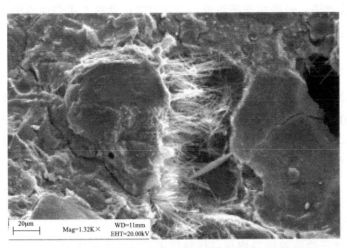

图 5-29 水灰比 0.30 的 D1 组试件内部孔隙水化产物氢氧化钙

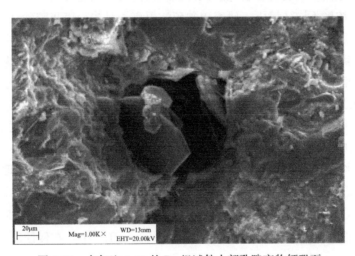

图 5-30 水灰比 0.50 的 D3 组试件内部孔隙产物钙矾石

的 D3 组试件内部孔隙多于水灰比 0.30 的 D1 组试件，且 D3 组试件孔隙直径最大值 161.5μm 又大于 D1 组试件内部孔隙直径最大值 93.95μm，这就为侵蚀溶液进入试件内部提供了良好的通道。这是从前文叙述中得出水灰比 0.30 的高抗硫水泥混凝土试件在硫酸盐、镁盐双重侵蚀溶液中的抗侵蚀性能远大于水灰比 0.50 的高抗硫水泥混凝土试件抗侵蚀性能的真正原因。

对比分析图 5-29、图 5-30 可知，在水灰比 0.30 的 D1 组试件孔隙内部发现了未发生反应的氢氧化钙，也就证明硫酸根、镁离子还未对试件内部产生侵蚀破坏作用，致使 D1 组试件在 6 个月时还未遭到双重侵蚀破坏。水胶比 0.50 的 D3 组试件孔隙内部发现大量的钙矾石，并伴随裂纹的产生，致使 D3 组试件在 4 个月时就遭受双重侵蚀破坏。

水灰比小的混凝土试件内部孔隙数量、孔隙直径都要小于水灰比大的混凝土试件，水灰比小的混凝土试件孔隙内部发现有未发生反应的氢氧化钙，而水灰比大的混凝土试件孔隙内部发现侵蚀产物，再一次证实试件抗双重侵蚀性能随着水灰比的提高而降低。

5.3.3.2 镁离子、硫酸根离子浓度对掺粉煤灰试件抗双重侵蚀性能影响的机理分析

（1）镁离子浓度对掺粉煤灰试件抗双重侵蚀性能的影响

为探讨镁离子浓度对掺粉煤灰试件抗双重侵蚀性能的影响，选择在硫酸根离子浓度相同、镁离子浓度不同环境下，研究单独镁离子对掺粉煤灰胶砂试件抗双重侵蚀性能的影响。在浓度为 R3、R4、R5 的侵蚀溶液中进行试验，对比分析胶砂试件抗侵蚀性能可以看出，总体上是镁离子浓度越高，试件抗蚀系数 $K_{蚀}$ 越低。混凝土试件在侵蚀溶液浓度 R3 中随着粉煤灰掺量的增加，试件的抗双重侵蚀性能增加，而混凝土试件在侵蚀溶液浓度 R4、R5 中随着粉煤灰掺量的增加，试件的抗双重侵蚀性能反而降低。原因是粉煤灰量的增加致使水泥石水化产生氢氧化钙的量减少，并且氢氧化钙与镁离子反应生成无胶结能力的氢氧化镁使溶液 pH 值降低，粉煤灰水化需要一定的碱环境，大量未水化的粉煤灰颗粒成为胶砂试件遭受侵蚀破坏作用的重要原因。

（2）硫酸根离子浓度对掺粉煤灰试件抗双重侵蚀性能的影响

为探讨硫酸根离子浓度对掺粉煤灰试件抗双重侵蚀性能的影响，选择在镁离子浓度相同、硫酸根离子浓度不同环境下，研究单独硫酸根离子对掺粉煤灰胶砂试件抗双重侵蚀性能的影响。在浓度为 R2 与 R3 的侵蚀溶液中，对比分析胶砂试件抗蚀系数可知，粉煤灰掺量 0％试件在硫酸根离子浓度高的溶液中试件抗蚀系数 $K_{蚀}$ 小，而粉煤灰掺量 35％试件在硫酸根离子浓度高的溶液中试件抗蚀系数 $K_{蚀}$ 大，说明硫酸根离子会促进水泥和粉煤灰的水化，尤其是起到激发粉煤灰的作用；硫酸根离子浓度越大，粉煤灰掺量越大，这种现象越明显，说明在双重侵蚀溶液中镁离子浓度较低，而硫酸根离子浓度较高情况下，掺加适量粉煤灰可以提高试件的抗侵蚀性能。

5.3.3.3 水泥中 C_3S 含量对试件抗双重侵蚀性能影响的侵蚀破坏机理分析

为分析水泥中 C_3S 含量对混凝土试件抗硫酸盐、镁盐双重侵蚀性能影响，选择 C_3S 含量高的 C2 和 C_3S 含量低的 D2 两组试件（水灰比均为 0.40），放入相同浓度侵蚀溶液（硫酸根离子浓度为 8000mg/L，镁离子浓度为 3000mg/L）中，在侵蚀龄期 6 个月时，通

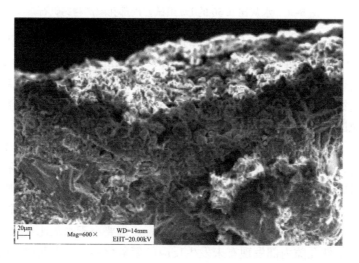

图 5-31 C_3S 含量高的 C2 组试件表面侵蚀疏松层

过 SEM 观察发现侵蚀反应只发生在高抗硫酸盐水泥胶砂试件表面，C2 组试件表面疏松，如图 5-31 所示，D2 组试件表面相对 C2 组试件密实，C2 组试件侵蚀层侵蚀产物形貌如图 5-32 所示。C2 组、D2 组侵蚀层主要元素为 O、Mg 等，经比照分析可以判定胶砂试件侵蚀层主要侵蚀产物为氢氧化镁，如图 5-33 所示。

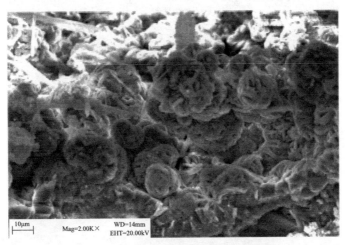

图 5-32 C_3S 含量高的 C2 组试件侵蚀层侵蚀产物

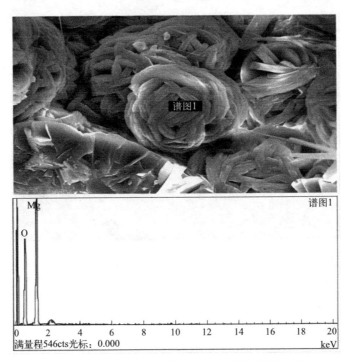

图 5-33 C2、D2 两组试件侵蚀层产物均为氢氧化镁

再对两组试件侵蚀层厚度进行对比分析，如图 5-34、图 5-35 所示。试件组 C2 侵蚀层厚度最大值 160.3μm，试件组 D2 侵蚀层厚度最大值 101.2μm，试件组 C2 侵蚀层厚度明显高于试件组 D2。

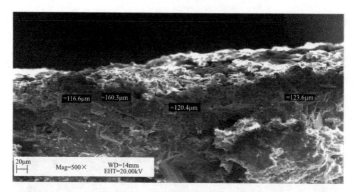

图 5-34　C_3S 含量高的 C2 组试件侵蚀层厚度最大值 160.3 μm

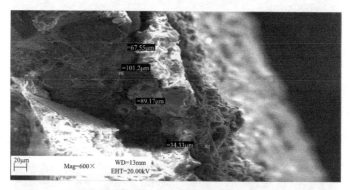

图 5-35　C_3S 含量低的 D2 组试件侵蚀层厚度最大值 101.2 μm

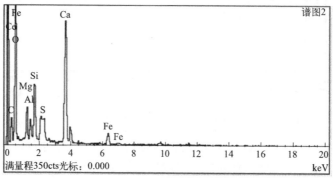

图 5-36　C_3S 含量高的 C2 组试件中间侵蚀产物为氢氧化镁、水化硅酸镁

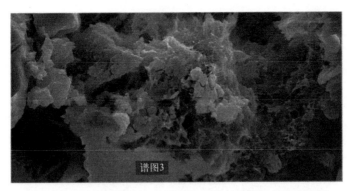

图 5-37　C_3S 含量低的 D2 组试件内部水化产物水化硅酸钙

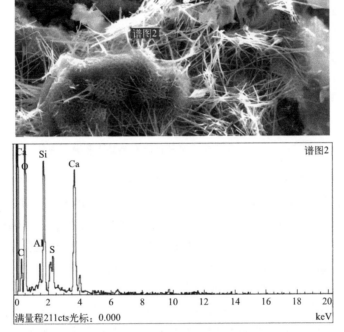

图 5-38　C2 组试件中的石膏和钙钒石

由于 C2 组试件水泥的 C_3S 含量高，C_3S 水化产生的侵蚀中间介质氢氧化钙的量就多；进一步与深入胶砂试件内部的侵蚀介质镁盐发生反应，产生了大量的侵蚀产物——氢氧化镁和水化硅酸镁，如图 5-36 所示。而在 C_3S 含量低的 D2 组试件内部水化产生氢氧化钙的量明显降低，胶砂试件内部只发现了水泥石正常的水化产物——水化硅酸钙，没有发现镁元素，说明镁离子暂时没有对试件内部造成侵蚀破坏，如图 5-37 所示。因此，C_3S 含量低的 D2 组试件表现出较高的抗双重侵蚀性能。

根据前述试验数据发现，C2 组试件在不同浓度双重侵蚀溶液中 2 个月时的抗折强度要高于淡水中试件的抗折强度。究其原因，水泥石水化产生氢氧化钙 $[Ca(OH)_2]$ 与硫酸根离子反应生成具有膨胀作用的石膏，石膏继续与水泥中的铝酸三钙反应生成钙矾石，如图 5-38 所示，反应方程式见式(5-7) 及式(5-3)。

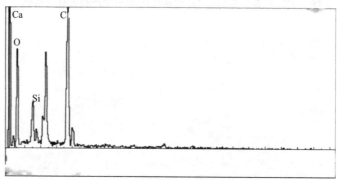

图 5-39　D2 组试件中石膏和钙矾石结晶膨胀破坏现象

$$Ca(OH)_2 + SO_4^{2-} + 2H_2O \longrightarrow CaSO_4 \cdot 2H_2O \qquad (5\text{-}7)$$

钙矾石也具有膨胀性，两种侵蚀产物最初填充混凝土中的孔隙，使混凝土的密实性增加，提高了高抗硫酸盐水泥混凝土抗硫酸盐、镁盐双重侵蚀的能力。随着侵蚀龄期的延续，在双重侵蚀溶液中，C2 组试件内部的石膏和钙矾石继续填充混凝土孔隙，孔隙开始胀裂，出现裂纹，如图 5-39 所示，而 D2 组试件内部较密实。

在较高浓度双重侵蚀溶液中，水泥石水化产生的氢氧化钙与镁离子反应生成大量的氢氧化镁，而氢氧化镁是一种几乎无胶结能力的松散物，起到弱化试件强度的作用，再加上具有膨胀作用的石膏和钙矾石共同作用，致使在较高浓度双重侵蚀溶液中，C2 组试件抗折强度出现骤降现象。反应方程式见下式：

$$Mg^{2+} + Ca(OH)_2 =\!\!=\!\!= Mg(OH)_2 + Ca^{2+} \qquad (5\text{-}8)$$

在较高浓度双重侵蚀溶液中，C2 组试件主要是以氢氧化镁结晶性破坏为主。

5.3.4　小结

本节通过试验，主要研究了水灰（胶）比、粉煤灰掺量、水泥中 C_3S 含量等因素对高抗硫酸盐水泥混凝土试件抗硫酸盐、镁盐双重侵蚀性能的影响，得出以下结论：

（1）水灰比对高抗硫水泥混凝土抗硫酸盐、镁盐双重侵蚀性能有一定的影响。高抗硫水泥混凝土只能抵抗低浓度（硫酸根离子浓度≤4000mg/L，镁离子浓度≤1000mg/L）硫酸盐、镁盐的双重侵蚀；在低浓度硫酸盐、镁盐双重侵蚀下，降低水灰比对增强高抗硫水泥胶砂试件抗硫酸盐、镁盐双重侵蚀性能有明显效果，但是在高浓度硫酸盐、镁盐双重侵蚀下，即使降低水灰比，试件还是难以抵抗硫酸盐、镁盐双重侵蚀破坏。

（2）粉煤灰掺量对高抗硫水泥混凝土抗硫酸盐、镁盐双重侵蚀性能有一定的影响。选择水灰（胶）比0.40，粉煤灰掺量分别为0%、15%、25%和35%的胶砂试件，在较低浓度（硫酸根离子浓度<8000mg/L，镁离子浓度<1000mg/L）硫酸盐、镁盐双重侵蚀环境中，增大粉煤灰掺量有利于提高高抗硫水泥胶砂试件的抗蚀性能，但在较高浓度（硫酸根离子浓度≥8000mg/L，镁离子浓度≥3000mg/L）硫酸盐、镁盐双重侵蚀环境中，即使增大粉煤灰掺量也难以抵抗硫酸盐、镁盐双重侵蚀破坏。

（3）水泥中硅酸三钙（C_3S）含量对高抗硫酸盐水泥混凝土抗硫酸盐、镁盐双重侵蚀性能有一定的影响。C_3S含量越高，侵蚀产物石膏、钙矾石和氢氧化镁、水化硅酸镁也会随之增加，胶砂试件相对就越容易遭受硫酸盐、镁盐双重侵蚀破坏。

（4）微观结构表明，高抗硫酸盐水泥受硫酸盐、镁盐双重侵蚀破坏的主要类型为表层氢氧化镁结晶型破坏，侵蚀破坏的程度表现为侵蚀层厚度的大小，侵蚀层厚度越小，试件的抗蚀系数越大，侵蚀破坏程度较轻；随着水灰比的降低，侵蚀层越薄，内部孔隙直径越小且结构越密实；高抗硫酸盐水泥中C_3S含量越大，侵蚀层越厚，内部除了有大量侵蚀产物氢氧化镁、水化硅酸镁外，还发现有石膏、钙矾石结晶型破坏。

第6章 ■■■

高浓度硫酸镁作用下硅酸盐—硫铝酸盐复合体系水泥混凝土研究

6.1 引言

随着建筑材料科技的快速发展，硅酸盐—硫铝酸盐复合体系水泥混凝土作为一种新型的高性能材料，在建筑领域的应用越来越广泛。这种复合水泥混凝土凭借其独特的性能优势，如高强度、高耐久性、优良的抗侵蚀性等，受到广泛关注。然而在实际工程应用中，高浓度硫酸镁等恶劣环境对硅酸盐—硫铝酸盐复合体系水泥混凝土的长期性能产生了显著影响，成为制约其应用的一大难题。

因此，研究高浓度硫酸镁作用下硅酸盐—硫铝酸盐复合体系水泥混凝土的性能变化及其机理，对于提高水泥混凝土的耐久性、延长其使用寿命具有重要意义。同时，也为新型高性能水泥混凝土材料的开发和应用提供了理论支持及科学依据。

本章旨在通过试验研究，深入探讨高浓度硫酸镁作用下硅酸盐—硫铝酸盐复合体系水泥混凝土的性能变化规律及机理。研究内容包括：硅酸盐—硫铝酸盐复合体系水泥混凝土的制备与表征、高浓度硫酸镁环境下水泥混凝土的性能测试与评价、硫酸镁与水泥混凝土组分的相互作用机制分析等。通过本章的研究，旨在为硅酸盐—硫铝酸盐复合体系水泥混凝土在高浓度硫酸镁环境下的应用提供理论依据和技术支持。

6.2 原材料及试验方案

6.2.1 试验研究因素

本节主要立足新疆区域化环境特点，进行水泥混凝土在静水环境中硫酸盐、镁盐双重作用下的化学侵蚀破坏机理分析。具体试验范围如下：

（1）侵蚀介质浓度

本节主要参照新疆部分地区侵蚀性离子浓度调查所得结果设置最高试验浓度，同时参照《混凝土耐久性检验评定标准》JGJ/T 193—2009、《混凝土结构耐久性设计与施工指南》《水利水电工程地质勘察规范（2022年版）》GB 50487—2008 的相关规定设定不同浓度等级。

（2）侵蚀破坏类型

硫酸镁对混凝土的侵蚀破坏作用主要有化学作用和物理作用。本试验剔除了物理破坏作用的影响，主要研究化学作用对混凝土耐久性的影响。

6.2.2 试验研究方法

通过对目前常用的抗侵蚀试验方法优缺点分析，同时结合本章研究范围的具体要求，确定试验方法如下：

（1）宏观试验方法

本试验研究的高浓度硫酸盐侵蚀破坏主要是石膏结晶侵蚀，当试件在溶液中浸泡时，石膏结晶易于从试件中排出，强度降低明显但试体体积并不膨胀，甚至会因表面剥蚀而缩小。参照《水泥抗硫酸盐侵蚀试验方法》GB/T 749—2008、《普通混凝土长期性能和耐久性能试验方法标准》GB/T 50082—2009 等相关硫酸盐侵蚀的试验方法，并且结合本章研究范围对试验的相关要求最终确定采用《水泥抗硫酸盐侵蚀试验方法》GB 749—2008 中浸泡抗侵蚀性能试验方法（K 法）。采用 $10mm \times 10mm \times 60mm$ 胶砂试件，并采用抗折强度 R 和抗蚀系数 $K_{蚀}$ 作为评定指标。这种方法较简单，物理意义明确且是实际工程中常用指标；但是对于加入矿物掺合料的水泥胶砂试件而言，侵蚀龄期较短时硫酸盐不仅不会降低试件强度，还会对矿物掺合料起到激发作用，所以规范中规定的侵蚀周期为6个月并不十分恰当，本试验对侵蚀试验时间进行适当延长。其中抗折强度 R 计算见式(5-1)，抗蚀系数 $K_{蚀}$ 计算见式(5-1)，计算结果保留小数点后两位。

（2）微观试验方法

采用扫描电镜（SEM）配合能谱分析（EDS），对水泥石微观结构、侵蚀产物形貌及种类进行微观分析。

6.2.3 原材料

（1）水泥

普通硅酸盐水泥采用乌鲁木齐市当地应用较广的青松 42.5R 普通硅酸盐水泥；硫铝酸盐水泥采用唐山六九水泥有限责任公司生产的 42.5 快硬硫铝酸盐水泥，其各项物理性能指标、化学成分指标见表 4-1、表 4-2。

（2）矿物掺合料

本试验采用苇湖梁电厂生产的 Ⅰ 级粉煤灰，化学成分见表 6-1，物理性能指标见表 6-2；苇湖梁电厂生产的 Ⅱ 级粉煤灰，化学成分见表 2-4，物理性能指标见表 2-5；新疆宝新盛源建材有限公司生产的 Ⅰ 级矿渣，化学成分见表 6-3，比表面积 $480m^2/kg$。

（3）外加剂

减水剂：萘系高效减水剂（标准型）（FDN）；缓凝剂：硼酸。

苇湖梁电厂粉煤灰化学成分 表6-1

化学成分(%)	烧失量	SiO₂	Al₂O₃	Fe₂O₃	f-CaO	MgO	SO₃	Na₂O	K₂O	TiO₂
Ⅰ级粉煤灰	2.37	55.14	23.67	5.04	0.57	2.68	1.07	1.31	1.76	2.37
"GB/T 1596—2017"要求	≤5.0	—	—	—	≤1.0	—	≤3.0	—	—	—

注："—"表示没有数值。

苇湖梁电厂粉煤灰物理性能指标 表6-2

水泥	细度(%)	比表面积(m²/kg)	需水量比(%)	含水量(%)
Ⅰ级粉煤灰	12.33	445	93	0.12
"GB/T 1596—2017"要求	≤15.0	—	≤95.0	≤1.0

注："—"表示没有数值。

宝新盛源建材矿渣化学成分 表6-3

化学成分(%)	SiO₂	Al₂O₃	Fe₂O₃	CaO	MgO	SO₃	TiO₂	Cl⁻
矿渣微粉	33.54	14.83	1.20	40.06	8.43	0.12	0.60	
"GB/T 18046—2017"要求	—	—	—	—	—	≤4.0	—	≤0.06

注："—"表示没有数值。

6.2.4 试验设备

本节主要试验仪器及规格见表6-4。

试验主要仪器及规格汇总表 表6-4

仪器名称	规格	产地
扫描电子显微镜	放大倍数20万～30万倍	日本
X射线衍射仪XRD	发生器功率3kW	日本
10mm×10mm×60mm三联试模	误差≤0.1mm	沧州三星建材试验仪器有限公司
小型抗折强度试验机	荷载标尺准确至0.01N	沈阳市北方试验仪器厂
水泥胶砂搅拌机	JJ—20H型	无锡建仪仪器机械有限公司

6.3 高浓度硫酸镁作用下硫铝酸盐水泥侵蚀性能试验结果与分析

本节主要是对硫铝酸盐水泥在硫酸盐、镁盐及硫酸镁侵蚀环境中的抗侵蚀性能及其主要水化产物水化硫铝酸钙（钙矾石）随侵蚀龄期的变化过程进行分析，以求揭示硫铝酸盐水泥在硫酸镁侵蚀环境中的侵蚀破坏机理。

实际调查分析结果显示，新疆地区环境水尤其是浅层地下水广泛分布着高浓度硫酸根离子、镁离子，其中镁离子浓度较硫酸根离子浓度低很多，部分侵蚀环境中只发现硫酸根离子而未发现镁离子的存在。所以本试验在配制侵硫酸镁蚀溶液时以硫酸根离子为主，镁离子为辅。

在实际环境中还未发现混凝土遭受单纯镁离子侵蚀破坏的案例。作为硫酸镁侵蚀破坏作用中的重要组成部分，了解单纯镁离子作用下硫铝酸盐水泥的抗侵蚀性能，不同镁离子浓度条件下水化硫铝酸钙随侵蚀龄期的变化规律，对于更好地分析硫酸镁对混凝土的侵蚀破坏机理就显得十分有必要。

根据已有的试验分析数据显示，水灰比对混凝土的抗侵蚀性能具有极大的影响，这主要是通过其对水泥石内部密实度的影响导致的。研究不同水灰比条件下硫铝酸盐水泥的抗侵蚀性能，对于分析硫铝酸盐水泥在硫酸镁溶液中的侵蚀破坏机理具有十分重要的作用。同时，确定抗侵蚀性能较好的水灰比可以作为后续试验的参照，减少后续试验的工作量。

6.3.1　试验方案设计

根据新疆地区硫酸盐、镁盐及硫酸镁等侵蚀性离子浓度调查结果，设定试验最高配置浓度为 $SO_4^{2-} = 90000mg/L$，$Mg^{2+} = 15200mg/L$。同时考虑不同侵蚀性离子浓度条件下硫铝酸盐水泥的侵蚀破坏机理的差异性，选择不同的浓度梯度。具体的侵蚀溶液配制浓度见表 6-5。

水泥胶砂试件的密实性与水灰比有较大的相关性，这直接影响试件的抗侵蚀性能。为了研究不同水灰比对硫铝酸盐水泥抗侵蚀性能的影响，同时兼顾尽可能减少试验工作量，选取 0.30、0.50 两种水灰比，具体试验配合比见表 6-6。

侵蚀溶液配制浓度 1　　　　　　　　　　　　　　　　表 6-5

溶液浓度（mg/L）	R0	R1	R2	R3	R4	R5	R6	R7	R8	R9	R10
SO_4^{2-}	0	8000	20250	60000	90000	0	0	8000	20250	60000	90000
Mg^{2+}	0	0	0	0	0	3000	15200	15200	15200	15200	15200

胶砂试件配合比表 3　　　　　　　　　　　　　　　　表 6-6

编号	水泥品种	水灰比	胶砂比	水泥（g）	标准砂（g）	水（mL）	硼酸（%）	FDN（%）
SAC-1	SAC	0.30	1:2.5	300	750	90	0.175	0.5
SAC-2		0.50	1:2.5	300	750	150	0.175	—

6.3.2　硫酸盐侵蚀环境下硫铝酸盐水泥胶砂试件抗侵蚀性能分析

硫铝酸盐水泥胶砂试件具有优异的抗硫酸盐侵蚀性能。胶砂试件 SAC-1（水灰比 0.30）和 SAC-2（水灰比 0.50）在硫酸根浓度 $SO_4^{2-} = 8000 \sim 90000mg/L$ 不同浓度等级的侵蚀溶液中随龄期变化均保持较高的抗蚀系数。硫酸根离子浓度 $SO_4^{2-} = 8000 \sim 20250mg/L$ 时，测试龄期内一直保持大于 1.00 的抗蚀系数且随侵蚀溶液浓度改变变化不大；硫酸根浓度 $SO_4^{2-} = 60000 \sim 90000mg/L$ 时，龄期 12 个月时抗蚀系数出现下降，龄期 15 个月时抗蚀系数在 0.90 左右。特别指出的是，$SO_4^{2-} = 60000mg/L$ 侵蚀溶液对试件 SAC-2 的侵蚀破坏作用强于 $SO_4^{2-} = 90000mg/L$ 侵蚀溶液，这和冷发光等的研究结果相同。根据抗侵蚀试验结果绘制试件抗蚀系数随龄期变化曲线，见图 6-1、图 6-2。

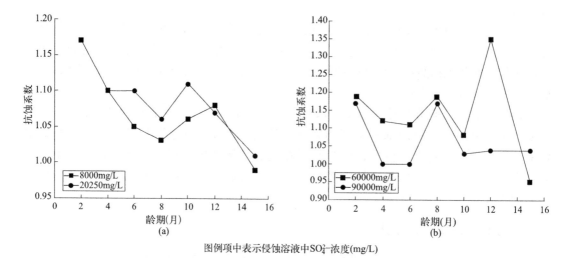

图例项中表示侵蚀溶液中SO_4^{2-}浓度(mg/L)

图 6-1　SAC-1 试件抗蚀系数随龄期变化曲线（一）

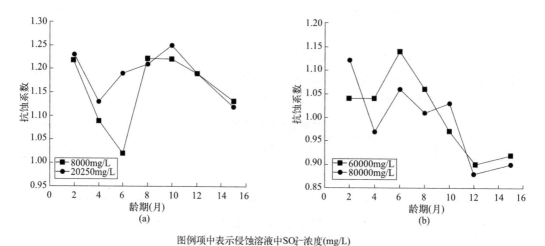

图例项中表示侵蚀溶液中SO_4^{2-}浓度(mg/L)

图 6-2　SAC-2 试件抗蚀系数随龄期变化曲线（一）

　　水灰比对硫铝酸盐水泥胶砂试件的抗侵蚀性能略有影响。降低水灰比可以有效提高硫铝酸盐水泥胶砂试件抗高浓度硫酸盐侵蚀性能。当硫酸盐浓度 $SO_4^{2-}=8000\sim20250\mathrm{mg/L}$ 时，无论是水灰比 0.30 的 SAC-1 还是水灰比 0.50 的 SAC-2，都具有很好的抗硫酸盐侵蚀性能；当硫酸盐浓度 $SO_4^{2-}=60000\sim90000\mathrm{mg/L}$ 时，SAC-1 抗侵蚀性能优于 SAC-2 的抗侵蚀性能，龄期 10 个月以后尤其明显。根据抗侵蚀试验结果绘制不同水灰比试件抗蚀系数随龄期变化对比图，见图 6-3。

6.3.3　镁盐侵蚀环境下硫铝酸盐水泥胶砂试件抗侵蚀性能分析

　　水灰比对于硫铝酸盐胶砂试件抗镁盐侵蚀性能具有显著影响。当侵蚀溶液中 $Mg^{2+}=3000\mathrm{mg/L}$ 时，水灰比 0.30 的 SAC-1 试件和水灰比 0.50 的 SAC-2 都具有大于 0.90 的抗蚀系数，表现出很好的抗侵蚀性能。但是，水灰比 0.50 的 SAC-2 试件抗蚀系数呈下降趋

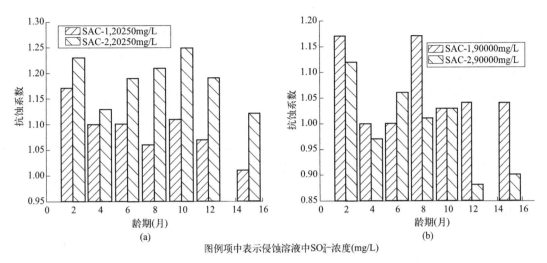

图例项中表示侵蚀溶液中 SO_4^{2-} 浓度(mg/L)

图 6-3　不同水灰比试件抗蚀系数随龄期变化对比图（一）

势，龄期 15 个月时抗蚀系数下降至 0.90 左右。

当侵蚀溶液中 $Mg^{2+}=15200mg/L$ 时，水灰比对胶砂试件的抗侵蚀性能影响更加凸显。水灰比 0.30 的 SAC-1 试件可以抵抗镁盐侵蚀破坏作用，龄期 15 个月时抗蚀系数仍为 1.23，表出优异的抗侵蚀性能；水灰比 0.50 的 SAC-2 试件从龄期 4 个月以后抗蚀系数呈下降趋势，龄期 8 个月时抗蚀系数 $K_{蚀}=0.60<0.80$，试件丧失抗侵蚀性能。根据抗侵蚀试验结果绘制试件抗蚀系数随龄期变化曲线，见图 6-4。

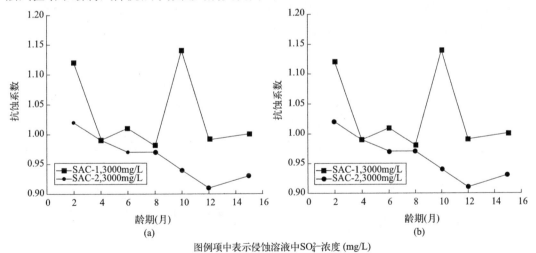

图例项中表示侵蚀溶液中 SO_4^{2-} 浓度 (mg/L)

图 6-4　不同水灰比试件抗蚀系数随龄期变化曲线

6.3.4　硫酸镁侵蚀环境硫铝酸盐水泥胶砂试件抗硫酸镁侵蚀性能分析

硫铝酸盐水泥抗硫酸盐、镁盐双重侵蚀性能受侵蚀溶液浓度影响较大。硫铝酸盐水泥胶砂试件可以抵抗 $SO_4^{2-}<20250mg/L$、$Mg^{2+}<15200mg/L$ 侵蚀溶液的侵蚀破坏作用。在 $SO_4^{2-}=8000mg/L$、$Mg^{2+}=15200mg/L$ 和 $SO_4^{2-}=20250mg/L$、$Mg^{2+}=15200mg/L$

的两种硫酸镁侵蚀溶液中，SAC-1 和 SAC-2 两组试件 15 个月龄期抗蚀系数均大于 1.00，试件表现出优异的抗侵蚀性能；抗蚀系数随龄期变化曲线受侵蚀溶液浓度变化影响不大，当镁离子浓度一定时，硫酸根离子浓度 SO_4^{2-} ＝8000～20250mg/L 侵蚀溶液对硫铝酸盐水泥的侵蚀破坏作用无明显变化，见图 6-5(a)、图 6-6(a)。

硫铝酸盐水泥胶砂试件无法抵抗 SO_4^{2-} ＝90000mg/L、Mg^{2+} ＝15200mg/L 侵蚀溶液的侵蚀破坏作用；是否可以抵抗 SO_4^{2-} ＝60000mg/L、Mg^{2+} ＝15200mg/L 侵蚀溶液的侵蚀破坏作用仍有待进一步研究。在浓度为 SO_4^{2-} ＝60000mg/L、Mg^{2+} ＝15200mg/L 硫酸镁侵蚀溶液中，SAC-1 和 SAC-2 两组试件抗蚀系数随龄期变化总体呈下降趋势：SAC-2 试件尤其明显，龄期 15 个月时试件抗蚀系数 $K_{蚀}$＝0.77＜0.80，已经丧失抗侵蚀性能；SAC-1 试件虽然仍保持较高的抗蚀系数，但是其能否具有长期抗侵蚀性能仍有待进一步试验。侵蚀溶液浓度为 SO_4^{2-} ＝90000mg/L、Mg^{2+} ＝15200mg/L 时，SAC-2 试件龄期 12 个月抗蚀系数 $K_{蚀}$＝0.76＜0.80，试件遭受侵蚀破坏，SAC-1 试件龄期 15 个月抗蚀系数也已经降低至 0.80 左右，同时试件剥蚀破坏严重，可以预见其很快将丧失抗侵蚀性能，见图 6-5(b)、图 6-6(b)。

降低水灰比可以提高硫铝酸盐水泥的抗高浓度硫酸镁侵蚀性能。当侵蚀溶液浓度为 SO_4^{2-} ＝20250mg/L、Mg^{2+} ＝15200mg/L 时，SAC-1 试件和 SAC-2 试件抗蚀系数龄期 10 个月以前无明显差异，均能保持在 1.00 左右，显现出较好的抗侵蚀性能；龄期 10 个月以后 SAC-1 试件抗蚀系数明显高于 SAC-2 试件，龄期 15 个月时 SAC-1 试件抗蚀系数 $K_{蚀}$＝1.27，SAC-2 试件抗蚀系数 $K_{蚀}$＝1.11。当侵蚀溶液浓度为 SO_4^{2-} ＝90000mg/L、Mg^{2+} ＝15200mg/L 时，SAC-1 试件抗侵蚀性能明显优于 SAC-2 试件，SAC-1 试件龄期 15 个月时抗蚀系数 $K_{蚀}$＝0.84，说明其仍具有一定的抗侵蚀性能；SAC-2 试件龄期 15 个月时抗蚀系数 $K_{蚀}$＝0.76＜0.80，试件已经发生侵蚀破坏，见图 6-7。

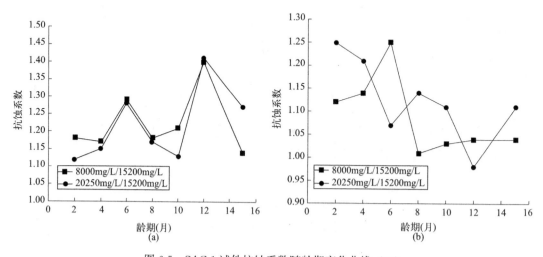

图 6-5　SAC-1 试件抗蚀系数随龄期变化曲线（二）

6.3.5　硫酸盐、镁盐侵蚀环境下硫铝酸盐水泥抗侵蚀机理分析

（1）从长期观测来看，硫铝酸盐水泥确实具有很好的抗硫酸盐侵蚀性能，但是其抗侵

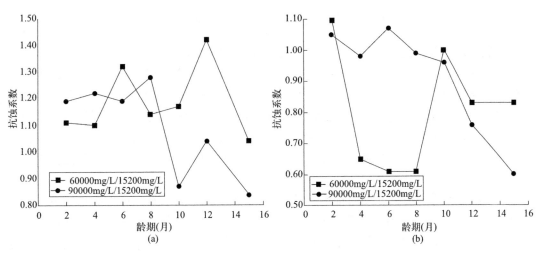

图 6-6　SAC-2 试件抗蚀系数随龄期变化曲线（二）

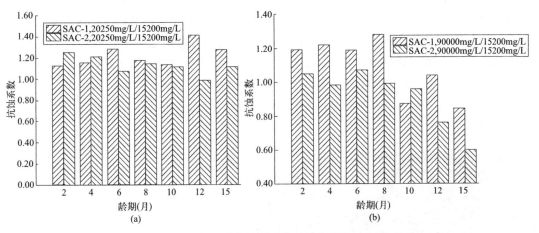

图 6-7　不同水灰比试件抗蚀系数随龄期变化对比图（二）

蚀性能也是有限度的。试件在 $SO_4^{2-} \geqslant 60000mg/L$ 溶液中，虽然在龄期 15 个月以前均保持较高的抗蚀系数，但是龄期 15 个月以后水泥石结构内部裂缝分布明显增多，试件出现不同程度的掉渣现象，表现出明显的钙矾石型硫酸盐侵蚀破坏特征。

（2）硫酸盐对硫铝酸盐水泥中 AFt 的生成具有一定的激发作用，这种激发作用具有两面性：当硫酸盐浓度较低时（$SO_4^{2-} \leqslant 20250mg/L$），受到硫酸盐激发作用生成的 AFt 有效填充了水泥石内部孔隙，增加了水泥石的密实性，对于水泥石强度发展主要起积极作用；当侵蚀溶液浓度进一步提高时（$SO_4^{2-} \geqslant 60000mg/L$），受到硫酸盐激发作用生成的 AFt 的量进一步增加，超出水泥石内部孔隙的容纳量后，这部分多余的 AFt 产生的膨胀应力会破坏水泥石内部结构，使水泥石内部裂缝增多，对水泥石强度发展是有害的。

（3）$SO_4^{2-} \geqslant 60000mg/L$ 时降低水灰比对于提高水泥石的抗侵蚀性能依然是有效的。水灰比 0.30 时虽然水泥石内部密实性提高、孔隙率降低且孔径减小，没有为 AFt 后期水化提供足够的空间，但是水泥石密实性的提高不仅有效降低了开口孔隙的量、遏制 SO_4^{2-} 向水泥石内部渗透，同时还可以提高试件强度，增加对 AFt 产生膨胀应力的抵抗能力。

6.3.6 镁盐侵蚀环境下硫铝酸盐水泥抗侵蚀机理分析

镁盐侵蚀主要是侵蚀中间产物氢氧化钙和侵蚀介质镁离子反应，生成不具有胶结能力的氢氧化镁。氢氧化镁溶液的 pH 值低于氢氧化钙，它的大量生成会破坏硫铝酸盐水泥稳定存在的碱环境，导致水泥水化产物 C-S-H、AFt 等分解，分解后生成的氢氧化钙又会进一步和镁离子反应生成氢氧化镁，使得氢氧化镁浓度不断提高，饱和析出后附着在水泥水化产物表面；氢氧化钙的分解还会造成水泥石内部结构劣化，有害孔和裂缝增多，界面过渡区也遭到破坏，这不仅会降低混凝土的强度，还会为镁离子向水泥石内部渗透提供更多的路径。

硫铝酸盐水泥具有低碱度的特点，对 pH 值变化的敏感性较普通硅酸盐水泥更强，其主要水化产物 AFt 稳定存在的碱环境要求 pH 值为 11。当试件受到镁盐侵蚀破坏时，氢氧化钙分解生成大量的氢氧化镁，水泥石内部 pH 值不断降低；当 pH 值降低到一定程度时，AFt 就会发生分解生成片状的 AFm，在这个过程中 AFt 分解产生的 SO_4^{2-} 和 Al^{3+} 被 C-S-H 凝胶所吸收，C-S-H 凝胶能谱分析结果会出现 S 和 Al 的峰值；当 pH 值进一步降低时，AFt 和侵蚀初期产生的 AFm 会发生完全分解生成铝胶、$CaSO_4$ 和氢氧化钙等，其中铝胶被 C-S-H 凝胶所吸收，氢氧化钙和 Mg^{2+} 发生反应生成氢氧化镁附着在 C-S-H 凝胶表面，形成 CSH-铝胶-$Mg(OH)_2$ 共存结构，$CaSO_4$ 由于浓度较低无法结晶析出随自由水扩散至环境水中。对侵蚀层进行能谱分析时发现 CSH-铝胶-$Mg(OH)_2$ 结合体，未发现存在单独的 AFt/AFm，同时在 CSH-铝胶-$Mg(OH)_2$ 结合体中存在 Mg 和 Al 的峰值，未发现 S 的峰值，见图 6-8。

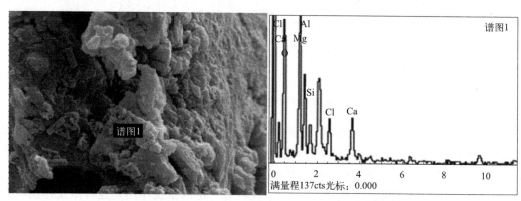

(a) SEM扫描电镜图	(b) 能谱分析图

图 6-8　水泥石边缘 SEM 扫描电镜及能谱分析（侵蚀溶液 R_6，龄期 12 个月）

$$Ca(OH)_2 + Mg^{2+} 2H_2O = Mg(OH)_2 + Ca^{2+} \tag{6-1}$$

$$3CaO \cdot Al_2O_3 \cdot 3CaSO_4 \cdot 32H_2O = 2Al(OH)_3(gel) + 3CH + 3CaSO_4 \cdot 2H_2O + 20H_2O \tag{6-2}$$

简化方程式：

$$C_3A \cdot 3CH_{32} = 2AH_3(gel) + 3CH + 3CH_2 + 2OH \tag{6-3}$$

水灰比对硫铝酸盐水泥胶砂试件抗侵蚀性能影响较大。硫铝酸盐水泥胶砂试件在水灰比较高时（水灰比 0.50），不能抵抗镁盐侵蚀破坏作用；水灰比降低至 0.30 时，试件具有长时间有效抵抗高浓度镁盐侵蚀的能力。这主要是由于 $Mg(OH)_2$ 多为无定型晶体，易于团聚，在材料中分散性差；当水泥石密实度低时，水泥石内部孔隙较多、孔径较大氢氧化镁不足以堵塞侵蚀介质向试件内部渗透的通道，侵蚀破坏过程随龄期增长而不断发展；当水泥石密实度高时，水泥石内部孔隙较少、孔径较小，氢氧化镁会黏附在水泥石表面阻塞 Mg^{2+} 向水泥石内部渗透的通道，侵蚀破坏作用随龄期增长不断减弱，这时侵蚀破坏主要出现在水泥石表层，中心部位不会发生侵蚀破坏，见图 6-9、图 6-10。

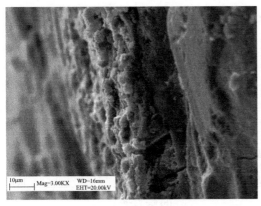
(a) SAC-1

(b) SAC-2

图 6-9 水泥石边缘 SEM 扫描电镜对比分析（侵蚀溶液 R_6，龄期 12 个月）

(a) SAC-1

(b) SAC-2

图 6-10 水泥石中心 SEM 扫描电镜对比分析（侵蚀溶液 R_6，龄期 12 个月）

6.3.7 硫酸镁侵蚀环境硫铝酸盐水泥抗侵蚀性能分析

硫酸镁对硫铝酸盐水泥的双重侵蚀作用兼具镁盐侵蚀和硫酸盐侵蚀的特点，但并不是两者的简单叠加。就 $Mg^{2+}=15200mg/L$、$SO_4^{2-}=90000mg/L$ 的高浓度硫酸镁溶液而言，两者是相辅相成的——SO_4^{2-} 起破碎作用，Mg^{2+} 起弱化结构作用。SO_4^{2-} 对硫铝酸盐水泥水化有促进作用，尤其是促进试件边缘层 AFt 的生长，侵蚀作用产生的无规则团簇状的钙矾石填满孔隙的同时，还产生大量的伴生裂缝，在水泥石边缘层形成类似普通硅酸盐水泥 AFt 型侵蚀的破坏形式，同时为 Mg^{2+} 提供了渗透的通道；Mg^{2+} 侵蚀破坏作用会造成钙矾石的分解，生成大量的石膏和氢氧化镁，弱化边缘层正常水化产生的 AFt 与骨料界面过渡区，使结构更加松散，创造更多侵蚀介质向中心层渗透的通道，促进 SO_4^{2-} 侵蚀破坏作用的同时，使水泥石侵蚀破坏形式迅速向类似普通硅酸盐水泥石膏型硫酸盐侵蚀破坏形式发展。试件侵蚀破坏形态为初期试件表观完整，龄期 1 个月以后开始由外向内逐层剥蚀，表现出明显的石膏型硫酸盐侵蚀破坏特征，这一过程会持续很长时间，龄期 12 个月时侵蚀破坏作用仍在进行，见图 6-11、图 6-12。

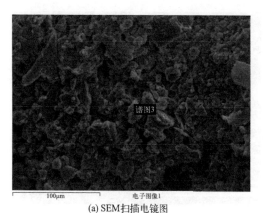 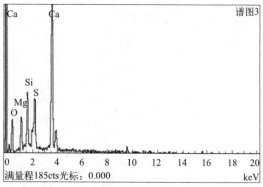

(a) SEM 扫描电镜图　　　　　　　　　　(b) 能谱分析图

图 6-11　SAC-1 试件在高浓度硫酸镁侵蚀环境侵蚀破坏
SEM 扫描电镜及能谱分析（侵蚀溶液 R_6，龄期 12 个月）

 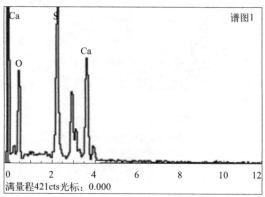

(a) SEM 扫描电镜图　　　　　　　　　　(b) 能谱分析图

图 6-12　SAC-2 试件在高浓度硫酸镁侵蚀环境侵蚀破坏
SEM 扫描电镜及能谱分析（侵蚀溶液 R_6，龄期 12 个月）

　　硫酸镁双重侵蚀破坏的发展过程具体表述如下：

　　（1）侵蚀初期，硫酸镁和硫铝酸盐水泥水化产物氢氧化钙反应生成无胶结能力的氢氧化镁和生成 AFt 的原料石膏。氢氧化镁在试件内部沉积，消耗氢氧化钙降低水泥石内部环境的 pH 值；石膏的产生促进 AFt 的生成速度，试件边缘层产生大量的膨胀裂缝，为侵蚀介质向水泥石内部渗透提供了通道。

具体反应方程式如下：

$$Ca(OH)_2 + MgSO_4 + 2H_2O = Mg(OH)_2 + CaSO_4 \cdot 2H_2O \tag{6-4}$$

（2）侵蚀发展期，氢氧化镁沉积到一定程度，水泥石内部 pH 值降低到不足以维持 AFt 的稳定存在，造成 AFt 完全分解，侵蚀层呈松散的片状堆积结构。

具体反应方程式如下：

$$C_3A \cdot 3C\bar{s}H_{32} = AH_3(gel) + 3CH + 3C\bar{s}H_2 + 2OH \tag{6-5}$$

（3）侵蚀后期，AFt 分解产生的氢氧化钙又会与硫酸镁发生反应生成石膏和氢氧化镁。此时 AFt 水化基本结束，新生成的石膏在试件侵蚀层堆积，石膏膨胀作用以及 AFt 分解后水泥石内部强度减弱，使得试件表层开始起砂，表现出石膏型侵蚀破坏的形态。

具体反应方程式如式（6-4）所示。

以上步骤循环往复进行，试件由外向内不断破坏。试件存在明显的过渡层，过渡层 AFt 分解无法有效填充试件内部孔隙，裂缝较明显增多；试件起砂过程虽然是多因素综合作用的结果，但是石膏的生成仍然是其主要标志，由于石膏量较少，不是呈层状分布而是和其他侵蚀产物（氢氧化镁、铝胶等）松散地堆积在试件表层。具体侵蚀过程见图 6-13。

图 6-13　硫酸镁侵蚀破坏发展过程演示图

水灰比对硫铝酸盐水泥胶砂试件抗高浓度硫酸镁侵蚀破坏具有显著的影响。当水灰比较低时，水泥石密实性相对提高，内部孔隙较少、孔径较小，同时水泥石强度也有所提高，可以有效地降低侵蚀介质向水泥石内部渗透的通道，同时还可以提高其抵抗 AFt 石膏膨胀应力的能力，从而遏制硫酸镁侵蚀破坏过程发展速度，降低侵蚀破坏作用强度；当水灰比较高时，水泥石内部密实性降低，大量的孔隙为侵蚀破坏过程的进行提供了便利的条件，且随着侵蚀破坏的不断进行，侵蚀破坏速度也会不断提高，试件很快丧失抗侵蚀性能，最终完全溃散，见图 6-14。

(a) SAC-1   (b) SAC-2

图 6-14　不同水灰比试件侵蚀破坏外观对比分析（侵蚀溶液 R_6，龄期 12 个月）

6.4　硅酸盐—硫铝酸盐复合体系水泥混凝土硫酸镁侵蚀性能研究

根据上述有关硫铝酸盐水泥抗硫酸镁侵蚀性能及侵蚀破坏机理分析，硫铝酸盐水泥具有优异的抗硫酸盐侵蚀性能；当水灰比 0.30 时，硫铝酸盐水泥具有很好的抗镁盐侵蚀性能；硫铝酸盐水泥可以抵抗 SO_4^{2-} ＜20250mg/L、Mg^{2+} ＜15200mg/L 硫酸镁溶液双重侵蚀破坏作用，但是对抵抗更高浓度硫酸镁溶液的侵蚀破坏作用效果不好，即使降低水灰比至 0.30 时依然无法抵抗 SO_4^{2-} ＞60000mg/L、Mg^{2+} ＝15200mg/L 硫酸镁溶液的侵蚀破坏作用。

不同品种水泥复配，利用各种水泥的优点取长补短已经成为目前研究的一个方向。具有低碱、早凝特点的硫铝酸盐水泥对于硫酸盐、镁盐具有很好的抵抗性能，性能稳定、价格低廉的普通硅酸盐水泥抗硫酸盐、镁盐侵蚀性能较差，已有研究显示两种水泥复配时可以得到优于任何单一品种水泥的强度性能。那么是否可以利用这两种水泥复配得到价格合理且抗侵蚀性能优良的二元水泥体系呢？本节将针对这一问题进行研究，以期得到对应硫酸镁侵蚀破坏的最优掺量，解决 SO_4^{2-} ＞60000mg/L、Mg^{2+} ＝15200mg/L 硫酸镁溶液的侵蚀破坏作用问题。

6.4.1　试验方案设计

根据本书 6.3 节试验相关结果，设定试验最高配置浓度为 SO_4^{2-} ＝90000mg/L、Mg^{2+} ＝15200mg/L。同时考虑不同侵蚀性离子浓度条件下硫铝酸盐水泥侵蚀破坏机理的差异性，选择不同的浓度梯度。具体的侵蚀溶液配制浓度见表 6-7。

参照硫铝酸盐水泥抗侵蚀试验相关结果分析，水灰比 0.30 时试件获得最好的抗侵蚀性能，所以本试验设定水灰比为 0.30；根据绪论中关于两种水泥复配时水化机理分析，要发挥其抗侵蚀效果就必须保证硫铝酸盐水泥在复配体系中有一定的比例，本试验设定硫铝酸盐水泥所占比例分别为 20%、30% 和 40%；同时根据《混凝土外加剂应用技术规范》GB 50119—2013 中的相关要求确定减水剂和缓凝剂掺量。具体试验配合比见表 6-8。

侵蚀溶液配制浓度2 表6-7

溶液浓度(mg/L)	R0	R1	R2	R3	R4	R5	R6
SO_4^{2-}	0	8000	8000	8000	0	20250	90000
Mg^{2+}	0	3000	6000	15200	15200	15200	15200

胶砂试件配合比表4 表6-8

编号	水灰比	胶砂比	水泥(g)		标准砂(g)	水(mL)	硼酸(%)	FDN(%)
			P·O	SAC				
SP-1	0.30	1:2.5	180	120	750	90	0.7	1
SP-2	0.30	1:2.5	210	90	750	90	0.7	1
SP-3	0.30	1:2.5	240	60	750	90	0.7	1

6.4.2 侵蚀溶液侵蚀介质浓度对复合体系混凝土抗侵蚀性能的影响

硅酸盐—硫铝酸盐水泥复配混凝土抗侵蚀性能与侵蚀溶液侵蚀介质浓度变化呈现明显的相关性。

当硫酸根离子浓度一定(SO_4^{2-}＝8000mg/L)，镁离子浓度(Mg^{2+}＝3000～15200mg/L)变化时，硅酸盐—硫铝酸盐复合体水泥混凝土抗侵蚀性能随镁离子浓度升高而下降。在侵蚀溶液R1中，SP-1、SP-2、SP-3试件均表现出很好的抗侵蚀性能，龄期8个月时抗蚀系数均保持在1.00以上；在侵蚀溶液R_2、R_3中，SP-2、SP-3试件在龄期4个月时均发生侵蚀破坏，试件丧失抗侵蚀性能的时间随侵蚀溶液中镁离子浓度提高而出现1～2个月缩短；试件SP-1虽然到龄期8个月时还具有一定的抗侵蚀性能，但其抗蚀系数随镁离子浓度提高也出现明显下降。另外，在侵蚀溶液R2中，SP-1试件龄期4个月时发生侵蚀破坏，R2表现出较R1、R3更强的侵蚀破坏能力，见图6-15(a)～图6-17(a)。

当镁离子浓度(Mg^{2+}＝15200mg/L)一定，硫酸根离子浓度(SO_4^{2-}＝0～20250mg/L)变化时，试件外观完整、无明显掉渣掉角现象，表现出具有抗镁盐侵蚀破坏特征。硅酸盐—硫铝酸盐复合水泥混凝土抗侵蚀性能随硫酸根离子浓度升高而略有升高，侵蚀溶液中硫酸根离子浓度在SO_4^{2-}＝0～20250mg/L范围内变化时，对试件侵蚀破坏作用影响并不明显。在侵蚀溶液R4、R3、R5中，SP-2、SP-3试件很快发生侵蚀破坏，龄期3个月时抗蚀系数即低于0.80；试件抗蚀系数随龄期变化曲线较为接近，但是从侵蚀后期数据还是可以看出，试件在侵蚀溶液R5中抗蚀系数较R4、R3有一定的提高。SP-1在侵蚀溶液R3、R5中，龄期8个月时抗蚀系数大于0.80，未发生侵蚀破坏，而在侵蚀溶液R4中，龄期8个月时抗蚀系数$K_{蚀}$＝0.76＜0.80，发生侵蚀破坏；试件抗蚀系数随龄期变化曲线在侵蚀前期相互交织，硫酸根离子浓度变化对抗蚀系数无明显影响，侵蚀后期（龄期8个月）曲线呈现出提高侵蚀溶液中硫酸根离子浓度可以抑制侵蚀介质对水泥石侵蚀破坏作用的规律，见图6-15(b)～图6-17(b)。

6.4.3 复配体系中硫铝酸盐水泥所占比例对抗侵蚀性能的影响

镁离子浓度Mg^{2+}≤6000mg/L时，复配体系中硫铝酸盐水泥所占比例对水泥胶砂试

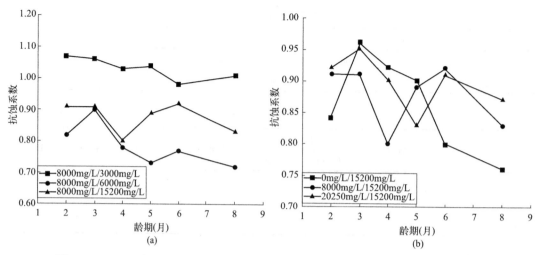

图 6-15　SP-1 试件在不同侵蚀溶液中抗蚀系数随龄期变化曲线（SO_4^{2-}/Mg^{2+} mg/L）

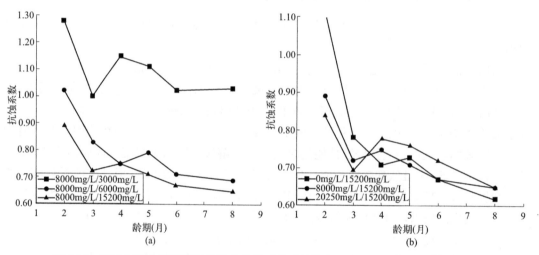

图 6-16　SP-2 试件在不同侵蚀溶液中抗蚀系数随龄期变化曲线（SO_4^{2-}/Mg^{2+} mg/L）

件的抗侵蚀性能影响不明显；镁离子浓度 Mg^{2+} = 15200mg/L 时，复配体系中硫铝酸盐水泥所占比例对水泥胶砂试件的抗侵蚀性能具有明显影响，其中硫铝酸盐水泥比例为40％时，水泥胶砂试件较其他两组试件抗侵蚀性能有明显提高。

在侵蚀溶液 R1、R2 中水泥胶砂试件表现出不同的抗侵蚀性能，但是其抗蚀系数随龄期变化曲线受硫铝酸盐水泥复配比例变化影响不大，表现出相似的趋势：SP-1、SP-2、SP-3 试件抗蚀系数随龄期变化曲线在 R1 中较平稳，抗蚀系数一直保持在 1.00 以上；SP-1、SP-2、SP-3 试件抗蚀系数随龄期变化曲线在 R2 中均呈现明显的下降趋势，龄期 8 个月时发生侵蚀破坏，见图 6-18。

在侵蚀溶液 R3、R4 中硫铝酸盐水泥复配比例越高，水泥胶砂试件抗侵蚀性能越优异，硫铝酸盐水泥掺量为 40％仍然无法抵抗以镁盐侵蚀为主的高浓度硫酸镁侵蚀破坏作用。SP-2、SP-3 试件龄期 3 个月时即发生侵蚀破坏，抗蚀系数随龄期变化曲线相互交织，抗侵蚀性能差异不大，SP-2 试件略好于 SP-3；SP-1 试件抗侵蚀性能明显优于 SP-2、SP-3 试件，试件

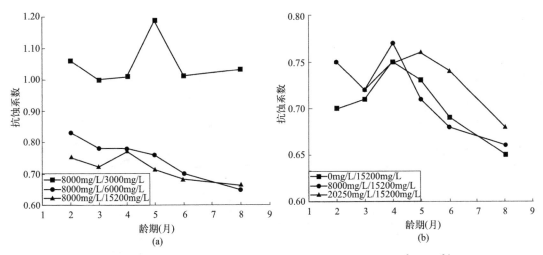

图 6-17 SP-3 试件在不同侵蚀溶液中抗蚀系数随龄期变化曲线 (SO_4^{2-}/Mg^{2+} mg/L)

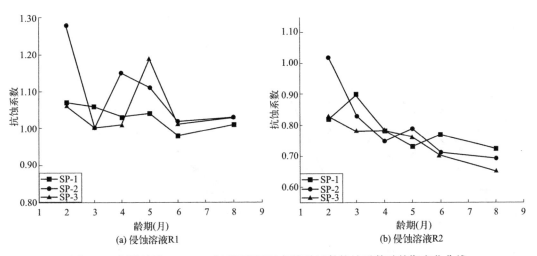

图 6-18 侵蚀溶液 R1、R2 中不同复配比例胶砂试件抗蚀系数随龄期变化曲线

在龄期 8 个月时仍没有完全丧失抗侵蚀性能, 但是在侵蚀溶液 R3 中抗蚀系数 $K_蚀 = 0.83$、在侵蚀溶液 R4 中抗蚀系数 $K_蚀 = 0.76$, 接近或已经低于侵蚀破坏临界值, 见图 6-19。

6.4.4 复配体系以抗硫酸盐侵蚀破坏为主的高浓度硫酸镁侵蚀

与以镁盐侵蚀为主侵蚀溶液 R3、R4、R5 中表现出的抗侵蚀性能不同, 硅酸盐—镁盐复配水泥混凝土在侵蚀溶液 R6 中存在明显不同的侵蚀破坏特征和侵蚀破坏性能。水泥胶砂试件在龄期 1.5 个月时出现起砂现象, 表现出明显的石膏型硫酸盐侵蚀破坏特征。SP-1、SP-2、SP-3 试件在侵蚀溶液 R6 中: 抗蚀系数随龄期变化曲线相互交织, 抗侵蚀性能受硫铝酸盐水泥掺加比例影响不明显, 龄期 12 个月时抗蚀系数仍在 1.00 左右, 表现出优异的抗侵蚀性能。抗折强度随龄期上升较平滑, 表现出明显的规律性; 龄期 8 个月时侵蚀破坏作用基本停止, 试件在淡水中和在侵蚀溶液 R6 中抗折强度不再变化, 试件外观起砂现象也基本停止。见图 6-20、图 6-21。

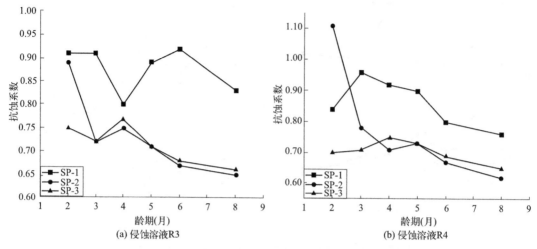

图 6-19　侵蚀溶液 R3、R4 中不同复配比例胶砂试件抗蚀系数随龄期变化曲线

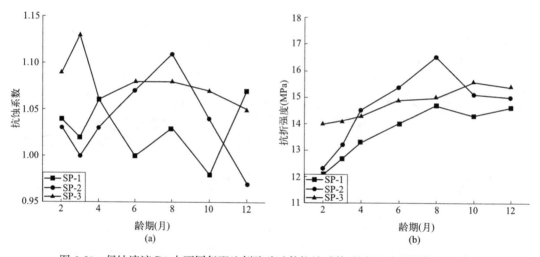

图 6-20　侵蚀溶液 R6 中不同复配比例胶砂试件抗蚀系数/抗折强度随龄期变化曲线

6.4.5　硅酸盐—硫铝酸盐复合体系水泥混凝土抗硫酸镁侵蚀机理分析

6.4.5.1　以镁盐侵蚀为主的硫酸镁侵蚀破坏机理

当硫酸根离子浓度 $SO_4^{2-}=0\sim20250mg/L$、镁离子浓度 $Mg^{2+}=6000\sim15200mg/L$ 范围内变化时，侵蚀溶液对硅酸盐—硫铝酸盐水泥复配水泥胶砂试件的侵蚀破坏作用带有明显的镁盐侵蚀破坏特征——试件外观完整、无明显的掉渣掉角现象；侵蚀初期抗折强度仍有上升，但与淡水中养护的对比组试件相比强度发展缓慢，侵蚀后期试件强度发展逐渐停止甚至出现下降，试件丧失抗侵蚀性能，主要体现在抗蚀系数低于临界值。见图 6-21（a）。

硅酸盐—硫铝酸盐复合体系水泥混凝土无法抵抗以镁盐侵蚀破坏为主的高浓度硫酸镁侵蚀破坏作用。硫铝酸盐水泥和硅酸盐水泥复合使用时，两种水泥的水化过程相互促进：硅酸盐水泥水化生成大量的氢氧化钙、提高了水泥石内部环境中的 pH 值，硫铝酸盐水泥水化生成 AFt 的速度和 AFt 的稳定性都会因为水化环境中碱度的提高而提高；硫铝酸盐

(a) 侵蚀溶液R6，龄期16个月　　　　　　　(b) 侵蚀溶液R3，龄期8个月

图 6-21　SP-1 试件在不同侵蚀溶液中试件侵蚀破坏外观对比分析

水泥水化时会消耗一部分氢氧化钙，这又会反过来促进硅酸盐水泥的水化速度。从以上两种水泥水化过程的分析可以发现，在普通硅酸盐水泥中掺加一部分硫铝酸盐水泥，确实可以在一定程度上降低水泥石内部氢氧化钙的量，从而达到提高其抗侵蚀性能的目的，并且其抗侵蚀性能随硫铝酸盐水泥掺量的提高而提高。但是，即使硫铝酸盐水泥掺量达到40%时，复合体系水泥混凝土内部的氢氧化钙量仍无法降低至抵抗高浓度镁盐侵蚀破坏的程度。

侵蚀初期，氢氧化钙因为和镁离子反应生成无胶结能力的氢氧化镁而分解，水泥石内部有害孔增多、界面过渡区遭到破坏，试件强度下降。与此同时，水泥水化过程依然在继续，新生成的水化产物促进试件强度上升。当水化作用对试件强度提升作用大于侵蚀破坏对试件强度的削弱时，试件强度表现为上升。侵蚀后期，氢氧化镁的浓度足够大时，会使水泥石内部 pH 值下降，AFt 因为稳定存在的环境遭到破坏分解，C-S-H 也会因为分子结构劣化而降低其胶结能力。同时，水泥水化过程基本结束，无法对保持试件强度起到积极作用。试件强度不再上升或开始下降，直到丧失抗侵蚀性能。

6.4.5.2　以石膏型硫酸盐侵蚀为主的硫酸镁侵蚀破坏机理

在硫酸根离子浓度 $SO_4^{2-}=90000mg/L$、镁离子浓度 $Mg^{2+}=15200mg/L$ 的高浓度硫酸镁侵蚀溶液中，硅酸盐—硫铝酸盐复合体系水泥混凝土侵蚀破坏具有明显的石膏型硫酸盐侵蚀破坏特征。水泥胶砂试件龄期1个月时开始起砂，龄期6个月后起砂过程基本结束。在这一过程中，试件抗折强度依然在发展并保持较高的抗蚀系数。这说明侵蚀破坏作用只发生在水泥石的边缘部分，复合体系水泥混凝土之所以能够抵抗高浓度硫酸镁侵蚀破坏作用，必然与水泥石边缘的侵蚀破坏层（以下简称侵蚀层）具有密切联系，见图 6-21(b)。

水泥石内部普通硅酸盐水泥和硫铝酸盐水泥的主要水化产物，即 C-S-H 和 AFt 是同时存在的且以 C-S-H 为主。以上两者的存在并不是简单的叠加，C-S-H 会将受环境 pH 值影响更加敏感的部分针状 AFt 包裹在内，在 C-S-H 边缘可以发现针状 AFt 凸起，这一结构成为支撑侵蚀层的主体，见图 6-22；未被 C-S-H 包裹的 AFt 由于环境 pH 值下降而分解，CSH 吸收裸露 AFt 分解产生的铝胶形成 C-S-H 和 AFt 的黏聚体，它填充在 C-S-H 与 AFt 结合体之间，增加侵蚀层的密实性，见图 6-23；$Mg(OH)_2$ 具有吸附、团聚特性，和以上两种结构间进一步增加侵蚀层的密实性，堵塞侵蚀介质进入的通道。另外，高浓度硫酸根离子会促进 AFt 生成的速度，其既会导致侵蚀层内部裂缝增多、结构松散，表现出钙矾石型硫酸盐侵蚀破坏特征，又会提高侵蚀层内侧结构密实性，遏制侵蚀介质进一步向水泥石内部扩散。

图 6-22　侵蚀溶液 R6 中龄期 16 个月时 SP-1 试件侵蚀层形貌及厚度 SEM 扫描电镜分析

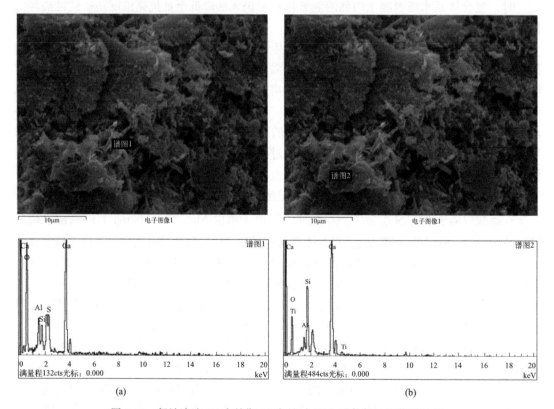

图 6-23　侵蚀溶液 R6 中龄期 16 个月时 SP-1 试件侵蚀层能谱分析

有效的抗侵蚀保护结构层的形成与硫铝酸盐水泥和普通硅酸盐水泥的相对比例有很大关

系。普通硅酸盐水泥质量与硫铝酸盐水泥质量之比在 3：2～4：1 变化时，试件外观侵蚀破坏程度随比值的降低而减轻，普通硅酸盐水泥质量与硫铝酸盐水泥质量之比为 3：2 时，试件的外观完整性最好。但是这一规律是有一定限制的，如果这一比值进一步减小，AFt 的迅速生长会使水泥石内部结构恶化，裂缝量、裂缝宽度增加，从而丧失抗侵蚀性能。

具体的侵蚀过程分析如下：

（1）侵蚀初期（龄期 1 个月以前）。这一时期水泥石边缘层受到硫酸盐侵蚀的激发作用而迅速生长，边缘层密实度提高的同时，由于膨胀应力作用产生大量的裂缝；镁盐侵蚀作用使得 Ca(OH)$_2$ 和未被 C-S-H 包裹的 AFt 分解，裂缝宽度进一步扩大，表现为试件外观完好，抗折强度较淡水养护试件略有增加，边缘层密实度提高、裂缝增多，较中心层产生明显分界，形成过渡层，见图 6-24。

（2）侵蚀层形成期（龄期 1～6 个月）。这一时期水泥石边缘的 AFt 在镁盐侵蚀作用下进一步分解，整体性结构崩溃，被 C-S-H 包裹的 AFt 结构体因为连接部分 AFt 分解、新形成的 AFt 膨胀作用增加而脱落松散地分布在水泥石表面，宏观表现为胶砂试件表面起砂。

（3）侵蚀稳定期（龄期 6 个月以后）。侵蚀层中的铝酸三钙反应完全，AFt 不再生成，单独存在的 AFt 分解产生的铝胶被 C-S-H 吸收并与铝胶结合形成黏聚体，有效地填充孔隙，Mg(OH)$_2$ 的生成起到进一步填充作用，侵蚀介质无法进入水泥石内部，侵蚀过程结束。

(a) 侵蚀层内侧　　　　　　　　　　　　　(b) 水泥石中心

图 6-24　侵蚀溶液 R6 中龄期 15 个月时 SP-1 试件侵蚀层内侧形貌及水泥石中心水化产物分析

6.5　硅酸盐—硫铝酸盐复合体系水泥混凝土抗侵蚀方案优化

硫铝酸盐水泥可以抵抗 SO_4^{2-}＜20250mg/L、Mg^{2+}＜15200mg/L 硫酸镁溶液双重侵蚀破坏作用，但是其无法抵抗更高浓度硫酸镁侵蚀溶液的侵蚀破坏，且新疆地区尚无法达到规模生产，只能从其他地区购买，在实际工程中不可避免地会受到成本限制，无法达到规模推广应用的目的。硅酸盐—硫铝酸盐复合体系水泥可以抵抗 $SO_4^{2-}=90000mg/L$、$Mg^{2+}=15200mg/L$ 高浓度硫酸镁侵蚀破坏，但是无法在 SO_4^{2-}＜20250mg mg/L、$Mg^{2+}=15200mg/L$

硫酸镁侵蚀溶液中保持并发展其强度，这又会出现应用条件的局限性。两种抗侵蚀方案虽然都有其优点，但是其推广应用仍然具有局限性，无法适应新疆地区复杂多变的环境。

经过对以上两种方案抗侵蚀机理分析，笔者认为可以尝试在硅酸盐—硫铝酸盐复合体系水泥混凝土中加入矿物掺合料，构成硅酸盐水泥—硫铝酸盐水泥—矿物掺合料三元复合体系水泥混凝土。它不仅具备硅酸盐—硫铝酸盐复合体系水泥混凝土的优点，加入矿物掺合料可以降低试件内部侵蚀中间产物氢氧化钙含量，还可以对以镁盐侵蚀破坏为主（$SO_4^{2-}<20250mg/L$、$Mg^{2+}=15200mg/L$）的硫酸镁侵蚀破坏作用加以遏制，这样就可以得到环境适应性更强、价格更加低廉的复配水泥混凝土方案。

6.5.1 试验方案设计

本试验设定侵蚀溶液最高浓度为 $SO_4^{2-}=90000mg/L$、$Mg^{2+}=15200mg/L$。为了更好地研究硫酸镁双重侵蚀破坏机理，增加单纯镁盐侵蚀 $Mg^{2+}=15200mg/L$ 和单纯硫酸盐侵蚀 $SO_4^{2-}=90000mg/L$ 作为参考。同时，考虑到有些研究显示 $SO_4^{2-}=60000mg/L$ 对试件侵蚀破坏最为严重，增加 $SO_4^{2-}=60000mg/L$、$Mg^{2+}=15200mg/L$ 侵蚀溶液，以满足试验的严谨性。具体的侵蚀溶液配制浓度见表 6-9。

侵蚀溶液配制浓度 3 表 6-9

溶液浓度(mg/L)	R0	R1	R2	R3	R4
SO_4^{2-}	0	0	60000	90000	90000
Mg^{2+}	0	15200	15200	15200	0

试验前期对掺加矿物掺合料的种类和比例进行了相关探索，选用如表 6-10 所示。对上述几种方案制作试件，进行高浓度硫酸镁（$SO_4^{2-}=90000mg/L$、$Mg^{2+}=15200mg/L$）抗侵蚀试验。试验结果显示，硫铝酸盐水泥掺量为 10% 时，无论如何调整粉煤灰的等级和粉煤灰的掺加比例，其抗侵蚀性能都不理想，只有硫铝酸盐水泥达到 20% 时才可以发挥其抗侵蚀性能；采用Ⅱ级粉煤灰时，由于粉煤灰基本没有水化，水泥胶砂试件龄期 6 个月时即发生侵蚀破坏，而采用Ⅰ级粉煤灰时效果明显改善，试件龄期 12 个月时还具有很高的抗蚀系数。同时，采用另一种使用较广泛且火山灰活性更高的矿渣微粉作为对比，最终试验确定掺合料质量比例为，普通硅酸盐水泥∶硫铝酸盐水泥∶矿物掺合料＝40%∶20%∶40%，仅对掺合料种类和相互之间比例进行改变。水泥胶砂试件采用水胶比 0.30 时可以得到较好的抗侵蚀性能，同时兼顾尽可能减少试验工作量，本试验仅选取 0.30 水胶比。具体试验配合比见表 6-11。

掺加矿物掺合料种类及比例 表 6-10

序号	普通硅酸盐水泥(%)	硫铝酸盐水泥(%)	Ⅰ级粉煤灰(%)	Ⅱ级粉煤灰(%)
1	60	10	—	30
2	50	10	15200	40
3	50	10	40	—
4	40	20	40	—

注："—"表示没有数值。

胶砂试件配合比表5　　　　　　　　　　　　　　　　表6-11

编号	水胶比	胶砂比	水泥(g)		矿物掺合料(g)		标准砂(g)	水(mL)	硼酸(%)	FDN(%)
			P·O	SAC	粉煤灰	矿渣微粉				
SPK-1	0.30	1:2.5	120	60	120	—	750	90	0.175	1
SPK-2	0.30	1:2.5	120	60	60	60	750	90	0.175	1
SPK-3	0.30	1:2.5	120	60	—	120	750	90	0.175	1

6.5.2 不同侵蚀溶液中复合体系水泥混凝土抗侵蚀性能影响分析

在侵蚀溶液 R1（Mg^{2+} ＝15200mg/L）中，三种配合比试件抗侵蚀性能呈现出明显的规律性，试件抗蚀系数随龄期变化曲线区分明确：SPK-1 试件抗侵蚀性能最好，龄期 12 个月时抗蚀系数 $K_{蚀}$＝0.95；SPK-2 试件次之，龄期 12 个月时抗蚀系数 $K_{蚀}$＝0.84；SPK-3 试件最差，龄期 8 个月时抗蚀系数 $K_{蚀}$＝0.73＜0.80，试件丧失抗侵蚀性能。粉煤灰虽然火山灰活性较低，但是其对于提高混凝土抗镁盐侵蚀具有很好的效果，见图 6-25 (a)、图 6-26(a)、图 6-27。

(a) 侵蚀溶液R1，龄期13个月　　　　　(b) 侵蚀溶液R3，龄期13个月

图 6-25　SPK-1 试件在不同侵蚀溶液中试件外观

(a) 侵蚀溶液R1，龄期13个月　　　　　(b) 侵蚀溶液R3，龄期13个月

图 6-26　SPK-3 试件在不同侵蚀溶液中试件外观

在侵蚀溶液 R3（SO_4^{2-} ＝90000mg/L）中，SPK-1、SPK-2、SPK-3 试件抗侵蚀性能受矿物掺合料种类影响不大。试件抗蚀系数随龄期变化曲线相互交织，没有明

显区别，仅龄期 12 个月时抗蚀系数略有区别：SPK-1 试件抗侵蚀性能最差，抗蚀系数 $K_{蚀}=0.72<0.80$，已经发生侵蚀破坏；SPK-2 试件抗侵蚀性能次之，抗蚀系数 $K_{蚀}=0.88$；SPK-3 试件抗侵蚀性能最好，抗蚀系数 $K_{蚀}=0.94$。矿渣微粉具有较高的火山灰活性，对于抵抗高浓度硫酸盐侵蚀破坏作用效果明显，见图 6-25（b）、图 6-26（b）、图 6-28。

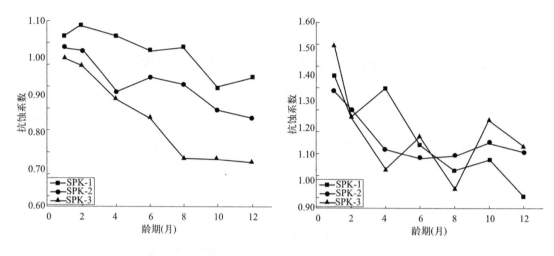

图 6-27　$Mg^{2+}=15200mg/L$ 侵蚀溶液中试件抗蚀系数随龄期变化曲线

图 6-28　$SO_4^{2-}=90000mg/L$ 侵蚀溶液中试件抗蚀系数随龄期变化曲线

侵蚀溶液 R2（$SO_4^{2-}=60000mg/L$，$Mg^{2+}=15200mg/L$）表现出较侵蚀溶液 R3（$SO_4^{2-}=90000mg/L$，$Mg^{2+}=15200mg/L$）对试件有更强的侵蚀破坏作用。在侵蚀溶液 R3 中，SPK-1、SPK-2、SPK-3 试件试验前期都表现出很好的抗侵蚀性能，龄期 8 个月后开始出现差异：SPK-1 试件抗侵蚀性能最差，龄期 10 个月时抗蚀系数 $K_{蚀}=0.70<0.80$，已经发生侵蚀破坏；SPK-2 试件抗侵蚀性能较好，龄期 12 个月时抗蚀系数仍大于 0.90；SPK-3 试件抗侵蚀性能最好，龄期 12 个月时抗蚀系数 $K_{蚀}=1.00$。掺入矿渣微粉可以提高试件抵抗硫酸镁侵蚀破坏作用效果，见图 6-29、图 6-30。

6.5.3　不同矿物掺合料对复合体系水泥混凝土抗侵蚀性能影响分析

SPK-1 试件掺加 40% 的 I 级粉煤灰，具有优异的抵抗高浓度镁盐、高浓度硫酸盐侵蚀破坏性能，在侵蚀溶液 R1 中龄期 12 个月时抗蚀系数 $K_{蚀}=0.95>0.80$，在侵蚀溶液 R4 中龄期 12 个月时抗蚀系数 $K_{蚀}=0.94>0.80$；其抗高浓度硫酸镁侵蚀性能较差，龄期 8 个月时即发生侵蚀破坏。见图 6-31。

SPK-2 试件掺加 20% 的 I 级粉煤灰和 20% 的 I 级矿渣微粉，具有很好的环境适应性，无论是在以镁盐侵蚀破坏为主的侵蚀溶液 R1 中，还是在以硫酸盐侵蚀破坏为主的侵蚀溶液 R2、R4 中，龄期 12 个月时试件抗蚀系数均大于 0.80，仍具有抗侵蚀性能；其抗硫酸盐侵蚀破坏能力明显好于抗镁盐侵蚀性能，在以硫酸盐侵蚀破坏为主的硫酸镁侵蚀溶液 R2 中，抗蚀系数随龄期变化曲线并不平顺，龄期 12 个月时抗蚀系数出现明显下降，见

图 6-32。

SPK-3 试件掺加 40％的Ⅰ级矿渣微粉，表现出优异的抵抗高浓度硫酸盐和以硫酸盐侵蚀破坏为主的硫酸镁侵蚀破坏作用的能力。两种侵蚀溶液 R2、R4 中，试件抗蚀系数随龄期变化曲线相互交织，未出现明显的差异；其抵抗高浓度镁盐侵蚀破坏能力较差，抗蚀系数随龄期变化曲线与前两种侵蚀溶液相比出现明显下降，龄期 8 个月时抗蚀系数 $K_{蚀}=0.73<0.80$，已经丧失抗侵蚀性能，见图 6-33。

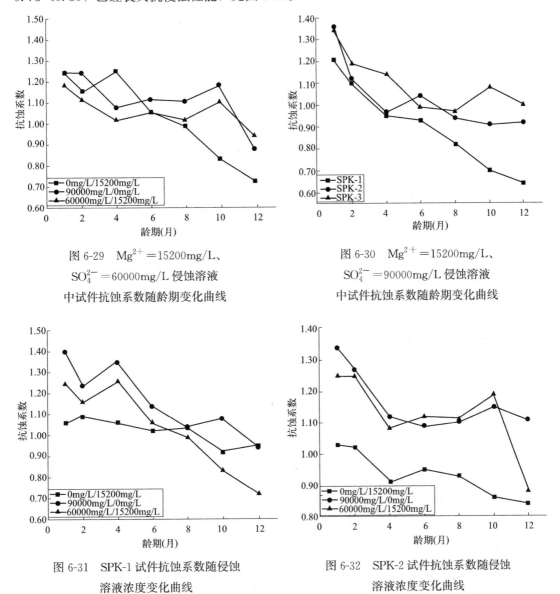

图 6-29 $Mg^{2+}=15200mg/L$、
$SO_4^{2-}=60000mg/L$ 侵蚀溶液
中试件抗蚀系数随龄期变化曲线

图 6-30 $Mg^{2+}=15200mg/L$、
$SO_4^{2-}=90000mg/L$ 侵蚀溶液
中试件抗蚀系数随龄期变化曲线

图 6-31 SPK-1 试件抗蚀系数随侵蚀
溶液浓度变化曲线

图 6-32 SPK-2 试件抗蚀系数随侵蚀
溶液浓度变化曲线

6.5.4 矿物掺合料对复合体系水泥混凝土抗侵蚀性能影响机理分析

在高浓度镁盐侵蚀溶液中，内掺矿物掺合料对提高硅酸盐—硫铝酸盐复合体系水泥混凝土的抗侵蚀性能效果是十分明显的，这主要是由于在硅酸盐—硫铝酸盐复合体系水泥中加入粉煤灰可以降低胶凝材料中氧化钙的总量，进而降低水泥水化过程中生成的侵蚀中间产物氢氧化钙的量，从而达到提高其抗侵蚀性能的目的。但是，即使内掺40％的矿物掺合料，依然无法将氢氧化钙的量降低到使试件不遭受镁盐侵蚀破坏的安全浓度以下，试件在长龄期时依然会丧失抗侵蚀性能；矿物掺合料发挥其火山灰活性同样需要一定的碱环境，氢氧化钙浓度的下降，在遏制侵蚀破坏的同时影响了矿物掺合料的水化。

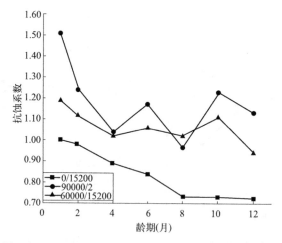

图 6-33　SPK-3 试件抗蚀系数随侵蚀溶液浓度变化曲线

　　在高浓度硫酸镁侵蚀溶液中，内掺矿物掺合料虽然可以使水泥石内部氢氧化钙的量有所下降，当普通硅酸盐水泥加上硫铝酸盐水泥总量内掺矿物掺合料而下降时，侵蚀保护层的作用会被削弱，C-S-H 和 AFt 由于矿物掺合料分散作用的影响而无法形成结合体，裸露的 AFt 由于没有 C-S-H 的保护而发生分解，试件表现出与硫铝酸盐水泥在高浓度硫酸镁环境中相同的侵蚀破坏特征，且侵蚀破坏程度会随两种水泥所占比例的下降而增强。

　　粉煤灰、矿渣与水泥的粒径各不相同（矿渣＞粉煤灰＞水泥），在水泥中同时加入以上两种矿物掺合料，能有效调节胶凝材料的颗粒级配，有利于改善水泥石内部的孔结构，降低孔径，减少有害孔，可以有效提高水泥石的密实性，遏制侵蚀介质向试件内部渗透，从而提高试件抗侵蚀性能。同时，粉煤灰、矿渣在水化过程中相互作用，更易于发挥其水化活性，对于降低侵蚀中间产物氢氧化钙的作用较单一品种的矿物掺合料更加明显。

6.5.5　粉煤灰对复合体系水泥混凝土抗侵蚀性能影响机理分析

　　粉煤灰无法在复合体系水泥混凝土中发挥火山灰活性，对复合体系水泥混凝土抵抗高浓度硫酸镁侵蚀破坏性能起到不利影响。其提高复合体系水泥混凝土抗高浓度镁盐侵蚀性能，主要是由于代替部分胶凝材料降低了混凝土中的水泥总量。

　　粉煤灰能否顺利发挥其火山灰活性，受到比表面积、环境碱度等多方面因素的影响。

水化环境中 pH 值＝13.15 是粉煤灰活性二氧化硅水化溶出的转折点，碱度越高，粉煤灰的水化速度越快。粉煤灰的比表面积越大，水化活性越高，采用比表面积较高的 Ⅰ 级粉煤灰较目前应用较广泛的 Ⅱ 级粉煤灰能更好地发挥其火山灰活性，这对提高复合体系水泥混凝土抗侵蚀性能更加有利。但是普通硅酸盐水泥和硫铝酸盐水泥复配时，硫铝酸盐水泥水化会消耗一定量的氢氧化钙，内掺矿物掺合料造成水泥总量下降，又会进一步降低水泥石内部环境的碱度，使水泥石内部环境 pH 值＜11.15。所以无论是 Ⅱ 级粉煤灰，还是品质更好的 Ⅰ 级粉煤灰，都无法发挥其自身的火山灰活性，见图 6-34～图 6-38。

图 6-34　SPK-1 试件水泥石结构电镜图

（侵蚀溶液 R3，龄期 13 个月）

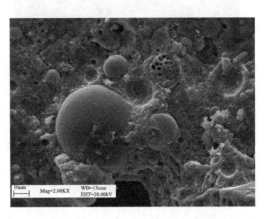

图 6-35　SPK-1 试件粉煤灰水化电镜图

（侵蚀溶液 R3，龄期 13 个月）

图 6-36　SPK-1 试件侵蚀层厚度电镜图

（侵蚀溶液 R3，龄期 13 个月）

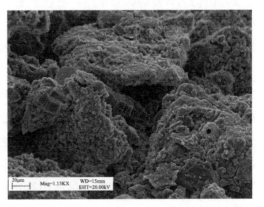

图 6-37　SPK-1 试件侵蚀层结构电镜图

（侵蚀溶液 R3，龄期 13 个月）

根据第 3 章、第 4 章对镁盐侵蚀破坏的研究，对提高水泥混凝土抗镁盐侵蚀性能的具体方法做以下归纳：

（1）采用大掺量粉煤灰或特种水泥，降低胶凝材料中侵蚀中间产物 $Ca(OH)_2$ 的量。

（2）限制胶凝材料后期水化。

（3）降低水胶比，增加胶凝材料的密实度。

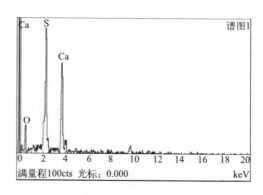

图 6-38　SPK-1 试件侵蚀层水化产物 SEM 扫描电镜及能谱分析（侵蚀溶液 R3，龄期 13 个月）

6.5.6　矿渣对复合体系水泥混凝土抗侵蚀性能影响机理分析

矿渣具有较粉煤灰更强的潜在活性，它可以在复合体系水泥混凝土中发挥其水化活性作用，有利于试件水化后期强度持续发展。但是由于矿渣矿物组成中含有相当比例的氧化钙，其对降低侵蚀中间产物氢氧化钙的量的效果并不明显。所以掺加矿渣对于提高复合体系水泥混凝土抵抗高浓度镁盐侵蚀破坏性能的作用并不十分明显。

在高浓度硫酸镁侵蚀环境中，掺加矿渣后水泥石无法形成由 C-S-H、AFt 共存体和 C-S-H、铝胶、$Mg(OH)_2$ 共存体构成的侵蚀保护层，侵蚀层 AFt 完全分解，试件起砂的主要原因仍为石膏的膨胀作用。内掺矿粉以后，C-S-H 与 AFt 在水泥石中的分布变得更加分散；另外，$m_{普通硅酸盐水泥}+m_{硫铝酸盐水泥}$ 总量降低还会造成胶凝材料中的石膏量不足，进而影响硫铝酸盐水泥水化过程，硫铝酸盐水泥的主要水化产物 AFt 由细长针状变为六方片状结构，以上两个方面原因共同造成 AFt 很难被 C-S-H 包裹形成 C-S-H、AFt 共存体。单独存在的 AFt 由于环境 pH 值降低，很快发生分解生成大量石膏松散地堆积在水泥石表面，见图 6-39～图 6-41。具体侵蚀过程总结如下：

（1）侵蚀初期。硫酸镁水泥石水化产物氢氧化钙反应生成无胶结能力的氢氧化镁和 AFt 生成的原料石膏。氢氧化镁在试件内部沉积，消耗氢氧化钙，降低环境 pH 值；石膏的产生促进 AFt 的生成速度，试件边缘层产生大量的膨胀裂缝，为侵蚀介质向水泥石内部渗透提供了通道。

具体反应方程式如下式：

$$Ca(OH)_2+MgSO_4+2H_2O=Mg(OH)_2+CaSO_4\cdot2H_2O \tag{6-4}$$

（2）侵蚀发展期。氢氧化镁沉积到一定程度时，水泥石内部 pH 值降低到不足以维持 AFt 的稳定存在时，造成 AFt 完全分解，侵蚀层呈松散的片状堆积结构。

具体反应方程式如下式：

$$C_3A\cdot3C\bar{S}H_{32}=AH_3(gel)+3CH+C\bar{S}H_2+2OH \tag{6-5}$$

（3）侵蚀后期。AFt 分解产生的氢氧化钙又会和硫酸镁发生反应生成石膏和氢氧化

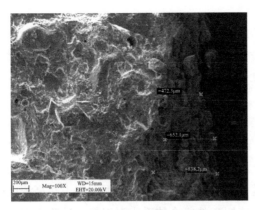

图 6-39 SPK-3 在侵蚀溶液 R_3 中侵蚀层厚度及侵蚀层结构 SEM 扫描电镜

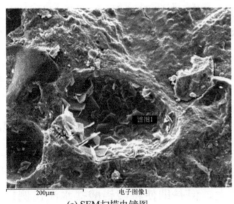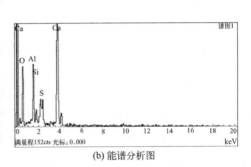

(a) SEM扫描电镜图　　　　　　　　　　(b) 能谱分析图

图 6-40 SPK-3 水泥石内部水化产物 SEM 扫描电镜及能谱分析（侵蚀溶液 R_3，龄期 13 个月）

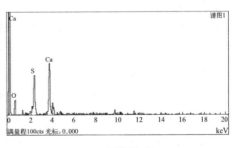

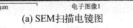

(a) SEM扫描电镜图　　　　　　　　　　(b) 能谱分析图

图 6-41 SPK-3 侵蚀层水化产物 SEM 扫描电镜及能谱分析（侵蚀溶液 R_3，龄期 13 个月）

镁。此时 AFt 水化基本结束，新生成的石膏在试件侵蚀层堆积，石膏膨胀作用以及 AFt 分解后水泥石内部强度减弱，使试件表层开始起砂，表现出石膏型侵蚀破坏的形态。

具体反应方程式见式(6-4)。

以上步骤循环往复进行，试件由外向内不断被破坏。试件存在明显的过渡层，过渡层 AFt 分解无法有效填充试件内部孔隙，裂缝较中心层明显增多；试件起砂过程虽然是多因素综合作用的结果，但是石膏的生成仍然是其主要标志。

6.6　本章结论

本章根据新疆地区侵蚀性离子分布特点，对本地区特有的高浓度硫酸镁侵蚀破坏问题进行相关探索，研究了硫铝酸盐水泥、硅酸盐—硫铝酸盐复合体系水泥混凝土在高浓度硫酸镁侵蚀环境中抗侵蚀性能，并针对硅酸盐—硫铝酸盐复合体系水泥混凝土试验方案进行优化，以期得到环境适应性和应用成本相协调的配合比方案。

（1）水灰比对硫铝酸盐水泥胶砂试件的抗侵蚀性能影响较大。当水灰比降低至 0.30 时，胶砂试件对 $Mg^{2+} \leqslant 15200mg/L$、$SO_4^{2-} \leqslant 60000mg/L$ 的硫酸盐、镁盐单因素侵蚀破坏或硫酸盐、镁盐双重侵蚀破坏均具有优异的抗侵蚀性能。但是硫铝酸盐水泥胶砂试件无法抵抗 $Mg^{2+} = 15200mg/L$、$SO_4^{2-} = 60000mg/L$ 的硫酸盐、镁盐双重侵蚀破坏作用。

（2）提高硫铝酸盐水泥的复配比例，可以提高硅酸盐—硫铝酸盐复合体系水泥混凝土的性能，但其效果随侵蚀溶液中侵蚀离子变化而有所差异。在以镁盐侵蚀破坏为主（$Mg^{2+} \leqslant 15200mg/L$、$SO_4^{2-} \leqslant 20250mg/L$）的侵蚀溶液中，提高硫铝酸盐水泥的比例，对提高复合体系水泥混凝土抗侵蚀性能影响较大，但是即使将硫铝酸盐水泥比例提高到 40%，依然会发生侵蚀破坏；当硫铝酸盐水泥掺量达到 20% 时，复合体系水泥混凝土即可以抵抗以石膏型硫硫酸盐侵蚀为主（$Mg^{2+} \leqslant 15200mg/L$、$SO_4^{2-} \geqslant 60000mg/L$）的侵蚀溶液对试件的侵蚀破坏作用。

（3）在高浓度硫酸镁（$Mg^{2+} \leqslant 15200mg/L$、$SO_4^{2-} \geqslant 60000mg/L$）侵蚀溶液中，复合体系水泥混凝土侵蚀破坏过程中会逐步形成由 C-S-H、AFt 结合体与 C-S-H、铝胶、$Mg(OH)_2$ 结合体构成的紧密体系，它的形成逐步遏制了侵蚀破坏向水泥石内部发展，是试件可以抵抗以镁盐侵蚀破坏为主（$Mg^{2+} \leqslant 15200mg/L$、$SO_4^{2-} \leqslant 20250mg/L$）的侵蚀溶液侵蚀破坏作用的主要原因。

（4）粉煤灰（无论是Ⅰ级粉煤灰还是Ⅱ级粉煤灰）作为矿物掺合料以内掺方式加入复合体系水泥混凝土中无法发挥其火山灰活性，对提高复合体系水泥混凝土抵抗以石膏型硫硫酸盐侵蚀为主（$Mg^{2+} \leqslant 15200mg/L$、$SO_4^{2-} \geqslant 60000mg/L$）的高浓度硫酸镁侵蚀破坏性能不利。虽然可以一定程度上提高混凝土抵抗以镁盐侵蚀破坏为主的侵蚀溶液侵蚀破坏性能（$Mg^{2+} \leqslant 15200mg/L$、$SO_4^{2-} \leqslant 20250mg/L$），但是主要是由内掺矿物掺合料后水泥在胶凝材料中所占比例下降造成的。

（5）矿渣作为矿物掺合料以内掺方式加入复合体系水泥混凝土中可以发挥其潜在活性，但是对提高试件抗侵蚀性能作用并不明显。胶凝材料水化过程中，AFt 形貌由正常水化的针状转变为六方片状结构，石膏掺量不足的现象十分明显。

（6）粉煤灰和矿渣作为矿物掺合料复合使用，可以改善水泥石内部孔结构，提高水泥石的密实性，还可以相互作用提高各自的水化程度，对于提高复合体系水泥混凝土的环境适应性效果明显，同时还可以降低硫铝酸盐水泥的用量，这对于硫铝酸盐水泥仍未规模推广应用的新疆地区具有较高的应用价值和经济意义。

参考文献

［1］ Sahu S，Thaulow N. Delayed ettringite formation in swedish concrete railroad ties ［J］．Cement and Concrete Research，2004，34（9）：1675-1681.

［2］ Stark J，Bollmann K. Delayed ettringite formation in concrete ［R］．ZKG Int 2000，53：232-240.

［3］ Civil Digital. Significance of delayed ettringite formation and damage mechanisms ［EB/OL］．

［4］ Skalny J P，Odler I，Marchand J. Sulfate attack on concrete ［M］．London：Spon，2001.

［5］ ACI 201. 2R-08. Guide to durable concrete ［R］．ACI Committee，Farmington Hills，USA，2008：25-26.

［6］ Scherer G W. Stress from crystallization of salt ［J］．Cement and Concrete Research，2004，34（9）：1613-1624.

［7］ 张光辉．混凝土结构硫酸盐腐蚀研究综述 ［J］．混凝土，2012，1：49-54.

［8］ Hime W G，Mather B. "sulfate attack" or is it? ［J］．Cement and Concrete Research，1999，29（5）：789-791.

［9］ Hime W G. Chemists should be studying chemical attack on concrete ［J］．Concrete International，2003，25（4）：82-4.

［10］ Benavente D，Cura MAGD，Garcia-Guinea J，et al. Role of pore structure in salt crystallisation in unsaturated porous stone ［J］．Journal of Crystal Growth，2004，260（S3-s4）：532-544.

［11］ Yoshida N，Matsunami Y，Nagayama M，et al. Salt weathering in residential concrete foundations exposed to sulfate-bearing ground ［J］．Journal of Advanced Concrete Technology，2010，8：121-134.

［12］ Shehata M H，Adhikari G，Radornski S. Long-term durability of blended cement against sulfate attack ［J］．ACI Materials Journal，2008，105：594-602.

［13］ Tixier R，Mobasher B，M. ASCE. Modeling of damage in cement-based materials subjected to external sulfate attack. I：formulation ［J］．Journals of Materials in Civil Engineering，2003，15（4）：305-313.

［14］ Tixier R，Mobasher B，M. ASCE. Modeling of damage in cement-based materials subjected to external sulfate attack II：comparison with experiments ［J］．Journal of Materials in Civil Engineering，2003，15（4）：314-322.

［15］ Peter N. Gospodinov，Robert F. Kazandjiev，Todor A. Partalin，et al. Diffusion of sulfate ions into cement stone regarding simultaneous chemical reactions and resulting effects ［J］．Cement and Concrete Research，1999（29）：1591-1596.

［16］ Gospodinov P，Kazandjiev R，Mironova M. The effect of sulfate ion diffusion on the structure of cement stone ［J］．Cement and Concrete Composites，1996（18）：401-407.

［17］ Idiart AE，López CM，Carol I. Chemo-mechanical analysis of concrete cracking and degradation due to external sulfate attack：a meso-scale model ［J］．Cement and Concrete Composites，2011，33（3）：411-423.

［18］ Bonakdar A，Mobasher B，Chawla N. Diffusivity and micro-hardness of blended cement materials exposed to external sulfate attack ［J］．Cement and Concrete Composites，2012（34）：76-85.

［19］ Zuo X B，Sun W，Yu C. Numerical investigation on expansive volume strain in concrete subjected to sulfate attack ［J］．Construction and Building Materials，2012（36）：404-410.

［20］ Sun C，Chen J K，Zhu J，et al. A new diffusion model of sulfate ions in concrete ［J］．Construction and

Building Materials, 2013 (39): 39-45.

[21] 徐惠. 硫酸盐腐蚀下混凝土损伤行为研究 [D]. 徐州：中国矿业大学，2012.

[22] 蒋林华. 混凝土材料科学下册 [M]. 南京：河海大学出版社，2006.

[23] Skaropoulou A, Tsivilis S, Kakali G, et al. Long term behavior of Portland limestone cement mortars exposed to magnesium sulfate attack [J]. Cement and Concrete Composites, 2009, 31 (9): 628-636.

[24] Lee ST. Performance deterioration of portland cement matrix due to magnesium sulfate attack [J]. Ksce Journal of Civil Engineering, 2007, 11 (3): 157-163.

[25] Sims I, Huntley S A. The thaumasite form of sulfate attack-breaking the rules [J]. Cement and Concrete Composites, 2004, 26 (7): 837-844.

[26] Irassar E F. Sulfate attack on cementitious materials containing limestone filler-a review [J]. Cement and Concrete Research, 2009, 39 (3): 241-254.

[27] Bensted J. Thaumasite-background and nature in deterioration of cements, mortars and concretes [J]. Cement and Concrete Composites, 1999, 21 (2): 117-121.

[28] Crammond N J. The thaumasite form of sulfate attack in the UK [J]. Cement and Concrete Composites, 2003, 25 (3): 809-818.

[29] Hagelia P, Sibbick R G. Thaumasite sulfate attack, popcorn calcite deposition and acid attack in concrete stored at the Blindtarmen test site oslo, from 1952 to 1982 [J]. Materials Characterization, 2009, 60 (7): 686-699.

[30] Gaze M E, Crammond N J. Formation of thaumasite in a cement lime: sand mortar exposed to cold magnesium and potassium sulfate solutions [J]. Cement and Concrete Composites, 2000, 22 (3): 209-222.

[31] Bensted J. Thaumasite-direct, woodfordite and other possible formation routes [J]. Cement and Concrete Composites, 2003, 25 (8): 873-877.

[32] 金伟良，赵羽习. 混凝土结构耐久性研究的回顾与展望 [J]. 浙江大学学报，2002, 36 (4): 371-380.

[33] 宋子健. 溶液成分对混凝土中氯离子扩散迁移行为影响研究 [D]. 南京：河海大学，2014.

[34] Santhanam M, Cohen M D, Olek J. Sulfate attack research-whither now? [J]. Cement and Concrete Research, 2001, 31: 845-851.

[35] Sahu S, Badger S, Thaulow N. Evidence of thaumasite formation in southern california concrete [J]. Cement and Concrete Composites, 2002, 24 (3): 379-384.

[36] Sahu S, Badger S, Thaulow N. Mechanism of thaumasite formation in concrete slabs on grade in southern California [J]. Cement and Concrete Composites, 2003, 25 (8): 889-897.

[37] Crammond N. The occurrence of thaumasite in modern construction-a review [J]. Cement and Concrete Composites, 2002, 24 (3): 393-402.

[38] Crammond N J, Collett G W, Longworth T I. Thaumasite field trial at shipston on stour: three-year preliminary assessment of buried concretes [J]. Cement and Concrete Composites, 2003, 25 (8): 1035-1043.

[39] Kurtis K E, Shomglin K, Monteiro P J M, et al. Accelerated test for measuring sulfate resistance of calcium sulfoaluminate, calcium aluminate, and portland cements [J]. Journal of Materials in Civil Engineering, 2001, 13 (3): 216-221.

[40] González M A, Irassar E F. Ettringite formation in low C_3A portland cement exposed to sodium sulfate solution [J]. Cement and Concrete Research, 1997, 27 (7): 1061-1072.

［41］ 李娟，张述雄，张海娇，等．硫酸盐侵蚀下不同强度等级混凝土力学性能研究［J］．商品混凝土，2015（7）：41-43.

［42］ 武晓丽，阎铁城．近代硫酸根离子测定方法比较［J］．内蒙古科技与经济，2004（9）：87-88.

［43］ 董宜森．硫酸盐侵蚀环境下混凝土耐久性能试验研究［D］．杭州：浙江大学，2011.

［44］ 万旭荣．硫酸盐侵蚀环境下的混凝土扩散反应规律研究及数值模拟［D］．南京：南京理工大学，2010.

［45］ 赵顺波，杨晓明．受侵蚀混凝土内硫酸根离子扩散及分布规律试验研究［J］．中国港湾建设，2009（3）：26-29.

［46］ 孙超．基于侵蚀损伤演化的混凝土中硫酸根离子扩散模型［D］．宁波：宁波大学，2012.

［47］ 王玄丰．振动搅拌高性能混凝土的设备参数优化研究［D］．西安：长安大学，2019.

［48］ 吴中伟，廉慧珍．高性能混凝土［M］．北京：中国铁道出版社，1999.

［49］ 王江波，姜志威．高性能混凝土应用与发展概述［J］．科技创新导报，2009（21）：25.

［50］ 王亚．高温下高性能混凝土抗破坏性能实验研究［D］．昆明：昆明理工大学，2018.

［51］ 衡培豫．Ⅱ级粉煤灰配制的高性能混凝土性能研究［D］．乌鲁木齐：新疆农业大学，2006.

［52］ 陈红文．高性能混凝土配合比设计及其存在的问题［J］．山西建筑，2017，43（8）：117-118.

［53］ 宋强，邹颖杰，张鹏，等．泡沫混凝土气泡性能与基体材料研究进展［J］．硅酸盐学报，2024，52（2）：706-724.

［54］ 阿里木江·苏拉依曼．掺Ⅱ级粉煤灰高性能混凝土长期抵抗硫酸盐侵蚀性能研究［D］．乌鲁木齐：新疆农业大学，2012.

［55］ 王福元，吴正严．粉煤灰利用手册［M］．北京：中国电力出版社，2004.

［56］ 张梦真，娄广辉，刘子娴，等．硫酸亚铁对铝酸盐水泥浆体性能及水化产物的影响［J］．硅酸盐通报，2024，43（3）：844-850.

［57］ 谷坤鹏，王成启．混凝土硫酸盐侵蚀的研究现状［J］．广东建材，2010 26（8）：31-34.

［58］ Freak A. Sulfate resistance of mortars with pulverized fuel ash［J］．Katharine and Brkant Mather International Conference on Concrete Durabilitk，1987（2）：2041-2058.

［59］ 张大康，廉慧珍．基于混凝土耐久性要求重构水泥标准［J］．混凝土世界，2018（12）：22-29.

［60］ 高礼雄，姚燕，王玲．粉煤灰对混凝土抗硫酸盐侵蚀性能的影响［J］．桂林工学院学报，2005（2）：205-207.

［61］ 金立兵，段杰，吴强，等．高性能混凝土的配合比设计研究综述［J］．混凝土，2023（5）：168-174.

［62］ 李鹏，胡新丽，李双喜，等．粉煤灰高性能混凝土的抗硫酸盐侵蚀研究［J］．粉煤灰综合利用，2006（6）：43-46.

［63］ 陶岚．高性能混凝土抗硫酸盐侵蚀研究及其在工程结构中的应用［D］．兰州：兰州理工大学，2009.

［64］ Mehta P K. Durability-critical issues for the future［J］．Cement and Concrete Research，1997，19（7）：27-33.

［65］ 阿里木江·苏拉依曼，唐新军，李方元，等．高抗硫硅酸盐混凝土抗硫酸盐侵蚀性能探讨［J］．新疆农业大学学报，2012.

［66］ 周阳，唐新军，李双喜，等．掺Ⅱ级粉煤灰高性能混凝土在短龄期养护条件下的抗侵蚀性能初讨［J］．粉煤灰综合利用，2010（5）：20-22.

［67］ 曹雁峰，曾力，王旭，等．矿物掺合料对西北盐渍土地区混凝土耐腐蚀性的影响［J］．长江科学院院报，2019，36（8）：170-174.

［68］ 段亚伟，张戎令，马丽娜，等．水胶比和侵蚀方式对硫酸盐强腐蚀地区混凝土的影响及寿命判断

[J] . 混凝土，2021（11）：33-37.

[69] 刘亚辉，申春妮，方祥位，等 . 溶液浓度和温度对混凝土硫酸盐侵蚀速度影响 [J] . 重庆建筑大学学报，2008（1）：129-135.

[70] 重庆建筑工程学院，南京工学院 . 混凝土学 [M] . 北京：中国建筑工业出版社，1981.

[71] 袁润章 . 胶凝材料学 [M] . 武汉：武汉工业大学出版社，1993.

[72] 薛君轩 . 钙矾石的形成、稳定和膨胀 [J] . 硅酸盐学报，1983（2）：247-251.

[73] Bing Tian，Menashi D. Cohen. Does gypsum formation during sulfate attack on concrete lead to expansion [J] . Cement and Concrete Research，2000，30：117-123.

[74] Manu Santhanam，Menashi D. Cohen，Jan Olek. Effects of gypsum formation on the performance of cement mortars during external sulfate attack [J] . Cement and Concrete Research，2003（33）：325-332.

[75] 解传美 . 高抗硫酸盐水泥的研制 [J] . 新世纪水泥导报，2003（4）：24-25.

[76] 刘颖，孙元发 . 高抗硫水泥熟料的生产试验 [J] . 水泥技术，2008（6）：87-88.

[77] 关英俊，范沈抚 . 关于水泥混凝土的耐久性问题 [J] . 水力发电，1989（3）：41-47.

[78] 吴兆奇，刘克忠 . 我国特种水泥的现状及发展方向 [J] . 硅酸盐学报，1992，20（4）：365-373.

[79] 冯乃谦 . 新实用混凝土大全 [M] . 北京：科学出版社，2005.

[80] 许占良 . 浅谈在混凝土冬季施工中使用硫铝酸盐水泥的优势 [J] . 工程建设与管理，2003（5）：207-210.

[81] 彭炫铭 . 硫铝酸盐水泥的性能及其在新疆应用展望 [J] . 新疆化工，2010（1）：9-11.

[82] 新疆维吾尔自治区农业厅 . 新疆土种志 [M] . 乌鲁木齐：新疆科技卫生出版社，1993.

[83] 周阳 . 掺Ⅱ级粉煤灰高性能混凝土抗硫酸盐侵蚀性能研究 [J] . 粉煤灰综合利用，2010（5）：20-22.

[84] 汝莉莉，刘晓存 . 减水剂对阿利特—硫铝酸钡钙水泥适应性的研究 [J] . 水泥，2007（11）：1-4.

[85] 韩建国，阎培渝 . 水灰比和碳酸锂对硫铝酸盐水泥历程的影响 [J] . 混凝土，2010（12）：5-7.

[86] 罗永会，金树新 . 控制坍落度损失的缓凝剂优选研究 [J] . 混凝土，2000（6）：30-31.

[87] 铁大武，李生庆 . 掺粉煤灰的硫铝酸盐水泥混凝土的配制 [J] . 混凝土，1994（3）：49-51.

[88] 李家和 . 矿物质掺合料对高强混凝土强度和微观结构的影响 [J] . 哈尔滨师范大学学报（自然科学版），2002，18（3）：73-78.

[89] 张巨生 . 掺矿渣的硫铝酸盐水泥混凝土的试验研究 [J] . 混凝土，2003（4）：40-41.

[90] 李迁 . 硫铝酸盐与硅酸盐复合水泥研究 [J] . 辽宁大学学报，2006，33（2）：158-162.

[91] 江学海，等 . 混合材料掺量对硫铝酸盐水泥混凝土氯离子渗透的影响 [J] .21世纪建筑材料，2010（4）：24-25.

[92] 郭俊萍 . 低碱度硫铝酸盐水泥干缩性能影响因素的研究 [J] . 水泥，2010（1）：8-11.

[93] 张德成 . 硫铝酸盐水泥混凝土抗冻性的研究 [J] . 山东建材，2008（4）：28-32.

[94] 建筑材料科学研究院水泥研究所 . 硫铝酸盐水泥水化、硬化及其特性 [J] . 硅酸盐水泥学报，1978，（8）：123-140.

[95] 李方元，唐新军 . 掺Ⅱ级粉煤灰胶砂试件在高浓度硫酸盐侵蚀下的破坏特征与破坏机理分析 [J] . 粉煤灰综合利用 .2011（5）：9-13.

[96] 建筑材料科学研究院水泥研究所 . 硫铝酸盐快硬早强水泥特性与应用 [J] . 硅酸盐水泥报，1978，（8）：112-130.

[97] 严海彬 . 水泥混凝土 TSA 侵蚀影响因素研究 [J] . 四川建材，2009（8）：26-28.

[98] 亢景富 . 混凝土硫酸盐侵蚀研究中的几个基本问题 [J] . 混凝土，1995（3）：9-18.

[99] 钟白茜，杨南如，董攀 . 钙矾石的形成和稳定条件 [J] . 硅酸盐学报，1982，12（2）：154-165.

[100] Swild，W. A. Tasong. Influence of groudn granulated blastfurnace slag on the sulphate resistance of lime-stahlilized [J]．Magazine of Concrete Research，1997，51（4）：247-254.

[101] 刁江京，辛志军，张秋英．硫铝酸盐水泥的生产与应用 [M]．北京：中国建材工业出版社，2006.

[102] 李乃珍，谢敬坦．特种水泥与特种混凝土 [M]．北京：中国建材工业出版社，2010.

[103] 叶正茂．硫铝酸盐水泥砂浆界面过渡区的改性 [J]．硅酸盐水泥学报，2006，34（4）：511-515.

[104] 衡培豫，孙兆雄，葛毅雄．Ⅱ级粉煤灰改善混凝土抗硫酸盐侵蚀性能的研究 [J]．新疆农业大学学报，2005，28（4）：44-49.

[105] 马继明，孙兆雄，葛毅雄，等．高性能混凝土的抗硫酸盐、镁盐侵蚀研究 [J]．新疆农业大学学报，2005，28（2）：67-71.

[106] 张开潜，许晓旭，李俞霏，等．工业固废制备硫铝酸盐水泥现状及应用前景 [J]．山东化工，2022，51（7）：83-84，90.

[107] 曹鹤磊，袁芬芦，向晶，等．硫铝酸盐水泥混凝土抗高浓度硫酸盐侵蚀性能研究 [J]．混凝土世界，2022（1）：73-75.

[108] 裴天蕊，齐冬有，邹德麟，等．矿渣—高贝利特硫铝酸盐水泥抗硫酸盐侵蚀机理的研究 [J]．硅酸盐通报，2023，42（8）：2683-2691.

[109] 杭美艳，王杰朝，孙梦杰，等．矿渣微粉提升硫铝酸盐水泥抗硫酸盐侵蚀性能 [J]．当代化工，2023，52（1）：12-17.

[110] 马继明．高性能混凝土的抗硫酸盐、镁盐侵蚀研究 [D]．乌鲁木齐：新疆农业大学，2005.

[111] 乔宏霞，路承功，曹辉，等．硫酸盐、镁盐双重因素下地铁混凝土耐久性试验 [J]．兰州理工大学学报，2018，44（5）：144-149.

[112] 高礼雄，文奔，刘金革．矿物掺合料对混凝土抗硫酸镁侵蚀的有效性研究 [J]．原材料及辅助物料，2007（11）：89-91，94.

[113] 李雷，唐新军，朱鹏飞，等．高抗硫酸盐水泥混凝土抗硫酸盐、镁盐双重侵蚀性能初探 [J]．水利与建筑工程学报，2016，14（3）：197-199，231.

[114] 李雷．高抗硫酸盐水泥混凝土抗硫酸盐、镁盐双重侵蚀性能研究 [D]．乌鲁木齐：新疆农业大学，2016.

[115] 朱永斌，孙兆雄，葛毅雄．"双掺"普通水泥混凝土抗硫酸盐、镁盐侵蚀破坏微观结构的研究 [J]．新疆农业大学学报：1999（2）：53-60.

[116] 张超．Mg^{2+} 和 SO_4^{2-} 对水泥石侵蚀的耦合作用研究 [D]．太原：中北大学，2021.

[117] 苏建彪，唐新军，刘向楠，等．水胶比及粉煤灰掺量对混凝土抗硫酸盐、镁盐双重侵蚀性能的影响 [J]．粉煤灰综合利用，2014（5）：30-32.

[118] 张洁，李红兵，焦锡功．水泥石的腐蚀与防止 [J]．水利科技，2007（11）：29-30.

[119] 元强，邓德华，张文恩，等．硫酸钠侵蚀下掺粉煤灰砂浆的体积膨胀规律及其机理研究 [J]．混凝土，2006，（1）：33-35，42.

[120] 黄刚，刘幸．高性能混凝土研究的新进展 [J]．建筑技术开发，2003，（7）：15-19.

[121] Manu Santhanam. Sulfate attack research whither now [J]．Cement and Concrete Research. 2001，（31）：845-851.

[122] Omar S，Baghabra Al Amoudi. Attack on plain and blended cements exposed to aggressive sulfate environments [J]．Cement & Concrete Composites，2002，24（1）：305-316.

[123] F. Akoz，F. Turker. Effect of sodium sulfate concentration on the sulfate resistance of mortars with and without silica fume [J]．Cement and Concrete Research，1995（32）：1360-1368.

[124] Manu Santhanam. Modeling the effects of solution temperature and concentration during sulfate at-

tack on cement mortars [J]. Cement and Concrete Research，2002（32）：585-592.

[125] Raphael Tixier. Modeling of damage in cement-based materials subjected to external sulphate attack. Ⅱ：Comparison with experiments [J]. Journal of Materials in Civil Engineering，2003：314-322.

[126] 肖从真. 混凝土中钢筋腐蚀的机理研究及数论模拟方法 [D]. 北京：清华大学，1995.

[127] Kessler R. Zinc anode coating protects coastal bridges [R]. FH-WA-SA-96-045，Federal Highway Administration，Washington DC，1996.

[128] 梁咏宁，袁迎曙. 硫酸钠和硫酸镁溶液中混凝土腐蚀破坏的机理 [J]. 硅酸盐学报，2007，35（4）：504-508.

[129] 梁咏宁，袁迎曙. 硫酸盐侵蚀环境因素对混凝土性能退化的影响 [J]. 中国矿业大学学报，2005，34（4）：452-457.

[130] 朱永斌. 双掺普通水泥混凝土抗硫酸盐、镁盐侵蚀破坏微观结构的研究 [J]. 新疆农业大学学报，1999，22（2）：137-144.

[131] Mar S，Baghabra Al Amoudi. Attack on plain and blended cements exposed to aggressive sulfate environments [J]. Cement & Concrete Composites，2002，24（1）：305-316.

[132] F. Akoz，F. Turker. Effect of sodium sulfate concentration on the sulfate resistance of mortars with and without silica fume [J]. Cement and Concrete Research，1995（32）：1360-1368.

[133] 付兴华，侯文萍. 改善硫铝酸盐水泥性能的研究 [J]. 水泥技术，2001（2）：10-16.

[134] 汪澜. 水泥混凝土组成性能应用 [M]. 北京：中国建材工业出版社，2005.

[135] 陈益民. 高性能水泥制备和应用的基础研究 [J]. 武汉建材学院学报，2002（4）：21-23.

[136] Popovic. K，Djurekovic. A. Blended and special cements incorporating condensed silica fume [C]// International Congress on Chemistry of Cement，8th. Rio：Brazil，1986（1）：137-144.

[137] 孝轩，冷发光，郭向勇. 混凝土材料抗硫酸盐腐蚀试验方法研究 [C]//冷发光，张仁瑜主编. 混凝土标准规范及工程应用. 北京：中国建材工业出版社，2005：19-23.

[138] 胡少伟，朱雅仙，游日. 外加电场作用下氯离子在钢筋混凝土结构中的扩散模拟 [J]. 水运工程，2010（8）：7.

[139] 王冲，刘焕芹. 电脉冲用于混凝土抗硫酸盐侵蚀加速试验方法 [J]. 同济大学学报（自然科学版）.2013.12.

[140] 冷发光，张仁瑜. 混凝土标准规范及工程应用 [M]. 北京：中国建材工业出版社，2005.

[141] 李方元，唐新军. 硫铝酸盐水泥混凝土强度和抗硫酸盐侵蚀性能的研究 [D]. 乌鲁木齐：新疆农业大学，2012.

[142] 马惠珠，邓敏. 碱对钙矾石结晶及溶解性能的影响 [J]. 南京工业大学学报，2007：43-45.

[143] 陈烨. 复掺矿渣粉—粉煤灰复合胶凝材料及其混凝土性能研究 [D]. 南京：河海大学，2007.

[144] 董刚. 粉煤灰和矿渣在水泥浆体中的反应程度研究 [D]. 北京：中国建材科学研究总院，2008.

[145] 朱兵兵，梁进，黄凯，等. 砂岩作混合材生产复合硅酸盐水泥研究 [J]. 水泥技术，2024（2）：87-90.

[146] Manu Santhanam. Sulfate attack research whither now [J]. Cement and Concrete Research，2001（31）：845-851.

[147] 吴江. 多离子环境中硫酸盐侵蚀过程及混凝土劣化损伤研究 [D]. 广州：华南理工大学，2021.

[148] 王健，李敏，陈净纯，等. 硫酸镁侵蚀作用下高流态水泥砂浆的早期强度劣化特征 [J]. 山东理工大学学报（自然科学版），2024，38（3）：42-50.

[149] 张云清，余红发，孙伟，等. 硫酸镁溶液对应力作用下混凝土抗冻性的影响 [J]. 交通运输工程学报，2010，10（6）：15-19.

[150] 杨礼明，余红发，麻海燕，等．混凝土在碳化和干湿循环作用下的抗硫酸盐腐蚀性能 [J]．复合材料学报，2012，29（5）：127-133.

[151] 席耀忠．近年来水泥化学新进展——记第九届国际水泥化学会议 [J]．硅酸盐学报，1993，21（6）：577-588.

[152] 史美伦，张雄，李平江，等．胶凝材料的组成、力学性能与交流阻抗谱的关系 [J]．硅酸盐通报，1999，18（4）：14-17.

[153] 史美伦．混凝土阻抗谱 [M]．北京：中国铁道出版社，2003.

[154] 张丕兴，张成诚．用于硫铝酸盐水泥混合材的试验研究 [J]．水泥工程，2011（1）：2-5，31.

[155] 王复生，何俊，张驰．硫铝酸盐高性能水泥基材料的试验研究 [J]．硅酸盐通报，1998（4）：9-14.